非高斯强非线性系统滤波器
设计理论及其应用

文成林　孙晓辉　文　韬　著

科学出版社

北京

内 容 简 介

本书主要介绍了非线性系统状态估计与参数辨识研究方向的最新进展，在介绍最优状态估计、线性系统滤波、非线性系统滤波等基本知识的基础上，针对可加型、可乘型、可加可乘混合型和一般型等非线性系统，通过引入状态隐变量、隐变量扩维动态建模，在扩维空间中设计出新型的高精度扩展 Kalman 滤波器，可有效提高对非线性系统状态估计与参数辨识的精度。将在高斯环境中设计出的新型滤波器，迁移至几类典型非高斯噪声滤波器设计场景。在非线性高精度滤波器设计领域独辟一条解决问题的蹊径。

本书可作为电子信息专业研究生和高年级本科生的参考书，同时对从事人工智能及相关领域研究的科技工作者也具有重要的参考价值。

图书在版编目（CIP）数据

非高斯强非线性系统滤波器设计理论及其应用 / 文成林，孙晓辉，文韬著. —北京：科学出版社，2023.7

ISBN 978-7-03-074990-1

Ⅰ.①非… Ⅱ.①文… ②孙… ③文… Ⅲ.①滤波器—设计 Ⅳ.①TN713

中国国家版本馆 CIP 数据核字（2023）第 037325 号

责任编辑：赵艳春　高慧元 / 责任校对：崔向琳
责任印制：赵　博 / 封面设计：蓝　正

科 学 出 版 社出版

北京东黄城根北街 16 号
邮政编码：100717
http://www.sciencep.com

中煤（北京）印务有限公司印刷
科学出版社发行　各地新华书店经销

*

2023 年 7 月第 一 版　开本：720×1000　1/16
2025 年 1 月第三次印刷　印张：15 1/2
字数：313 000

定价：118.00 元
（如有印装质量问题，我社负责调换）

前　言

　　状态估计问题几乎存在于工业、军事、金融业等各个领域中。随着现代化大生产的快速发展和科学技术的不断进步，现代工程系统的结构日趋大型化和复杂化，功能逐渐完善、多样和强大。这些工程系统已在推动国民经济快速发展、促进社会进步和提高人民生活水平中发挥了重要作用。现有的滤波方法大多针对线性系统或者非线性系统，对复杂的强非线性系统因难以实现对目标状态的有效估计，而导致灾难问题的发生。

　　非线性滤波器设计方法已得到迅速发展，并在图像去噪、目标识别、目标跟踪、系统辨识、多传感器信息融合领域取得了一系列研究成果，已经成为近年来国内外研究的十分活跃的领域之一，每年国际上发表的关于这方面的论文越来越多，所涉及的领域也越来越广泛。

　　作者近年来一直从事强非线性滤波器设计研究，深感有必要将该领域取得的新成果、新进展进行总结归纳，撰写一本学术著作，系统性介绍强非线性系统滤波器的设计理论及应用。能对强非线性系统设计出相应的状态估计器，不仅是理论科学家追逐的梦想，也是广大实际应用领域的技术人员所迫切需要的。因此，本书一定有很重要的社会需求，必将有很好的发行前景。

　　为此，本书通过将一般强非线性系统分为四种典型类型，以期全面解决现有非线性滤波器在面对强非线性状态估计与目标跟踪系统时能力不足的问题。

　　（1）针对可分解为多个非线性子函数向量之和的强非线性系统，通过将每个非线性子函数视为原始系统变量的隐变量，建立基于联合所有隐变量扩维的高阶 Kalman 滤波器。

　　（2）针对可分解为多个较弱非线性子函数向量之积的强非线性系统，通过将每个较弱非线性子函数视为原始系统变量的隐变量，建立基于每个隐变量为估计对象的逐步线性化的 Kalman 滤波器组。

　　（3）针对可分解为多个非线性子函数向量之和，且其中的每个非线性子函数又可由若干弱非线性函数向量之积表示的强非线性系统，通过组合（1）和（2）所建方法，建立乘性隐变量逐级线性和加性隐变量序贯求和组成的混合 Kalman 滤波器组。

　　（4）针对不能拆分或分解为上述 3 种情况的强非线性系统，基于对其进行的多维高阶 Taylor 级数展开，将展开式中的估计误差视为系统状态的偏差状态变量、预测估计误差变量视为系统待估计的未来变量,将这类强非线性系统转化成(1)和(3)的强非线性系统类型,建立针对估计状态误差变量的高阶 Kalman 滤波器(组)。

与国内外已出版的同类书籍比较,本书有如下主要特点:

(1)为解决实现常存在强非线性模型和超越数模型参数辨识问题,提供了可实现的解决方案;

(2)为解决一般非线性控制器设计奠定了基础;

(3)为建立线性系统,特别是非线性系统环境下,状态估计器和控制器联合设计提供了途径;

(4)为实现现在线性系统环境下的最优状态估计和最优控制器的设计理念的突破,设计出多级精细的非线性状态估计、非线性控制器和故障下的非线性容错控制器等,提供了可能的方案。

全书共分 11 章。第 1 章为绪论,综述"状态估计"的重要性及现有滤波方法的优势及不足。第 2 章介绍最优估计理论的概念、准则和基本原理。第 3 章介绍滤波问题与线性系统的 Kalman 滤波设计方法。第 4 章介绍高斯噪声非线性系统的滤波器设计方法。第 5 章介绍非高斯噪声系统的滤波器设计方法。第 6 章介绍可加型强非线性系统的高阶 Kalman 滤波设计方法。第 7 章介绍可乘型强非线性系统的逐步线性化 Kalman 滤波设计方法。第 8 章介绍一类加性与乘性混合型强非线性系统的双循环 Kalman 滤波设计方法。第 9 章介绍一般型强非线性动态系统的高阶 Kalman 滤波设计方法。第 10 章介绍高阶 Kalamn 滤波器在锂电池 SOC 估计中的应用。第 11 章介绍高阶 Kalman 滤波器在超非线性系统参数在线辨识方法中的应用。

本书所涉及的研究成果得到多方支持,特别感谢国家自然科学基金委员会资助的重点项目"大型船舶动力系统运营全寿命周期故障预测与智能健康管理"(U1509203)、"边缘云计算架构下高速铁路运行控制系统设备故障"(62120106011)、"面向虚拟编组的城轨列车群调控一体化理论与关键技术"(U22A2046)、"不确定小样本环境下优化决策规则的提取与深度学习"(61751304)、"深海载人潜水器的精细容错控制与自救技术"(61733009)以及"大型石化装置异常工况智能诊断、预测与维护"(61933013)、"车载大功率电力电子变压器鲁棒容错控制"(61733015)、"船舶电力推进系统状态监测与故障诊断的信息融合方法"(U1709215)、"高速列车自主协同运行控制理论与方法研究"(U1934221)和面上项目(61973209、61973103、52172323)。

由于作者水平有限以及研究工作的局限性,特别是非线性滤波器设计方法本身正处在不断发展之中,如有疏漏之处恳请广大读者批评指正。

文成林

2023 年 5 月

目　　录

第1章 绪　　论

1.1　选题背景与意义

　　"状态估计"是通过系统外部的测量输出数据，对系统的内部状态结构进行描述的过程。在过去的几十年里，状态估计问题几乎存在于工业、军事、金融业等各个领域中，且已在自动驾驶[1, 2]、参数估计[3, 4]、系统识别[5, 6]、目标跟踪[7]、航空航天等领域得到广泛应用[8]。现有的滤波方法大多针对线性或者一般非线性系统，但是随着工业模型越来越趋向智能化发展，系统模型本身的复杂性也在逐渐增加，现有的滤波方法难以实现对状态变量的有效估计，从而导致灾难问题的发生[9-11]。

　　最早的状态估计可追溯至伽利略时期，他在求解最小误差函数时开创性地提出了状态估计问题[12, 13]。之后，高斯于 18 世纪 90 年代，提出了最小二乘法用于求解线性动态系统[14]。然而，最小二乘法是以最小化误差的平方和为目标函数，不需要考虑测量信息对系统模型的影响，因此该方法计算简单且易于理解，直至现在，仅仅在一般的线性系统中得到广泛应用[15]。至此，状态估计理论开始经历由简单到复杂的发展历程。1942 年，Wiener 基于最小方差准则，设计并提出了维纳滤波，开创了滤波器设计的先河。但是由于 Wiener 滤波仅适用于平稳随机过程，且缺乏实时递归性，这使其难以在广泛存在的非平稳随机系统中得到应用[16]。

　　1960 年，Kalman 等提出了卡尔曼滤波（Kalman filtering，KF）[17]。KF 不仅适用于非平稳随机过程，且具有实时递归的优良特性，因此特别适合在线运行，并迅速在各领域得到广泛推广和应用，尤其是国防领域[18-20]。KF 是在模型为线性、建模误差为高斯白噪声的前提下，以最小均方误差为标准，设计出的最优滤波器。此外，以卡尔曼滤波为基础，各种新的改进方法不断涌现，如自适应卡尔曼滤波、鲁棒卡尔曼滤波、等式约束下的卡尔曼滤波等[21, 22]，并成功应用在机器人编队[23, 24]、人脸识别[25]、车辆定位[26, 27]、图像处理[28]等方面。然而，在面对众多实际工程中建模噪声统计特性难以获得，特别是在面对模型为非线性的实际动态系统应用时，现有的卡尔曼滤波方法难以发挥出其优良的滤波性能[29]。

　　对于受白噪声影响的非线性动态系统，非线性状态方程会导致估计误差的动态系统也呈现出非线性，很难根据相应的估计误差协方差设计滤波器增益并获取其解析解，从而无法像处理线性系统那样实现状态的最优估计。因此，为了得到非线性系统的状态估计值，一些研究人员退而求其次提出了一些次优估计方法，这类方法在非线性程度不强的情况下具有较高的应用价值。现有的次优估计方法主要包括：解析逼近和采样逼近等。以解析逼近为代表的估计方法是 Bucy 于 1969 年利用泰勒（Taylor）级数展开，提出的一种适用于非线性系统的滤波器：扩展卡尔曼滤波（extended Kalman filtering，EKF）[30]。EKF 是在当前估计点状态下，将非线性的状态模型函数和测量模型函数进行一阶泰勒级数展开，将非线性问题近似转化为标准 KF 下的线性问题，并进行滤波器设计。需要指出的是，EKF 采用的是高斯分布用以逼近估计值的后验分布，因此当系统噪声和测量噪声均满足高斯分布时具有较好的估计性能[31, 33]。然而，EKF 仅能实现一阶线性逼近，且针对系统模型非线性较强且待估计值分布不对称，其滤波性能会随着模型非线性程度的增加造成舍入误差的增大，从而引起滤波器性能的下降，甚至因滤波估计算法发散而导致跟踪目标丢失[34]。此外，EKF 方法本质上是一种开环滤波方法，当系统达到平稳状态后，就会丧失对于突变状态的跟踪能力，这也是 EKF 滤波方法（包括卡尔曼滤波）的另一大缺陷。为了弥补 EKF 在应用过程中的不足，周东华等提出了强跟踪滤波（strong tracking filter，STF）的概念[9, 35, 36]。当模型不确定或状态发生突变造成滤波方法的状态估计值偏离系统的状态时，STF 通过在线调节增益矩阵，使得测量残差符合高斯白噪声的假设，进而可充分利用测量误差中的有价值信息，迫使强跟踪滤波可对实际运行状态保持实时跟踪[37]。为了提高对非线性函数模型的逼近能力，以粒子采样为设计思想的非线性滤波器也相继被提出，其中具有代表性的滤波器是无迹卡尔曼滤波（unscented Kalman filter，UKF）[38]。UKF 的主要设计思想是利用无迹变换（unscented transformation，UT），通过一组确定性采样的 Sigma 点集，用以逼近状态的后验分布，从而将原始的非线性函数转化在线性卡尔曼滤波框架下进行[39]。UT 的优势在于，其本身并非是对原始系统的非线性函数进行逼近，而是对原始系统非线性函数的概率密度分布进行近似，因此即使系统模型复杂，也不会增加计算的复杂度[40]。除此之外，UKF 不需要计算雅可比矩阵，而且同样适用于非可导的非线性函数。最重要的是，UKF 本身也存在难以忽视的缺陷：其参数选择中存在的问题往往会导致算法不能有效进行，主要表现在预测误差协方差矩阵、测量误差协方差矩阵和估计误差协方差矩阵会出现负定现象；而且，无论系统本身的维度大还是小，$2n+1$ 个采样点难以有代表性地对概率密度分布进行有效描述；尤其是当 $n > 20$ 时，UKF 估计精度不容乐观[41, 42]。在计算量相当的情况下，针对线性系统，虽然 EKF 和 UKF 二者的滤波性能相似，但对非线性系统，UKF 的滤波效果会更好[43-45]。由于 EKF 和 UKF 都仅适用于高斯系统中，并且都是通过均值和方差来标识状态的分布。而随着所研究目标系统噪声复杂性的不断增加，简单地运用均值和方差不足以精确表示状态和噪声的真实分布。大量实例验证表明，UKF 最多可达到对非线性系统二阶近似，仍会因高阶信息大量丢失，造成滤波效果差。值得一提的是，多项式扩展卡尔曼滤波器（polynomial extended Kalman filter，PEKF）有望在形式上和理论上解决截断误差的影响[46]，但 PEKF 采用了多个著名的数学工具，如 Kronecker-power、Taylor 级数展开和高阶二项式展开，以实现强非线性状态模型和测量模型的高阶多项式表示。将多项式项定义为 r 阶连续可导的非线性系统的增广状态变量，然后在由原始变量和增广变量组成的全空间建立高维线性化模型[47]。因此，PEKF 比 EKF 效果更好是合乎逻辑的。然而，PEKF 性能的提高高度依赖于复杂的数学运算。当 $r=1$ 时，PEKF 退化为 EKF[48]。值得注意的是，Wang 等提出了另一种多项式扩展卡尔曼滤波用于状态估计和故障检测[49]，通过利用文献[46]中丢弃的残差并用 1 到 μ 阶多项式表示。但是，文献[49]引入了一些不确定项，错过了用标准 KF 简洁解决这个复杂问题的机会，不得不将基于最小协方差准则求解增益矩阵的问题转化为求解最小协方差矩阵的问题，而且很难保证设计的过滤器的性能是最优的，因为得到的上界是保守的，即不是最小的上界。文献[49]除了继承了文献[46]同样的高复杂度，还引入了更复杂的问题，如求解上界。

然而，在实际工业应用中，仍存在众多的动态系统噪声为非高斯白噪声的情况。在已知密度函数的情况下，由 Gordon 和 Salmond 提出的粒子滤波（partial filter，PF），被有效地应用于非线性非高斯系统中，并逐渐成为目前研究非高斯动态系统状态滤波问题的一个热点[50-52]。PF 通过采集大量样本，其核心思想是使用一组具有相应权重的随机样本（粒子）来表述状态的分布特性。该方法通过选取重要性概率密度函数，然后从该函数中进行随机采样，并得到样本相应权重，然后通过观测信息进一步在线调节粒子的权重和位置，再运用这些更新后的样本逼近状态分布，最后通过样本的加权求和能够得到目标状态的最终滤波值。PF 通过样本点用以逼近系统的非高斯性，并能够描述噪声的高阶矩信息[53]。基于 PF 在非高斯系统滤波问题处理能力的优越性，PF 已在军事和工业等范围得到普遍应用[54-56]，如产品运行状态预测、飞行器的动态监测、车辆定位及自主导航等[57-65]。但是 PF 也存在一些缺陷，在通过采样近似系统的概率密度函数时，需要运用大量的样本量，从而增加运算的复杂度[66-70]。同样，粒子退化现象是粒子滤波中的另一常见问题，若采样过少，则粒子退化现象更加严重，导致无法得到理想的估计结果[71]。为解决 PF 中存在的问题，对于已知状态变量概率密度函数的系统，一些学者尝试运用熵来表示包含非高斯噪声的系统信息。考虑到概率密度函数的非负性，基于熵设计滤波方法的关键，就是获取系统输入噪声的概率密度函数和输出概率密度函数之间的关系，并最小化输出概率密度函数的熵[72]。基于该思想，2005 年，Guo 等提出了基于概率密度函数的形状控制方法[73]，并通过最小化估计误差的熵得到目标状态的最优解，基于概率密度函数不仅可以获取均值和方差的信息，而且可以得到熵和二阶及以上的高阶矩信息。然而，由于该滤波算法的递推过程中需要获得误差概率密度函数，并且性能指标的设计过程涉及对数的复杂运算，因此在实际系统中，利用概率密度函数直接设计滤波方法是难以实现的。此外，针对线性系统，Chen 等基于随机变量的有限实现，在最大相关熵准则下设计出相应的卡尔曼滤波器，被称为最大相关熵卡尔曼滤波器（maximum correntropy Kalman filter，MCKF）[74]。以此为基础，先后出现了可求解非线性非高斯系统的最大相关熵扩展卡尔曼滤波（maximum correntropy extended Kalman filter，MCEKF）、最大相关熵无迹卡尔曼滤波（maximum correntropy unscented Kalman filter，MCUKF）、最大相关熵容积卡尔曼滤波（maximum correntropy cubature Kalman filter，MCCKF）[75-82]。因此相应的相关熵滤波也继承了高斯非线性滤波器中存在的不足，这里不做赘述。为了克服基于概率密度函数滤波算法计算量过大的问题，2008 年，Zhou 等提出了基于特征函数的滤波方法[83, 84]，即用特征函数代替概率密度函数来设计新的滤波方法。由于特征函数具有良好的运算性质，能够将复杂的对数运算简化为加法运算，并且误差的特征函数可以通过递推获取，从而显著降低了计算概率密度函数的复杂度。这种基于特征函数的滤波方法的主要思想是通过状态的概率密度函数获得其对应的特征函数，并通过定义 Kull-leibler 距离新设计了性能指标，然后通过最小化该性能指标，使得系统误差的特征函数尽可能地逼近预先给定的特征函数，该思想又被成功应用到基于观测器的反馈控制器设计领域[85]。2013 年，许大星等通过利用混合特征函数，并将对称的 K-L 距离替换文献[86]的 K-L 距离的平方，能够更有效地度量两个特征函数的逼近程度，从而设计出了新的性能指标[87]。基于特征函数的滤波器设计方法为提高非线性系统的状态估计精度提供了一条新思路。但需要指出的是，文献[83]、[84]的研究对象是"伪"多维非线性系统，因为从其滤波器设计过程可以看出该方法仅适用于一维的观测系统，且要求状态方程是线性的。基于此，文成林等重新设计了矩阵形式的性能指标，给出了权重函数取值范围用以保证所设计性能指标的有界性，通过优化的方法完成了滤波器增益的设计，所提出的新的滤波方法能够具有更广泛的应用领域，并通过在工业器件消磨系统中的仿真实验验证其有效性和优越性[88, 89]。但是文献[88]仅适用状态模型为线性的系统，测量模型为非新型的动态系统，为此在文献[88]的基础上，文献[90]设计了适用于非线性状态模型和非线性测量模型的新型特征函数滤波，并给出建立误差动态模型的方法。针对文献[89]仅适用于一维观测变量的情况，文献[91]利用不动点方程，给出求取多维动态系统滤波器增益矩阵解析解的方法。

1.2 研究内容及章节安排

如上所述，滤波器应用范围广泛，且在众多工业系统中扮演着重要角色，因此优良的滤波性能是整个滤波器设计的核心。此外，随着信息技术的不断更新，对滤波器的设计提出了更高的要求，只有在不同的应用背景中能解决关键问题的滤波器，才有望在国家的经济和国防建设中发挥重要作用。

因此，在现有研究成果的基础上，本书主要开展对非线性高斯模型的滤波器设计研究。重点针对模型的四种表现形式，给出不同的滤波器设计方法，以期为解决实际应用中的状态估计问题提供理论支持。

本书各章节安排如下所述。

第 1 章，绪论。该章首先引入状态估计的问题，给出状态估计的方法。从最小二乘法开始，发展到现在的各类滤波器。然后从线性和非线性模型两方面介绍了线性卡尔曼滤波和其他滤波器；再从高斯噪声和非高斯噪声两方面介绍了现有的非线性滤波器，重点介绍了各种滤波器的发展背景、优缺点和适用范围；最后给出各个章节的研究内容和安排。

第 2 章，系统状态最优估计的基本概念。该章给出线性系统状态估计理论与方法，主要包括估计、最优估计、最小方差估计等内容。

第 3 章，滤波问题与线性系统的 Kalman 滤波器设计。该章首先提出滤波问题，并给出相应的基础知识；并基于此，给出针对线性高斯系统的 Kalman 滤波器设计方法。

第 4 章，非线性高斯系统的滤波设计方法。该章针对非线性高斯系统，给出相应的 EKF、UKF、CKF 以及 STF 方法。

第 5 章，非高斯噪声系统的滤波设计方法。该章针对非高斯系统，依次给出相应的滤波设计方法。

第 6 章，一类可加型非线性动态系统状态估计的高阶 Kalman 滤波器设计。针对一类由若干个非线性函数相加组成的非线性动态模型，通过定义隐变量，将原始非线性模型改写为伪线性形式；通过建立隐变量的动态模型，将伪线性模型转换为线性形式，从而将非线性模型转化在线性卡尔曼滤波框架下进行。最后，与 EKF 进行比较，验证该章方法的有效性。

第 7 章，一类可乘型强非线性系统的逐步线性化 Kalman 滤波器设计。针对一类由若干个非线性函数累乘组成的非线性动态模型，通过定义隐变量，首先设计关于隐变量的滤波器；基于隐变量的估计值，设计求取关于原始状态变量的估计值。最后通过仿真验证所设计滤波器的性能。

第 8 章，是第 6 章和第 7 章的结合。针对一类由若干非线性函数累加组成的非线性模型，且每个非线性函数都可以由若干个非线性累乘组成，先将非线性函数中的乘性因子定义为隐变量，设计针对隐变量的逐级线性化滤波器；基于每个非线性函数的估计值，设计针对原始状态变量的滤波器。考虑到在滤波器的设计过程中，存在模型近似或者建模不准确等问题，在仿真验证中与 STF 进行对比，来说明所提滤波方法良好的估计精度。

第 9 章，一般型强非线性动态系统的高阶 Kalman 滤波器设计。针对一般的非线性动态系统，不同于 PEKF 设计过程中需要的复杂的数学运算，如克罗内克积，该章仅利用泰勒级数展开，将原始的状态估计问题转化为预测误差的估计问题，这是该章的核心。通过定义高阶隐变量，将求解预测误差估计值的问题转化在卡尔曼滤波框架下进行。最后利用投影矩阵，实现对原始状态变量的有效估计。为了验证该章方法的性能，分别将泰勒级数展开至 1、2、3 阶，并与 UKF 进行对比，实验结果除了证明该章方法的性能外，也验证了 UKF 最多能达到 2 阶近似的结果。

第 10 章和第 11 章为上述滤波方法在实际工程中的应用。

参 考 文 献

[1] Hu C, Wang Z, Taghavifar H, et al. Mme-ekf-based path-tracking control of autonomous vehicles considering input saturation[J]. IEEE Transactions on Vehicular Technology, 2019, 68 (6): 5246-5259.

[2] Jonasson M, Rogenfelt A, Lanfelt C, et al. Inertial navigation and position uncertainty during a blind safe stop of an autonomous vehicle[J]. IEEE Transactions on Vehicular Technology, 2020, 69 (5): 4788-4802.

[3] Mechhoud S, Witrant E, Dugard L. Estimation of heat source term and thermal discussion in tokamak plasmas using a Kalman filtering method in the early lumping approach[J]. IEEE Transactions on Control Systems technology, 2015, 23 (2): 449-463.

[4] Zerdali E. A comparative study on adaptive EKF observers for state and parameter estimation of induction motor[J]. IEEE Transactions on Energy Conversion, 2020, 35 (3): 1443-1452.

[5] Zhang Y, Li X. A fast u-d factorization-based learning algorithm with applications to nonlinear system modeling and identification[J]. IEEE Transactions on Neural Networks, 1999, 10 (4): 930-938.

[6] Silva D M M, Wigren T, Mendonca T. Nonlinear identification of a minimal neuromuscular blockade model in anesthesia[J]. IEEE Transactions on Control Systems Technology, 2012, 20 (1): 181-188.

[7] 史忠科. Kalman 滤波新结构及其在目标跟踪中的应用[J]. 自动化学报, 1994, 20 (5): 605-609.

[8] Zou L, Wang Z, Zhou D. Moving horizon estimation with non-uniform sampling under component-based dynamic event-triggered transmission[J]. Automatica, 2020, 120: 1205-1211.

[9] 周东华, 叶银忠. 现代故障诊断与容错控制[M]. 北京: 清华大学出版社, 2000.

[10] 周东华, 魏慕恒, 司小胜. 工业过程异常检测、寿命预测与维修决策的研究进展[J]. 自动化学报, 2013, 39 (6): 711-722.

[11] Heng A, Zhang S, Tan A C. Rotating machinery prognostic: State of the art, challenges and opportunities[J]. Mechanical Systems & Signal Processing, 2009, 23 (3): 724-739.

[12] Crassidis J L, Junkins J L. Optimal Estimation of Dynamic Systems[M]. Boca Raton: Chapman & Hall/CRC Press, 2004.

[13] 刘胜, 张红梅. 最优估计理论[M]. 北京: 科学出版社, 2011: 102-134.

[14] 陈丽燕. 统计学[M]. 北京: 中国统计出版社, 2015: 1-234.

[15] 李水兵, 冯涛, 黄锡龙, 等. 基于最小二乘法拟合的性能曲面在排灌泵站流量计算中的应用[C]. 2021 第九届中国水生态大会论文集, 西安, 2021: 274-277.

[16] Hutchinson C. An example of the equivalence of the Kalman and Wiener filters[J]. IEEE Transactions on Automatic Control, 1966, 11 (2): 324.

[17] Kalman R E. A new approach to linear filter and prediction problem[J]. IEEE Transactions of the ASME Journal of Basic Engineering, 1960, 82 (2): 35-45.

[18] Ji S, Wen C. Data preprocessing method and fault diagnosis based on evaluation function of information contribution degree[J]. Journal of Control Science and Engineering, 2018, 2018 (1): 1-10.

[19] Talebi S P, Kanna S, Mandic D P. A distributed quaternion Kalman filter with applications to smart grid and target tracking[J]. IEEE Transactions on Signal and Information Processing Over Networks, 2016, 2 (4): 477-488.

[20] Wen T, Wen C, Roberts C, et al. Distributed filtering for a class of discrete-time systems over wireless sensor networks[J]. Journal of the Franklin Institute, 2020, 357 (5): 3038-3055.

[21] Gandhi M A, Mili L. Robust Kalman filter based on a generalized maximum likelihood type estimator[J]. IEEE Transactions on Signal Processing, 2010, 58 (5): 2509-2520.

[22] Wen C, Cai Y, Liu Y, et al. A reduced-order approach to filtering for systems with linear equalities[J]. Neurocomputing, 2016, 193: 219-226.

[23] 卢洁莹, 林子健, 陈泳锟, 等. 移动机器人编队的扩展 Kalman 姿态估计[J]. 电子设计工程, 2016, 24 (8): 1-5.

[24] 韩青, 孙树栋, 智睿瑞. 轨迹跟踪级联机器人编队控制方法[J]. 控制与决策, 2016, 31 (2): 317-323.

[25] 付仁杰. 面向图像处理技术的 Kalman 滤波方法[D]. 杭州: 杭州电子科技大学, 2021.

[26] 高策, 褚端峰, 何书贤, 等. 基于 Kalman-高斯联合滤波的车辆位置跟踪[J]. 交通信息与安全, 2020, 38 (1): 76-83.

[27] 贾勇, 李岁劳, 时文涛, 等. 基于抗差自适应 Kalman 滤波的车辆定位新方法[J]. 中国惯性技术学报, 2018, 26 (2): 149-155.

[28] 张娜娜, 张媛媛, 丁维奇. 经典图像去噪方法研究综述[J]. 化工自动化及仪表, 2021, 48 (5): 409-412, 423.

[29] 陈炜杰. 基于特征函数的滤波方法研究[D]. 杭州: 杭州电子科技大学, 2019: 1-59.

[30] Sunahara Y, Yamashita K. An approximate method of state estimation for nonlinear dynamical systems[J]. International Journal of Control, 1970, 11 (6): 957-972.

[31] Nadarajan S, Panda S K, Bhangu B, et al. Online model-based condition monitoring for brushless wound-field synchronous generator to detect and diagnose stator windings turn-to-turn shorts using extended Kalman filter[J]. IEEE Transactions on Industrial Electronics, 2016, 63 (5): 3228-3241.

[32] 柴霖, 袁建平, 罗建军, 等. 非线性估计理论的最新进展[J]. 宇航学报, 2005, 26 (3): 380-384.

[33] Nrgaard M, Poulsen N K, Ravn O. New developments in state estimation for nonlinear dynamical system[J]. Automatica, 2000, 36 (11): 1627-1638.

[34] Meinhold R J, Singpurwalla N D. Robustification of Kalman filter models[J]. Journal of the American Statistical Association, 1989, 84 (406): 479-486.

[35] 文成林, 周东华. 多尺度估计理论及其应用[M]. 北京: 清华大学出版社, 2002.

[36] 刘铭, 周东华. 残差归一化的强跟踪滤波器及其应用[J]. 中国电机工程学报, 2005, 25 (2): 71-75.

[37] 文成林. 多尺度动态建模理论及其应用[M]. 北京: 科学出版社, 2008.

[38] Julier S J, Uhlmann J K. Unscented filtering and nonlinear estimation[J]. Proceedings of the IEEE, 2004, 92 (3): 401-422.

[39] Wan E A, Vander M R. The unscented Kalman filter for nonlinear estimation[J]. IEEE: Adaptive Systems for

Signal Processing，Communications，and Control Symposium，2000：489-494.

[40] 石志伟，任师通，魏民祥，等. 基于自适应无迹 Kalman 滤波的汽车状态参数估计[J]. 公路与汽运，2021，205（4）：8-11，15.

[41] 王小旭，潘泉，黄鹤，等. 非线性系统确定采样型滤波算法综述[J]. 控制与决策，2012，27（6）：801-812.

[42] Arasaratnam I，Haykin S. A numerical-integration perspective on Gaussian filters[J]. IEEE Transactions on Automatic Control，2009，54（8）：1254-1269.

[43] Julier S J，Uhimann J K，Durrant-Whyte H F. A new method for nonlinear transformation of means a and covariance in filters and estimators[J]. IEEE Transactions on Automatic Control，2000，45（3）：477-482.

[44] Li L，Yu D，Xia Y，et al. Stochastic stability of a modified unscented Kalman filter with stochastic nonlinearities and multiple fading measurements[J]. Journal of Franklin Institute，2017，354（2）：650-667.

[45] Lim J，Shin M，Hwang W. Variants of extended Kalman filtering approaches for Bayesian tracking[J]. International Journal of Robust Nonlinear Control，2017，27（2）：319-346.

[46] Germani A，Manes C，Palumbo P. Polynomial extended Kalman filter[J]. IEEE Transactions on Automatic Control，2005，50（12）：2059-2064.

[47] Sun X，Wen C，Wen T. A novel step-by-step high-order extended Kalman filter design for a class of complex systems with multiple basic multipliers[J]. Chinese Journal of Electronics，2021，30（2）：313-321.

[48] Sun X，Wen C，Wen T. High-order extended Kalman filter design for a class of complex dynamic systems with polynomial nonlinearities[J]. Chinese Journal of Electronics，2021，30（3）：508-515.

[49] Yang L，Wang Z，He X，et al. Filtering and fault detection for nonlinear systems with polynomial approximation[J]. Automatica，2015，（54）：348-359.

[50] Arulampalam M，Maskell S，Gordon N. A tutorial on particle filters for online nonlinear/non-Gaussian Bayesian tracking[J]. IEEE Transactions on Signal Processing，2002，50（2）：174-188.

[51] Doucet A，Freitas N D，Gordon N，et al. Sequential Monte Carlo Methods in Practice[M]. New York：Springer-Verlag，2001.

[52] Cheng D，Zhang W，Liu J. Window-varying particle filter for parameter identification of space thermal model[J]. IEEE Transactions on Instrumentation and Measurement，2017，66（1）：165-176.

[53] 任德馨，雷久侯. 基于智能优化粒子滤波算法的热层大气预报研究[EB/OL]. http://kns.cnki.net/kcms/detail/11.5842.P.20211122.1639.html[2021-12-15].

[54] 周哲，胡钊政，李娜，等. 面向智能车的地下停车场环视特征地图构建与定位[J]. 测绘学报，2021，50（11）：1574-1584.

[55] 李环，罗惠中，刘媛媛. 干扰环境下飞行器的识别与跟踪技术研究[J]. 沈阳理工大学学报，2021，40（5）：12-16，45.

[56] 王鹏，张作君. 直流电机电刷磨损预测的粒子滤波方法[J]. 微电机，2021，54（8）：43-46，97.

[57] 陈晓璐，邓砚谷. 基于动态命令树算法的软件老化趋势预测方法[J]. 计算机仿真，2021，38（11）：295-299，313.

[58] 范汝新，张宵洋，张振福，等. 锂电池能量状态与功率状态的联合估计[J]. 电源技术，2021，45（10）：1252-1255，1259.

[59] 严毅琪，孙鹏宇，程强强，等. 基于粒子滤波的烧结钕铁硼材料疲劳破坏预测方法研究[EB/OL]. DOI：10.19636/j.cnki.cjsm42-1250/o3.2021.055[2022-01-07].

[60] 朱润驰，王洪源，陈慕羿. 改进粒子滤波的军用机器人室内定位方法[J]. 沈阳理工大学学报，2021，40（4）：18-22，28.

[61] 钟麟, 张岐坦. 基于无人机载光电平台的目标定位技术[J]. 计算机与网络, 2021, 47 (13): 53-57.

[62] 黄鹤, 吴琨, 李昕芮. 基于 AMMFO 优化的 MAFPF 车辆跟踪方法[J]. 汽车工程, 2021, 43 (9): 1322-1327, 1335.

[63] 叶泳骏, 陈新度, 吴磊, 等. 基于视觉与陀螺仪组合的机器人粒子滤波定位[J]. 组合机床与自动化加工技术, 2021 (11): 1-4.

[64] 张声成, 蒋永翔, 孙宏昌, 等. 清雪机器人自主定位与导航系统设计与开发[J]. 机床与液压, 2021, 49 (21): 73-78.

[65] 王甘楠, 田昕, 魏国亮, 等. 基于 RNN 的多传感器融合室内定位方法[J]. 计算机应用研究, 2021, 38 (12): 3725-3729.

[66] 田红波, 殷勤业, 丁乐. 一种粒子滤波的盲多用户检测快速算法[J]. 电子与信息学报, 2008, 30 (6): 1300-1303.

[67] 刘贵喜, 高恩克, 范春宇. 改进的交互式多模型粒子滤波跟踪算法[J]. 电子与信息学报, 2007, 29 (12): 2810-2813.

[68] Li W, Jia Y. Distributed consensus filtering for discrete-time non-linear systems with non-Gaussian noise[J]. Signal Processing, 2012, 92 (2): 2464-2470.

[69] Arulampalam M S, Maskell S, Gordon N, et al. A tutorial on particle filters for online nonlinear/non-Gaussian Bayesian tracking[J]. IEEE Transactions on Signal Processing, 2002, 50 (2): 174-188.

[70] Ye M, Guo H, Cao B. A model-based adaptive state of charge estimator for a lithium-ion battery using an improved adaptive particle filter[J]. Applied Energy, 2017, 190: 740-748.

[71] 杨争斌, 谢恺, 郭福成, 等. 基于角度约束采样的单站无源定位混合粒子滤波算法[J]. 电子与信息学报, 2008, 30 (3): 576-580.

[72] Vo B N, Ma W K. The Gaussian mixture probability hypothesis density filter[J]. IEEE Transactions on Signal Processing, 2006, 54 (11): 4091-4104.

[73] Guo L, Wang H. Minimum entropy filtering for multivariate stochastic systems with non-Gaussian noises[J]. IEEE Transactions on Automatic Control, 2005, 51 (4): 695-700.

[74] Chen B, Liu X, Zhao H, et al. Maximum correntropy kalman filter[J]. Automatica, 2017, 76: 70-77.

[75] Hu Q, Liu X, Chen B, et al. Extended Kalman filter under maximum correntropy criterion[C]. International Joint Conference on Neural Networks, Vancouver, 2016: 1733-1737.

[76] 高世杰, 王彪, 朱雨男, 等. 基于最大相关熵准则的水下生物脉冲噪声消除方法[J]. 声学技术, 2021, 40 (5): 717-722.

[77] Liu X, Ren Z, Lyu H Q, et al. Linear and nonlinear regression-based maximum correntropy extended Kalman filtering[J]. IEEE Transactions on Systems, Man, and Cybernetics: Systems, 2021, 51 (5): 3093-3102.

[78] 王恒, 李春霞, 刘守训. 基于最大相关熵的雷达扩展 Kalman 滤波算法研究[J]. 中国传媒大学学报 (自然科学版), 2020, 27 (3): 55-59.

[79] Wang G, Li N, Zhang Y. Maximum correntropy unscented Kalman and information filters for non-Gaussian measurement noise[J]. Journal of the Franklin Institute, 2017, 354 (18): 8659-8677.

[80] Liu X, Qu H, Zhao J, et al. Maximum correntropy unscented Kalman filter for spacecraft relative state estimation[J]. Sensors, 2016, 16 (9): 1530.

[81] Liu D, Chen X, Xu Y, et al. Maximum correntropy generalized high-degree cubature Kalman filter with application to the attitude determination system of missile[J]. Aerospace Science and Technology, 2019, 95: 105441.

[82] 张敬艳, 修建娟, 董凯. 噪声非高斯条件下基于最大相关熵准则的容积滤波算法[J]. 兵器装备工程学报,

2021，42（8）：245-250.

[83] Zhou J，Wang H，Zhou D. PDF tracking filter design using hybrid characteristic functions[C]. IEEE：American Control Conference，Seattle，2008：3046-3051.

[84] Zhou J，Zhou D，Wang H，et al. Distributed function tracking filter design using hybrid characteristic functions[J]. Automatica，2010，46：101-109.

[85] Liu Y，Wang H，Guo L. Observer-based feedback controller design for a class of stochastic systems with non-Gaussian variables[J]. IEEE Transactions on Automatic Control，2015，60（5）：1445-1450.

[86] Wen C，Cai Y，Liu Y，et al. A reduced-order approach to filtering for systems with linear equalities[J]. Neurocomputing，2016，193：219-226.

[87] 许大星，文成林，冯肖亮. 基于对称 K-L 距离的概率密度函数滤波器设计[C]. 第三十二届中国控制会议，西安，2013.

[88] Wen C，Cheng X，Xu D，et al. Filter design based on characteristic functions for one class of multi-dimensional nonlinear non-Gaussian system[J]. Automatica，2017，82：171-180.

[89] Wen C，Ge Q，Cheng X，et al. Filters design based on multiple characteristic functions for the grinding process cylindrical workpieces[J]. IEEE Transactions on Industrial Electronics，2017，64（6）：4671-4679.

[90] Chen W，Wen C，Ren Y. Multi-dimensional observation characteristic function filtering based on fixed point equation[C]. International Conference on Control Automation & Information Sciences，Hangzhou，2018.

[91] 陈炜杰. 基于特征函数的滤波方法研究[D]. 杭州：杭州电子科技大学，2019.

第 2 章 系统状态最优估计的基本概念

本章将介绍线性系统状态估计理论与方法，包括估计和最优估计方法、最小方差估计、极大似然估计、极大后验估计、线性最小方差估计、最小二乘估计、加权最小二乘估计等内容。

2.1 估　　计

在自动控制、通信、航空与航天等科学领域中，常常会遇到"估计"问题。所谓估计，就是从带有随机干扰的观测数据中提取有用信息[1-3]。估计问题可叙述为如果假设被估计量 $x(t) \in \mathbb{R}^{n \times 1}$ 是一个向量，而向量 $z(t) \in \mathbb{R}^{m \times 1}$ 是其观测量，并且观测量与被估计量之间具有如下关系：

$$z(t) = h[x(t), v(t), t]$$

式中，$h \in \mathbb{R}^{m \times 1}$ 是已知的向量函数，它是由观测方法所决定的；$v(t)$ 是观测噪声向量，通常是一个随机过程。那么，所谓估计问题，就是在时间区间 $[t_0, t]$ 内对 $x(t)$ 进行观测，而在得到的观测数据 $z = \{z(\tau), t_0 \leqslant \tau \leqslant t\}$ 的情况下，要求构造一个观测数据 z 的函数 $\hat{x}(z)$ 来估计 $x(t)$ 的问题，并称 $\hat{x}(z)$ 是 $x(t)$ 的一个估计量，或称 $x(t)$ 的估计为 $\hat{x}(z)$。

估计理论是概率论和数理统计的一个重要分支。它所研究的对象是随机现象，它是一种根据受干扰的观测数据来估计关于随机变量、随机过程或系统的某一特性的数学方法[4]。

估计问题大致可分为状态估计和参数估计两大类。状态估计和参数估计的基本差别在于：前者是随时间变化的随机过程/序列，后者是不随时间变化的或只随时间缓慢变化的随机变量。因此，可以说，状态估计是动态估计，而参数估计是静态估计。动态估计和静态估计是相互联系的，可以这样说，把静态估计方法与动态随机过程/序列的内部规律性结合起来，就可得到动态估计方法[5]。

2.2 估计准则和最优估计

如上所述，所谓估计问题，就是要构造一个观测数据 z 的函数 $\hat{x}(z)$ 来作为被估计量 $x(t)$ 的一个估计量。在应用时，人们总希望估计出来的参数和状态变量越接近实际值越好，因此，为了衡量估计的好坏，必须要有一个衡量的标准，这个衡量标准就是估计准则。估计常常是以"使估计的性能指标达到极值"作为标准的。估计准则可以是多种多样的，常用的估计准则有最小方差准则、极大似然准则、极大后验准则、线性最小方差准则、最小二乘准则等[6]。

一个估计问题能否得到可行的明确解答，固然与随机过程、随机变量或系统的状态特点有关，但它与估计准则的选择关系也极大。可以说，估计准则在很大程度上将决定估计的性能、求解估计问题所使用的估计方法及估计量的性质（是线性的还是非线性的）等。因此，要想使估计问题得到好的结果，选择合理的估计准则是极其重要的。估计准则的选择在很大程度上取决于人们对被估计量的了解、对估计精度的要求以及实现方便等因素。

所谓最优估计，是指在某一确定的估计准则条件下，按照某种统计意义，使估计达到最优。因此，最优估计是针对某一估计准则而言的。某一估计对某一估计准则为最优估计，但换一个估计准则，这一估计值就不一定是最优的了，这就是说，最优估计不是唯一的[7]。

2.3　估 计 方 法

选取不同的估计准则，就有不同的估计方法，估计方法和估计准则是紧密相关的。根据观测与被估计值的统计特性的掌握程度，可有下面一些估计方法。

1. 最小方差估计

最小方差估计是以估计误差的方差达到最小为估计准则的。按照这种准则求得的最优估值称为最小方差估计。为了进行最小方差估计，需要知道被估计值 x 和观测值 z 的条件概率分布密度值 $P(x|z)$ 或 $P(z)$，以及它们的联合概率分布密度 $P(x,z)$。

2. 极大似然估计

极大似然准则是以使条件概率分布密度 $P(x|z)$ 达到极大的那个 x 值作为估值的。按照这种估计准则求得 x 的最优估值便称为极大似然估计。为了求出极大似然估计，需要知道条件概率分布密度 $P(x|z)$。

3. 极大后验估计

极大后验准则是以使后验概率分布密度 $P(x|z)$ 达到极大的那个 x 值作为估值的。按这种估计准则求得的 x 的最优估值就是极大后验估计。为了求出极大后验估计，需要知道后验概率分布密度 $P(x|z)$。

4. 线性最小方差估计

如上所述，为了进行最小方差估计和极大后验估计，需要知道条件概率分布

密度 $P(x|z)$；为了进行极大似然估计，需要知道 $P(z|x)$。如果能放松对概率分布密度的要求，只知道观测值和被估计值的一、二阶矩，即 $E\{x\}$、$E\{z\}$、$\mathrm{Var}\{x\}$、$\mathrm{Var}\{z\}$、$\mathrm{Cov}\{x,z\}$ 和 $\mathrm{Cov}\{z,x\}$。在这种情况下，为了得到有用的结果，必须对估计量的函数形式加以限制。若限定所求的估计量是观测值的线性函数，并以估计误差的方差达到最小作为最优估计准则。则按这种方式求得的最优估值称为线性最小方差估计。

5. 最小二乘估计

当人们既不知道 x 和 z 的概率分布密度，也不知道它们的一、二阶矩时，就只能采用高斯提出的最小二乘法进行估计。最小二乘估计时以残差的平方和最小作为估计准则。

2.4　最小方差估计

1. 最小方差估计

设被估计量 $x \in \mathbb{R}^{n \times 1}$ 是一个随机向量，$z \in \mathbb{R}^{m \times 1}$ 为其观测值向量，x 和 z 没有明确的函数关系，只有概率上的联系。x 和 z 的概率分布密度分别为 $P_1(x)$ 和 $P_2(z)$，其联合概率分布密度为 $P(x,z)$。选择估计误差 $\tilde{x} = x - \hat{x}(z)$ 的二次型函数为代价函数：

$$f(x - \hat{x}(z)) = (x - \hat{x}(z))^{\mathrm{T}} S(x - \hat{x}(z)) \tag{2.4.1}$$

式中，$S \in \mathbb{R}^{n \times n}$，为对称非负定的加权矩阵。

若有估计量 $\hat{x}_{\mathrm{MV}}(z)$，使得贝叶斯风险最小，即

$$\beta(\hat{x}(z))\big|_{\hat{x}(z) = \hat{x}_{\mathrm{MV}}(z)} = E\{(x - \hat{x}(z))^{\mathrm{T}} S(x - \hat{x}(z))\}\big|_{\hat{x}(z) = \hat{x}_{\mathrm{MV}}(z)} = \min \tag{2.4.2}$$

则称 $\hat{x}_{\mathrm{MV}}(z)$ 为 x 最小方差估计。

下面讨论求最小方差估计 $\hat{x}_{\mathrm{MV}}(z)$ 的方法。

按最小方差估计的定义，当 $\hat{x}(z) = \hat{x}_{\mathrm{MV}}(z)$ 时，须有

$$\beta(\hat{x}(z))\big|_{\hat{x}(z) = \hat{x}_{\mathrm{MV}}(z)} = \min$$

即

$$E\{(x - \hat{x}(z))^{\mathrm{T}} S(x - \hat{x}(z))\}\big|_{\hat{x}(z) = \hat{x}_{\mathrm{MV}}(z)} = \min$$

或

$$\int_{-\infty}^{+\infty} \int_{-\infty}^{+\infty} (x - \hat{x}(z))^{\mathrm{T}} S(x - \hat{x}(z)) P(x,z) \mathrm{d}x \mathrm{d}z \big|_{\hat{x}(z) = \hat{x}_{\mathrm{MV}}(z)} = \min$$

由于

$$P(x,z) = P(x|z)P(z) \tag{2.4.3}$$

所以就有

$$\int_{-\infty}^{+\infty} P(z) \left\{ \int_{-\infty}^{+\infty} (x - \hat{x}(z))^{\mathrm{T}} S(x - \hat{x}(z)) P(x \mid z) \mathrm{d}x \right\} \mathrm{d}z \Big|_{\hat{x}(z) = \hat{x}_{\mathrm{MV}}(z)} = \min \qquad (2.4.4)$$

由 S 非负定,易得 $(x - \hat{x}(z))^{\mathrm{T}} S(x - \hat{x}(z))$ 也是非负定的,又因为 $P(x \mid z)$ 和 $P(z)$ 是非负函数,而 $\hat{x}(z)$ 只出现在内积分号内,所以只要使内积分号内积分为极小,即

$$\int_{-\infty}^{+\infty} (x - \hat{x}(z))^{\mathrm{T}} S(x - \hat{x}(z)) P(x \mid z) \mathrm{d}x \big|_{\hat{x}(z) = \hat{x}_{\mathrm{MV}}(z)} = \min \qquad (2.4.5)$$

就可以使贝叶斯风险为极小,即

$$\beta(\hat{x}(z)) \big|_{\hat{x}(z) = \hat{x}_{\mathrm{MV}}(z)} = \min$$

贝叶斯的条件风险为极小:

$$\beta(\hat{x}(z) \mid z) \big|_{\hat{x}(z) = \hat{x}_{\mathrm{MV}}(z)} = \int_{-\infty}^{+\infty} (x - \hat{x}(z))^{\mathrm{T}} S(x - \hat{x}(z)) P(x \mid z) \mathrm{d}x \big|_{\hat{x}(z) = \hat{x}_{\mathrm{MV}}(z)} = \min$$

这一等价的价值在于求贝叶斯风险最小时的 $(n + m)$ 重积分,就简化成贝叶斯条件风险最小时的 n 重积分,从而简化了积分运算。

当 $x(z) = \hat{x}_{\mathrm{MV}}(z)$ 时,能使 $\beta(\hat{x}(z) \mid z) = \min$ 的必要条件是

$$\frac{\partial \beta(\hat{x}(z) \mid z)}{\partial \hat{x}(z)} \Big|_{\hat{x}(z) = \hat{x}_{\mathrm{MV}}(z)} = 0 \qquad (2.4.6)$$

即

$$\frac{\partial}{\partial \hat{x}(z)} \int_{-\infty}^{+\infty} (x - \hat{x}(z))^{\mathrm{T}} S(x - \hat{x}(z)) P(x \mid z) \mathrm{d}x \big|_{\hat{x}(z) = \hat{x}_{\mathrm{MV}}(z)}$$

$$= \int_{-\infty}^{+\infty} \frac{\partial}{\partial \hat{x}(z)} \int_{-\infty}^{+\infty} (x - \hat{x}(z))^{\mathrm{T}} S(x - \hat{x}(z)) P(x \mid z) \mathrm{d}x \big|_{\hat{x}(z) = \hat{x}_{\mathrm{MV}}(z)}$$

$$= -2S \int_{-\infty}^{+\infty} (x - \hat{x}(z)) P(x \mid z) \mathrm{d}x \big|_{\hat{x}(z) = \hat{x}_{\mathrm{MV}}(z)}$$

$$= 0$$

因为 S 是非负定的,所以有

$$\hat{x}_{\mathrm{MV}}(z) \int_{-\infty}^{+\infty} P(x \mid z) \mathrm{d}x = \int_{-\infty}^{+\infty} x P(x \mid z) \mathrm{d}x$$

再利用

$$\int_{-\infty}^{+\infty} P(x \mid z) \mathrm{d}x = 1$$

则有

$$\hat{x}_{\mathrm{MV}}(z) = \int_{-\infty}^{+\infty} x P(x \mid z) \mathrm{d}x = E\{x \mid z\} \qquad (2.4.7)$$

又由于

$$\frac{\partial^2 \beta(\hat{x}(z) \mid z)}{\partial \hat{x}(z) \partial \hat{x}^{\mathrm{T}}(z)} \Big|_{\hat{x}(z) = \hat{x}_{\mathrm{MV}}(z)} = 2S \qquad (2.4.8)$$

是非负定的，所以，当 $\hat{x}_{\mathrm{MV}}(z) = \int_{-\infty}^{+\infty} x P(x\mid z)\mathrm{d}x = E\{x\mid z\}$ 时，$\beta(\hat{x}(z)\mid z)$ 确实具有最小值。

由此可见，随机向量 x 的最小方差估计 z 是在观测向量为 $\hat{x}_{\mathrm{MV}}(z) = \int_{-\infty}^{+\infty} x P(x\mid z)\mathrm{d}x = E\{x\mid z\}$ 的条件下数学期望 $E\{x\mid z\}$。因此，有时又称最小方差估计为条件期望估计。

2. 最小方差估计的几点说明

为了加深对最小方差的理解，作以下几点说明。

（1）最小方差估计量 $\hat{x}_{\mathrm{MV}}(z)$ 是无偏估计，这是因为

$$
\begin{aligned}
E\{\hat{x}_{\mathrm{MV}}(z)\} &= E\{E\{x\mid z\}\} \\
&= \int_{-\infty}^{+\infty}\left\{\int_{-\infty}^{+\infty} x P(x\mid z)\mathrm{d}x\right\} P(z)\mathrm{d}z \\
&= \int_{-\infty}^{+\infty} x\left\{\int_{-\infty}^{+\infty} P(x,z)\mathrm{d}z\right\}\mathrm{d}x \\
&= E\{x\}
\end{aligned}
\tag{2.4.9}
$$

（2）最小方差估计 $\hat{x}_{\mathrm{MV}}(z) = E\{x\mid z\}$ 这个结果，只要求加权阵是非负定的，而与其具体形式无关，因此，它可以选为任意非负定阵，一般常选 S 为单位阵。

（3）由于 $\hat{x}_{\mathrm{MV}}(z)$ 是 x 的无偏估计，因此，估计误差协方差矩阵：

$$
E\{\tilde{x}_{\mathrm{MV}}(z)\tilde{x}_{\mathrm{MV}}^{\mathrm{T}}(z)\} = E\{(x-\hat{x}_{\mathrm{MV}}(z))(x-\hat{x}_{\mathrm{MV}}(z))^{\mathrm{T}}\}
$$

就是估计误差的方差矩阵 $\mathrm{Var}\{\tilde{x}_{\mathrm{MV}}(z)\}$，其表达式为

$$
\begin{aligned}
\mathrm{Var}\{\tilde{x}_{\mathrm{MV}}(z)\} &= \mathrm{Var}\{x-\hat{x}_{\mathrm{MV}}(z)\} \\
&= E\{(x-\hat{x}_{\mathrm{MV}}(z))(x-\hat{x}_{\mathrm{MV}}(z))^{\mathrm{T}}\} \\
&= \int_{-\infty}^{+\infty}\int_{-\infty}^{+\infty}(x-\hat{x}_{\mathrm{MV}}(z))(x-\hat{x}_{\mathrm{MV}}(z))^{\mathrm{T}} P(x,z)\mathrm{d}x\mathrm{d}z \\
&= \int_{-\infty}^{+\infty}\left\{\int_{-\infty}^{+\infty}(x-E\{x\mid z\})(x-E\{x\mid z\})^{\mathrm{T}} P(x\mid z)\mathrm{d}x\right\} P(z)\mathrm{d}z \\
&= \int_{-\infty}^{+\infty}\mathrm{Var}\{x\mid z\} P(z)\mathrm{d}z
\end{aligned}
\tag{2.4.10}
$$

（4）如果设 x 的其他任意估计为 $\hat{x}(z)$，则相应的估计误差协方差矩阵为

$$
\begin{aligned}
&E\{\tilde{x}(z)\tilde{x}^{\mathrm{T}}(z)\} \\
&= E\{(x-\hat{x}(z))(x-\hat{x}(z))^{\mathrm{T}}\} \\
&= \int_{-\infty}^{+\infty}\int_{-\infty}^{+\infty}(x-\hat{x}(z))(x-\hat{x}(z))^{\mathrm{T}} P(x,z)\mathrm{d}x\mathrm{d}z \\
&= \int_{-\infty}^{+\infty}\left\{\int_{-\infty}^{+\infty}(x-\hat{x}(z))(x-\hat{x}(z))^{\mathrm{T}} P(x\mid z)\mathrm{d}x\right\} P(z)\mathrm{d}z \\
&= \int_{-\infty}^{+\infty}\left\{\int_{-\infty}^{+\infty}(x-E\{x\mid z\}+E\{x\mid z\}-\hat{x}\{z\})(x-E\{x\mid z\}+E\{x\mid z\}-\hat{x}\{z\})^{\mathrm{T}} P(x\mid z)\mathrm{d}x\right\} P(z)\mathrm{d}z
\end{aligned}
$$

$$= \int_{-\infty}^{+\infty} \left\{ \int_{-\infty}^{+\infty} (x - E\{x\,|\,z\})(x - E\{x\,|\,z\})^{\mathrm{T}} P(x\,|\,z) \mathrm{d}x \right\} P(z) \mathrm{d}z$$

$$+ \int_{-\infty}^{+\infty} \left\{ \int_{-\infty}^{+\infty} (x - E\{x\,|\,z\})(E\{x\,|\,z\} - \hat{x}\{z\})^{\mathrm{T}} P(x\,|\,z) \mathrm{d}x \right\} P(z) \mathrm{d}z$$

$$+ \int_{-\infty}^{+\infty} \left\{ \int_{-\infty}^{+\infty} (E\{x\,|\,z\} - \hat{x}\{z\})(x - E\{x\,|\,z\})^{\mathrm{T}} P(x\,|\,z) \mathrm{d}x \right\} P(z) \mathrm{d}z$$

$$+ \int_{-\infty}^{+\infty} \left\{ \int_{-\infty}^{+\infty} (E\{x\,|\,z\} - \hat{x}\{z\})(E\{x\,|\,z\} - \hat{x}\{z\})^{\mathrm{T}} P(x\,|\,z) \mathrm{d}x \right\} P(z) \mathrm{d}z$$

$$= \int_{-\infty}^{+\infty} \mathrm{Var}\{x\,|\,z\} P(z) \mathrm{d}z + \int_{-\infty}^{+\infty} (E\{x\,|\,z\} - \hat{x}\{z\})(E\{x\,|\,z\} - \hat{x}\{z\})^{\mathrm{T}} P(z) \mathrm{d}z$$

$$\text{(2.4.11)}$$

由于

$$\mathrm{Var}\{x\,|\,z\} \geqslant 0, \quad (E\{x\,|\,z\} - \hat{x}(z))(E\{x\,|\,z\} - \hat{x}(z))^{\mathrm{T}} \geqslant 0 \qquad \text{(2.4.12)}$$

且 $P(z)$ 总是负的，所以，由式（2.4.11）就可得

$$E\{\tilde{x}(z)\tilde{x}^{\mathrm{T}}(z)\} = E\{(x - \hat{x}(z))(x - \hat{x}(z))^{\mathrm{T}}\} \geqslant \int_{-\infty}^{+\infty} \mathrm{Var}\{x\,|\,z\} P(z) \mathrm{d}z = \mathrm{Var}\{\hat{x}_{\mathrm{MV}}\} \quad \text{(2.4.13)}$$

并且，当 $\hat{x}(z) = E\{x\,|\,z\} = \hat{x}_{\mathrm{MV}}(z)$ 时，式（2.4.13）取等号。

　　式（2.4.13）表明，任何其他估计的均方误差矩阵或任何其他无偏估计的方差矩阵都将大于最小方差估计的误差方差矩阵。即最优估计 $\hat{x}(z) = E\{x\,|\,z\}$ 具有最小的估计误差方差矩阵。这就是称它为最小方差估计的原因。

　　由于无偏估计的误差方差矩阵，即估计误差的二阶矩表示了误差分布在零附近的密集程度，因此，最小方差估计 $\hat{x}(z) = E\{x\,|\,z\}$ 是一种最接近真值 x 的估计。

2.5　极大似然估计

　　极大似然估计是以观测值出现的概率最大作为准则的，这是一种很普通的参数估计方法。费希尔（Fisher）在 1906 年首先使用这种方法，它是以似然函数概念作为基础的。

　　设 $x \in \mathbb{R}^{n \times 1}$ 为被估计量（它可以是未知的确定性量，也可以是随机变量），$z \in \mathbb{R}^{m \times 1}$ 为 x 的观测值向量。为了估计 x，假设已对它进行了 k 次观测，并得到了观测集 $\{z(i); i = 1, 2, \cdots, k\}$，如果对观测的总体 $z = \{z(i); i = 1, 2, \cdots, k\}$，考虑其概率密度函数 $P(z)$，应该是一种条件概率密度函数，即 $P(z) = P(z\,|\,x)$，一般情况下，$P(z\,|\,x)$ 应该是 z 和 x 两者的函数，但是对于具体的观测值 z 来说，$P(z\,|\,x)$ 就可以被认为只是 x 的函数，并称它为似然函数，记为 $L = P(z\,|\,x)$。为什么取这个名字呢？因为 $P(z\,|\,x)$ 表示在已知 x 的条件下，z 的概率分布密度，因此，如果 $x = x_1$ 时的 $P(z\,|\,x_1)$ 要比 $x = x_2$ 时的 $P(z\,|\,x_2)$ 大，则表明这时 x_1 是准确值的可能性就要比 x_2 是准确值的可能性大。因此，如果对所有可能的 x 值，$P(z\,|\,\hat{x})$ 是 $P(z\,|\,x)$ 的最大值，

那么，$\hat{x}$ 是准确值的可能性就最大，这时就称 $\hat{x}$ 是 x 的极大似然估计，并记为 $\hat{x}_{\mathrm{ML}}(z)$。由此可见，极大似然估计 $\hat{x}_{\mathrm{ML}}(z)$ 是使似然函数 $L = P(z \mid x)$ 达到极大值的一种最优估计。显然这里的最优估计准则是"使似然函数达到极大"。

由极大似然估计的定义可知，如果已经得到观测向量 z，应有

$$L = P(z \mid x)\big|_{x=\hat{x}_{\mathrm{ML}}(z)} = \max \tag{2.5.1}$$

为了便于求出极大似然估计，常对似然函数 $L = P(z \mid x)$ 取自然对数，即

$$\ln L = \ln P(z \mid x)$$

并称为对数似然函数。由于对数函数是单调增加函数，因此，$\ln L = \ln P(z \mid x)$ 与 $L = P(z \mid x)$ 在相同的 x 值达到极大，即

$$\ln L = \ln P(z \mid x)\big|_{x=\hat{x}_{\mathrm{ML}}(z)} = \max \tag{2.5.2}$$

当 $x = \hat{x}_{\mathrm{ML}}(z)$ 时，能使

$$L = P(z \mid x) = \max$$

或

$$\ln L = \ln P(z \mid x) = \max$$

的必要条件为

$$\frac{\partial}{\partial x} L = \frac{\partial}{\partial x} P(z \mid x)\bigg|_{x=\hat{x}_{\mathrm{ML}}(z)} = 0 \tag{2.5.3}$$

或

$$\frac{\partial}{\partial x} \ln L = \frac{\partial}{\partial x} \ln P(z \mid x)\bigg|_{x=\hat{x}_{\mathrm{ML}}(z)} = 0 \tag{2.5.4}$$

式（2.5.3）和式（2.5.4）称为似然方程。

求解式（2.5.3）和式（2.5.4），就可得到 x 的极大似然估计 $\hat{x}_{\mathrm{ML}}(z)$，而

$$\frac{\partial^2}{\partial x^2} L = \frac{\partial^2}{\partial x^2} P(z \mid x)\bigg|_{x=\hat{x}_{\mathrm{ML}}(z)} < 0 \tag{2.5.5}$$

或

$$\frac{\partial^2}{\partial x^2} \ln L = \frac{\partial^2}{\partial x^2} \ln P(z \mid x)\bigg|_{x=\hat{x}_{\mathrm{ML}}(z)} < 0 \tag{2.5.6}$$

为 $L = P(z \mid x)$ 或 $\ln L = \ln P(z \mid x)$ 取极大值的充分条件。

例 2.5.1　设 $x \in \mathbb{R}^{n \times 1}$ 是符合 $N[\mu, P]$ 的随机向量，$z = Hx + v$ 为 m 维观测值，其中 $v \in \mathbb{R}^{m \times 1}$ 为符合 $N[0, R]$ 的随机向量，x 与 v 统计独立，求 x 的极大似然估计值 $\hat{x}_{\mathrm{ML}}(z)$。

解　此时 $N[x^{\mathrm{T}}, z^{\mathrm{T}}]$ 为 $n + m$ 维高斯随机向量，则 z 的条件概率密度为

$$P(z\,|\,x)=\frac{1}{\sqrt{(2\pi)^m\,|\,\mathrm{Var}\{z\,|\,x\}\,|}}e^{-\frac{1}{2}(z-E\{z|x\})^{\mathrm T}(\mathrm{Var}\{z|x\})^{-1}(z-E\{z|x\})}$$

式中

$$E\{z\,|\,x\}=E\{z\}+\mathrm{Cov}\{z,x\}(\mathrm{Var}\{x\})^{-1}(x-E\{x\})$$

$$\mathrm{Var}\{z\,|\,x\}=\mathrm{Var}\{z\}-\mathrm{Cov}\{z,x\}(\mathrm{Var}\{x\})^{-1}\mathrm{Cov}\{x,z\}$$

由于

$$E\{x\}=\mu,\quad \mathrm{Var}\{x\}=P,\quad E\{z\}=H\mu$$

$$\mathrm{Var}\{z\}=HPH^{\mathrm T}+R,\quad \mathrm{Var}\{x,z\}=PH^{\mathrm T}=\mathrm{Cov}\{z,x\}^{\mathrm T}$$

所以

$$E\{z\,|\,x\}=H\mu+HPP^{-1}(x-\mu)=Hx$$

$$\mathrm{Var}\{z\,|\,x\}=(HPH^{\mathrm T}+R)-HPP^{-1}PH^{\mathrm T}=R$$

故得似然函数为

$$L=P(z\,|\,x)$$

$$=\frac{1}{\sqrt{(2\pi)^m\,|\,R\,|}}e^{-\frac{1}{2}(z-E\{z|x\})^{\mathrm T}(\mathrm{Var}\{z|x\})^{-1}(z-E\{z|x\})}$$

相应的对数似然函数为

$$\ln L=\ln P(z\,|\,x)$$

$$=-\ln((2\pi)^m\,|\,R\,|)^{-\frac{1}{2}}-\frac{1}{2}(z-Hx)^{\mathrm T}R^{-1}(z-HX)$$

由

$$\frac{\partial}{\partial x}\ln L=\frac{\partial}{\partial x}\ln P(z\,|\,x)\bigg|_{x=\hat x_{\mathrm{ML}}(z)}$$

$$=H^{\mathrm T}R^{-1}(z-H\hat x_{\mathrm{ML}}(z))$$

$$=0$$

可解得

$$\hat x_{\mathrm{ML}}(z)=(H^{\mathrm T}R^{-1}H)^{-1}H^{\mathrm T}R^{-1}z$$

对以上极大似然估计，作如下几点说明。

（1）采用极大似然估计的条件是要求知道似然函数 $L=P(z\,|\,x)$ 或对数似然函数 $\ln L=\ln P(z\,|\,x)$。

（2）在极大似然估计中，被估计量可以是随机量，也可以是非随机的参数，适用范围较广。

（3）可以证明，当观测次数 k 趋于无限大时，极大似然估计量也是一种无偏估计量，即它是一种渐近无偏估计量。

2.6 极大后验估计

若条件概率密度 $P(x|z)$ 为已知 z 条件下 x 的条件概率密度（x 的后验概率密度），均有

$$P(x|z)|_{x=\hat{x}(z)} = \max \qquad (2.6.1)$$

则称 $\hat{x}(z)$ 为 x 的极大后验估计，记为 $\hat{x}_{\mathrm{MAP}}(z)$。

由于后验概率密度函数 $P(x|z)$ 表示了在已知 z 条件下随机向量的条件概率密度，因此，极大后验估计的物理意义是在已知 z 条件情况下，被估计量 x 出现可能性最大的值，即随机向量 x 落在 $\hat{x}_{\mathrm{MLE}}(z)$ 的邻域内的概率将比其落在其他任何值的相同邻域内的概率要大。显然，极大后验估计应满足如下方程：

$$\frac{\partial}{\partial x}P(x|z)\bigg|_{x=\hat{x}_{\mathrm{MLE}}(z)} = 0 \qquad (2.6.2)$$

或

$$\frac{\partial}{\partial x}\ln P(x|z)\bigg|_{x=\hat{x}_{\mathrm{MLE}}(z)} = 0 \qquad (2.6.3)$$

其中，式（2.6.2）或式（2.6.3）称为后验方程。通过式（2.6.2）或式（2.6.3）就可得到极大后验估计 $\hat{x}_{\mathrm{MLE}}(z)$。

对上述极大验后估计，作如下几点说明。

（1）由于

$$P(x,z) = P(z|x)P(x) = P(x|z)P(z) \qquad (2.6.4)$$

所以

$$P(x|z) = \frac{P(x,z)}{P(z)} = \frac{P(z|x)P(x)}{P(z)} \qquad (2.6.5)$$

$$\ln P(x|z) = \ln P(z|x) + \ln P(x) - \ln P(z) \qquad (2.6.6)$$

由于 $P(z)$ 与 x 无关，故式（2.6.3）又可以改写成

$$\frac{\partial}{\partial x}\ln P(z|x) + \frac{\partial}{\partial x}\ln P(x)\bigg|_{x=\hat{x}_{\mathrm{MAP}}(z)} = 0 \qquad (2.6.7)$$

或

$$\frac{\partial}{\partial x}\ln P(z,x)\bigg|_{x=\hat{x}_{\mathrm{MAP}}(z)} = 0 \qquad (2.6.8)$$

（2）如认为被估计量 x 没有任何前验信息知识，也就是说，x 取任何值的可能性均相等，则这时 x 的前验密度 $P(x)$ 就可认为是方差矩阵趋于无限大的正态分布，即当 x 为 n 维随机向量时，可认为

$$P(x) = \frac{1}{2\pi^{\frac{n}{2}} |P_x|^{\frac{1}{2}}} \exp\left\{-\frac{1}{2}(x - \mu_x)^T P_x^{-1}(x - \mu_x)\right\}$$

式中，$P(x) \to \infty$，$P_x^{-1} \to 0$。又由于

$$\ln P(x) = -(\ln(2\pi)^{\frac{n}{2}} |P_x|^{\frac{1}{2}}) - \frac{1}{2}(x - \mu_x)^T P_x^{-1}(x - \mu_x)$$

$$\frac{\partial \ln P(x)}{\partial x} = -P_x^{-1}(x - \mu_x)$$

因此，当 $P_x^{-1} \to 0$ 时，就有

$$\frac{\partial \ln P(x)}{\partial x} \to 0$$

于是由式（2.6.7）可知，这时的极大后验估计 $\hat{x}_{\mathrm{MLE}}(z)$ 就满足如下方程：

$$\left.\frac{\partial}{\partial x} \ln P(z \mid x)\right|_{x = \hat{x}_{\mathrm{MAP}}(z)} = 0 \tag{2.6.9}$$

$$\left.\frac{\partial}{\partial x} \ln P(z \mid x)\right|_{x = \hat{x}_{\mathrm{MAP}}(z)} = 0 \tag{2.6.10}$$

由此可见，在对 x 没有任何前验统计知识的情况下，极大后验估计就退化为极大似然估计 $\hat{x}_{\mathrm{MAP}}(z)$。因此，可以说，极大似然估计是一种特殊的极大后验估计。当在一般情况下，由于极大后验估计考虑了 x 的前验估计知识，即已知了 $P(x)$，因此，它将优于极大似然估计。

（3）由于被估计量 x 有可能是未知的非随机向量，一般情况下也并不知道其验前概率密度 $P(x)$；并且确定后验概率密度函数 $P(x \mid z)$（或联合概率密度函数 $P(x, z)$）要比确定似然函数 $L = P(z \mid x)$ 困难，因此，虽然极大后验估计与极大似然估计相比具有较好的估计效果，但在工程实践中，极大似然估计仍得到了广泛的应用。并且，求得似然函数 $L = P(z \mid x)$ 并不十分困难，因此它在历史上出现得比较早。

2.7　线性最小方差估计

前面几种估计都要求知道被估计量 x 与观测量 z 的概率分布，如 $P(x \mid z)$、$P(z \mid x)$ 等，计算工作是很麻烦的，而且在非高斯情况下是很难做到的。因此，在实际应用中就需要放松对概率知识的要求。为了放松对概率分布的要求，就需要对估计量的函数类型加以限制，而不能像前面所考虑的估计量可以是观测值的任意形式的函数。一般情况下，把估计量限制为观测值的线性函数比较方便，因而经常采用线性最小方差估计。下面讨论当被估计量 x 是一个随机向量，并且只知

道 x 和观测向量 z 的一、二阶矩，即已知 $E\{x\}$、$\mathrm{Var}\{x\}$、$E\{z\}$、$\mathrm{Var}\{z\}$、$\mathrm{Cov}\{x,z\}$ 和 $\mathrm{Cov}\{z,x\}$ 情况下的线性最小方差估计。

设 $x\in\mathbb{R}^{n\times 1}$ 是被估计随机向量，$z\in\mathbb{R}^{m\times 1}$ 是 x 的观测向量，如果限定估计量 $\hat{x}$ 是观测量 z 的线性函数，即

$$\hat{x} = a + Bz \tag{2.7.1}$$

式中，a 为与 x 同维的非随机向量；$B\in\mathbb{R}^{n\times m}$ 是一非随机矩阵。并且希望选择向量 a 和矩阵 B，使得下列二次型性能指标：

$$\begin{aligned}
\bar{J}(\tilde{x}) &= \mathrm{trace}E\{\tilde{x}\tilde{x}^{\mathrm{T}}\} \\
&= \mathrm{trace}E\{(x-a-Bz)(x-a-Bz)^{\mathrm{T}}\} \\
&= E\{(x-a-Bz)^{\mathrm{T}}(x-a-Bz)\}
\end{aligned} \tag{2.7.2}$$

达到最小，那么，这时所得到的 x 的最优估计，就称为线性最小方差估计，并记为 $\hat{x}_{\mathrm{LMV}}(z)$。

如果将使 $\bar{J}(\tilde{x})$ 达到极小的 a 和 B 记为 a_L 和 B_L，则对应的线性最小方差估计为

$$\hat{x}_{\mathrm{LMV}}(z) = a_L + B_L z \tag{2.7.3}$$

实际上，只要求得了 a 和 B 求导，并分别令其所得结果为零，就可解得 a_L 和 B_L。由于 $\bar{J}(\tilde{x})$ 是向量 a 和矩阵 B 的标量函数，因此，不难得到下面的结果：

$$\begin{aligned}
&\frac{\partial}{\partial a}E\{(x-a-Bz)^{\mathrm{T}}(x-a-Bz)\} \\
&= E\left\{\frac{\partial}{\partial a}(x-a-Bz)^{\mathrm{T}}(x-a-Bz)\right\} \\
&= -2E(x-a-Bz) \\
&= 2(a+BE\{z\}-E\{x\})
\end{aligned} \tag{2.7.4}$$

$$\begin{aligned}
&\frac{\partial}{\partial B}E\{(x-a-Bz)^{\mathrm{T}}(x-a-Bz)\} \\
&= E\left\{\frac{\partial}{\partial B}(x-a-Bz)^{\mathrm{T}}(x-a-Bz)\right\} \\
&= E\left\{\frac{\partial}{\partial B}(\mathrm{trace}(x-a-Bz)(x-a-Bz)^{\mathrm{T}})\right\} \\
&= -2E\{(x-a-Bz)z^{\mathrm{T}}\} \\
&= 2aE\{z\}^{\mathrm{T}} + BE\{zz^{\mathrm{T}}\} - E\{xz^{\mathrm{T}}\}
\end{aligned} \tag{2.7.5}$$

先令式（2.7.4）等于零，则可解得

$$a_L = E\{x\} - B_L E\{z\} \tag{2.7.6}$$

再将 a_L 代入式（2.7.5），并令其等于零，可得

$$B_L E\{(z-E\{z\})(z-E\{z\})^{\mathrm{T}}\} - E\{(x-E\{x\})(x-E\{x\})^{\mathrm{T}}\} = 0$$

即

$$B_L \text{Var}\{z\} - \text{Cov}\{x,z\} = 0$$

所以有

$$B_L = \text{Cov}\{x,z\}\text{Var}\{z\}^{-1} \qquad (2.7.7)$$

最后，将式（2.7.6）和式（2.7.7）代入式（2.7.3），得

$$\begin{aligned}
\hat{x}_{\text{LMV}}(z) &= E\{x\} - B_L E\{z\} + \text{Cov}\{x,z\}\text{Var}\{z\}^{-1}z \\
&= E\{x\} + \text{Cov}\{x,z\}(\text{Var}\{z\})^{-1}(z - E\{z\})
\end{aligned} \qquad (2.7.8)$$

式（2.7.8）就是由观测 z 求 x 的线性最小方差估计的表示式。

对上述线性最小方差估计，作以下几点说明。

（1）线性最小方差估计 $\hat{x}_{\text{LMV}}(z)$ 是无偏估计，这是因为

$$E\{\hat{x}_{\text{LMV}}(z)\} = E\{x\} + \text{Cov}\{x,z\}(\text{Var}\{z\})^{-1}E\{z - E\{z\}\} = E\{x\} \qquad (2.7.9)$$

（2）估计误差的方差阵为

$$\begin{aligned}
\text{Var}\{\tilde{x}_{\text{LMV}}(z)\} &= E\{(x - \hat{x}_{\text{LMV}}(z))(x - \hat{x}_{\text{LMV}}(z))^{\text{T}}\} \\
&= E\{x - E\{x\} - \text{Cov}\{x,z\}(\text{Var}\{z\})^{-1}(z - E\{z\})\} \\
&= \text{Var}\{x\} - \text{Cov}\{x,z\}(\text{Var}\{z\})^{-1}\text{Cov}\{z,x\}
\end{aligned} \qquad (2.7.10)$$

（3）设 x 的某一任意线性估计可表示成 $\hat{x}_L(z) = a + Bz$，则此估计的均方误差方差矩阵为

$$E\{\tilde{x}_L\tilde{x}_L^{\text{T}}\} = E\{(x - a - Bz)(x - a - Bz)^{\text{T}}\}$$

如果令

$$b = a - E\{x\} + BE\{z\}$$

则由上面公式可得

$$\begin{aligned}
E\{\tilde{x}_L\tilde{x}_L^{\text{T}}\} &= E\{(x - E\{x\} - b - B(z - E\{z\}))(x - E\{x\} - b - B(z - E\{z\}))^{\text{T}}\} \\
&= \text{Var}\{x\} + bb^{\text{T}} + B\text{Var}\{z\}B^{\text{T}} - \text{Cov}\{x,z\}B^{\text{T}} - B\text{Cov}\{z,x\} \\
&= bb^{\text{T}} + (B - \text{Cov}\{x,z\}(\text{Var}\{z\})^{-1})\text{Var}\{z\}(B - \text{Cov}\{x,z\}(\text{Var}\{z\})^{-1})^{\text{T}} \\
&\quad + (\text{Var}\{x\} - \text{Cov}\{x,z\}(\text{Var}\{z\})^{-1}\text{Cov}\{z,x\})
\end{aligned}$$

$$(2.7.11)$$

显然，任意线性估计的均方误差阵与 a 和 B 的选择有关。由于式（2.7.11）右边的第一、二两项是非负定的，因此

$$\begin{aligned}
E\{\tilde{x}_L\tilde{x}_L^{\text{T}}\} &= E\{(x - a - Bz)(x - a - Bz)^{\text{T}}\} \\
&\geqslant \text{Var}\{x\} - \text{Cov}\{x,z\}(\text{Var}\{z\})^{-1}\text{Cov}\{z,x\}
\end{aligned} \qquad (2.7.12)$$

这就是说，任何一种其他线性估计的均方误差方差矩阵都将大于线性最小方差估计的误差方差矩阵。可见，线性最小方差估计 $\hat{x}_{\text{LMV}}(z)$ 具有最小误差方差矩阵，这就是把 $\hat{x}_{\text{LMV}}(z)$ 称为线性最小方差估计的原因。实际上，如果令式（2.7.11）的右边的第一、二两项为零，则可得

$$b = 0$$
$$B_L' = \mathrm{Cov}\{x, z\}\{\mathrm{Var}\{z\}\}^{-1}$$

和

$$a_L' = E\{x\} - B_L' E\{z\}$$

从而得

$$\hat{x}_L(z) = E\{x\} + B_L'(z - E\{z\})$$
$$= E\{x\} + \mathrm{Cov}(x, z)(\mathrm{Var}\{z\})^{-1}(z - E\{z\})$$
$$= \hat{x}_{\mathrm{LMV}}(z)$$

并且这时的均方误差矩阵为

$$E\{(x - \hat{x}_L(z))(x - \hat{x}_L(z))^{\mathrm{T}}\} = \mathrm{Var}\{x\} - \mathrm{Cov}(x, z)(\mathrm{Var}\{z\})^{-1}\mathrm{Cov}(z, x)$$

也就是估计误差的方差矩阵。

由此可见，如果把最优估计准则由"使 $\bar{J}(\hat{x})$ 达到最小"改为"使均方误差方差矩阵 $E\{\tilde{x}\tilde{x}^{\mathrm{T}}\}$ 达到最小"，则在线性估计情况下，可得到相同的结果。

（4）由于

$$x - \hat{x}_{\mathrm{LMV}}(z) = x - (E\{x\} + \mathrm{Cov}(x, z)(\mathrm{Var}\{z\})^{-1}(z - E\{z\}))$$
$$= x - (E\{x\} - \mathrm{Cov}(x, z)(\mathrm{Var}\{z\})^{-1}(z - E\{z\}))$$

因此得到

$$E\{x - \hat{x}_{\mathrm{LMV}}(z)\} = 0$$

这样就有

$$E\{(x - \hat{x}_{\mathrm{LMV}}(z))z^{\mathrm{T}}\} = \mathrm{Cov}\{(x - \hat{x}_{\mathrm{LMV}}(z))z^{\mathrm{T}}\}$$
$$= E\{(x - \hat{x}_{\mathrm{LMV}}(z))(z - E\{z\}))^{\mathrm{T}}\}$$
$$= E\{x - E\{x\} - \mathrm{Cov}(x, z)(\mathrm{Var}\{z\})^{-1}(z - E\{z\}))(z - E\{z\}))^{\mathrm{T}}\}$$
$$= \mathrm{Cov}(x, z) - \mathrm{Cov}(x, z)(\mathrm{Var}\{z\})^{-1}E\{(z - E\{z\}))(z - E\{z\}))^{\mathrm{T}}\}$$
$$= \mathrm{Cov}(x, z) - \mathrm{Cov}(x, z)(\mathrm{Var}\{z\})^{-1}\mathrm{Var}\{z\} = 0$$

$$(2.7.13)$$

由式（2.7.13）可知，随机向量 $(x - \hat{x}_{\mathrm{LMV}}(z))$ 与 z 是不相关的，借助几何语言来分析，这就是随机向量 $(x - \hat{x}_{\mathrm{LMV}}(z))$ 与 z 正交。随机向量 x 本来并不是与 z 正交，但是从 x 中减去一个由 z 的线性函数所构成的随机向量 $\hat{x}_{\mathrm{LMV}}(z)$ 后，就与 z 正交了，因此可以说，$\hat{x}_{\mathrm{LMV}}(z)$ 是 x 在 z 上的正交投影，并记为

$$\hat{x}_{\mathrm{LMV}}(z) = E\{x \,|\, z\} \qquad (2.7.14)$$

从几何角度分析，把线性最小方差估计 $\hat{x}_{\mathrm{LMV}}(z)$ 看作被估计向量 x 在观测向量 z （空间）上的正交投影，这在讨论滤波问题时是很有用的。

（5）在线性观测时，即观测方程为

$$z = Hx + v$$

式中，$z \in \mathbb{R}^{km \times 1}$ 是观测向量；$H \in \mathbb{R}^{km \times n}$ 是观测矩阵；$x \in \mathbb{R}^{n \times 1}$ 是目标向量；$v \in \mathbb{R}^{km \times 1}$ 是观测噪声向量。如果已知

$$E\{x\} = \mu_x, \qquad \mathrm{Var}\{x\} = P_x$$
$$E\{x\} = 0, \qquad \mathrm{Var}\{v\} = R$$
$$E\{xv^{\mathrm{T}}\} = 0$$

则可算出

$$E\{z\} = E\{Hx + v\} = H\mu_x$$
$$\begin{aligned}
\mathrm{Cov}\{x,z\} &= E\{(z - \mu_x)(z - H\mu_x)^{\mathrm{T}}\} \\
&= E\{(x - \mu_x)(Hx - H\mu_x)^{\mathrm{T}}\} \\
&= E\{(x - \mu_x)(x - \mu_x)^{\mathrm{T}}\}H^{\mathrm{T}} \\
&= P_x H^{\mathrm{T}} = \mathrm{Cov}\{z,x\}^{\mathrm{T}}
\end{aligned} \qquad (2.7.15)$$
$$\mathrm{Var}\{z\} = E\{(z - H\mu_x)(z - H\mu_x)^{\mathrm{T}}\} = HP_x H^{\mathrm{T}} + R$$

将上面已知值和式（2.7.15）代入式（2.7.9）和式（2.7.10），可得

$$\hat{x}_{\mathrm{LMV}}(z) = \mu_x + P_x H^{\mathrm{T}}(HP_x H^{\mathrm{T}} + R)^{-1}(z - H\mu_x) \qquad (2.7.16)$$
$$\mathrm{Var}\{\hat{x}_{\mathrm{LMV}}(z)\} = P_x - P_x H^{\mathrm{T}}(HP_x H^{\mathrm{T}} + R)^{-1}HP_x \qquad (2.7.17)$$
$$\begin{aligned}
\hat{x}_{\mathrm{LMV}}(z) &= (P_x^{-1} + H^{\mathrm{T}}R^{-1}H)^{-1}H^{\mathrm{T}}R^{-1}(z - H\mu_x) + \mu_x \\
&= (P_x^{-1} + H^{\mathrm{T}}R^{-1}H)^{-1}(H^{\mathrm{T}}R^{-1}z + P_x^{-1}\mu_x)
\end{aligned} \qquad (2.7.18)$$
$$\mathrm{Var}\{\hat{x}_{\mathrm{LMV}}(z)\} = (P_x^{-1} + H^{\mathrm{T}}R^{-1}H)^{-1} \qquad (2.7.19)$$

如果 $P_x^{-1} = 0$，即 $P_x = \infty I$，那么，可得

$$\hat{x}_{\mathrm{LMV}}(z) = (H^{\mathrm{T}}R^{-1}H)^{-1}H^{\mathrm{T}}R^{-1}z \qquad (2.7.20)$$
$$\mathrm{Var}\{\hat{x}_{\mathrm{LMV}}(z)\} = (H^{\mathrm{T}}R^{-1}H)^{-1} \qquad (2.7.21)$$

这时的线性最小方差估计 $\hat{x}_{\mathrm{LMV}}(z)$ 与加权阵为 $W = R^{-1}$ 时的加权最小二乘估计 $\hat{x}_{\mathrm{LSR}}^{-1}(z)$ 相等。

2.8　最小二乘估计

最小方差估计的精确度高，但需要知道 x、z 的全部统计特征。线性最小方差估计的精度虽然有所下降，但只要知道 x、z 的一、二阶矩，就显著降低了对 x、z 统计特性的要求。如果对 x、z 的统计特性一无所知，仍要对 x 进行估计，可以采用最小二乘估计。最小二乘法最早是由高斯（Guass）提出来的，它是使用最广泛的估计方法之一。

设被估计量 x 是 n 维随机向量，为了得到其估计，如果对它进行 k 次线性观测（最小二乘估计一定是线性观测），得到

$$z_i = H_i x + v_i, \quad i = 1, 2, \cdots, k \tag{2.8.1}$$

式中，$z_i \in \mathbb{R}^{m \times 1}$ 是观测向量；$H_i \in \mathbb{R}^{m \times n}$ 是观测矩阵；$v_i \in \mathbb{R}^{m \times 1}$ 是均值为零的观测噪声向量。式（2.8.1）可以写成如下综合形式：

$$z = Hx + v \tag{2.8.2}$$

式中

$$z = \begin{bmatrix} z_1 \\ z_2 \\ \vdots \\ z_k \end{bmatrix}, \quad H = \begin{bmatrix} H_1 \\ H_2 \\ \vdots \\ H_k \end{bmatrix}, \quad v = \begin{bmatrix} v_1 \\ v_2 \\ \vdots \\ v_k \end{bmatrix}$$

显然，$z \in \mathbb{R}^{km \times 1}$，$H \in \mathbb{R}^{km \times n}$，$v \in \mathbb{R}^{km \times 1}$。

当 $km \geqslant n$ 时，方程的数目多于未知数的数目，而人们要依此根据 z 来估计 x。如果要选择 x 的一个估计器 $\hat{x}$，使下列性能指标

$$J(\hat{x}) = L(\hat{x}) = (z - H\hat{x})^{\mathrm{T}} (z - H\hat{x}) \tag{2.8.3}$$

或更一般形式的二次型性能指标

$$J_W(\hat{x}) = L(\hat{x}) = (z - H\hat{x})^T W (z - H\hat{x}) \tag{2.8.4}$$

达到极小，那么，就称这个估计 $\hat{x}$ 为 x 的最小二乘估计或者加权最小二乘估计，并记为 $\hat{x}_{\mathrm{LS}}(z)$ 或 $\hat{x}_{\mathrm{LSW}}(z)$。其中，$W \in \mathbb{R}^{km \times km}$ 是一对称定加权矩阵。

上述问题中的 k 次观测没有次序限制。也就是说，它们可以顺次取得，也可以在同一刻取得。$J(\hat{x})$ 或 $J_W(\hat{x})$ 是一个标量函数，并且上述最小二乘估计只是个确定性的求极小值的问题。因此，可以通过使 $J(\hat{x})$ 或 $J_W(\hat{x})$ 对 $\hat{x}$ 的梯度等于零的方法来求 $\hat{x}_{\mathrm{LS}}(z)$ 或 $\hat{x}_{\mathrm{LSW}}(z)$。

由梯度公式，可得

$$\frac{\partial}{\partial \hat{x}} J(\hat{x}) = -2H^{\mathrm{T}} (z - H\hat{x}) \tag{2.8.5}$$

或

$$\frac{\partial}{\partial \hat{x}} J_W(\hat{x}) = -2H^{\mathrm{T}} W (z - H\hat{x}) \tag{2.8.6}$$

令式（2.8.6）等于零，则当 $(H^{\mathrm{T}}H)$ 或 $(H^{\mathrm{T}}WH)$ 为非奇异阵时，可得

$$\hat{x}_{\mathrm{LS}}(z) = (H^{\mathrm{T}}H)^{-1} H^{\mathrm{T}} z \tag{2.8.7}$$

或

$$\hat{x}_{\mathrm{LSW}}(z) = (H^{\mathrm{T}}H)^{-1} H^{\mathrm{T}} W z \tag{2.8.8}$$

使性能指标式（2.8.3）式（2.8.4）为极小的充分条件为

$$\left. \frac{\partial}{\partial \hat{x} \partial \hat{x}^{\mathrm{T}}} J(\hat{x}) \right|_{\hat{x} = \hat{x}_{\mathrm{LS}}(z)} = 2H^{\mathrm{T}} H > 0$$

或

$$\left. \frac{\partial}{\partial \hat{x} \partial \hat{x}^{\mathrm{T}}} J_W(\hat{x}) \right|_{\hat{x}=\hat{x}_{\mathrm{LSW}}(z)} = 2H^{\mathrm{T}}WH > 0$$

即 $H^{\mathrm{T}}H$ 或 $H^{\mathrm{T}}WH$ 为正定阵。

　　式（2.8.5）或式（2.8.8）就是由观测数据 z 求 x 的最小二乘估计或加权最小二乘估计的表达式。显然 $\hat{x}_{\mathrm{LS}}(z)$ 和 $\hat{x}_{\mathrm{LSW}}(z)$ 是观测数据 z 的线性函数，即这时的最小二乘估计或加权最小二乘估计是线性估计。要注意：上述结果是在线性观测，以误差的二次型为性能指标时求得的。

　　当 z_i 时标量时，性能指标

$$J(\hat{x}) = (z - H\hat{x})^{\mathrm{T}}(z - H\hat{x}) = \sum_{i=1}^{k}(z_i - H_i\hat{x})^2 \qquad （2.8.9）$$

是估计误差的平方和函数。由此可见，一般情况下，$J(\hat{x})$ 或 $J_W(\hat{x})$ 是估计误差的平方和函数的推广。因此，称上述最优估计 $\hat{x}_{\mathrm{LS}}(z)$ 和 $\hat{x}_{\mathrm{LSW}}(z)$ 为最小二乘估计或加权最小二乘估计。

2.9　加权最小二乘估计

　　一般最小二乘法将时间序列中的各项数据的重要性同等看待，而事实上时间序列各项数据对未来的影响作用应是不同的。一般来说，近期数据比起远期数据对未来的影响更大。因此比较合理的方法就是使用加权的方法，对近期数据赋以较大的权数，对远期数据则赋以较小的权数。

　　设 x 为 $n \times 1$ 的未知常值向量，其第 i 次量测为

$$z_i = H_i x + v_i \qquad （2.9.1）$$

式中，z_i 为 $m_i \times 1$ 的向量；H_i 为 $m_i \times n$ 的量测矩阵；v_i 为 $m_i \times 1$ 的量测噪声。L 为参与信息融合的传感器个数，L 个传感器的量测方程可以统一写成一个方程：

$$Z = Hx + V \qquad （2.9.2）$$

此时，满足加权最小二乘估计的求取准则为

$$J(\hat{x}) = (Z - H\hat{x})^{\mathrm{T}}W(Z - H\hat{x}) = \min \qquad （2.9.3）$$

式中，W 是适当取值的正定加权矩阵。要使式（2.9.3）达到最小，则加权最小二乘估计为

$$\hat{x} = (H^{\mathrm{T}}WH)^{-1}H^{\mathrm{T}}WZ \qquad （2.9.4）$$

　　若量测噪声 V 的均值为 0，方差为对角阵 R，则加权最小二乘估计为

$$\hat{x} = (H^{\mathrm{T}}R^{-1}H)^{-1}H^{\mathrm{T}}R^{-1}Z \qquad （2.9.5）$$

估计均方误差为

$$E\{(x - \hat{x})(x - \hat{x})^{\mathrm{T}}\} = (H^{\mathrm{T}}R^{-1}H)^{-1} \qquad （2.9.6）$$

2.10　本 章 小 结

　　本章是状态估计理论的基础，介绍了最优估计的基本概念以及 Kalman 滤波基本理论，主要包括最小方差估计、极大似然估计、极大后验估计等，本章的融合算法思想是后面各章的基础。

参 考 文 献

[1]　何友，王国宏，陆大鑫，等. 多传感器信息融合及应用[M]. 北京：电子工业出版社，2000.

[2]　文成林，周东华. 多尺度估计理论及其应用[M]. 北京：清华大学出版社，2002.

[3]　王明辉. 多传感器数据融合跟踪算法研究[M]. 北京：清华大学出版社，2003.

[4]　文成林. 多尺度估计理论及方法研究[D]. 西安：西北工业大学，1999.

[5]　邓自立. 最优滤波理论及其应用[M]. 哈尔滨：哈尔滨工业大学出版社，2000.

[6]　高立平. 多传感器信号检测与目标跟踪理论及应用研究[D]. 西安：西北工业大学，1999.

[7]　王洁. 估计融合理论和方法研究[D]. 西安：西安交通大学，2000.

第3章　滤波问题与线性系统 Kalman 滤波器设计

本章将介绍滤波问题与线性系统 Kalman 滤波设计，主要包括滤波问题的提出、预备知识以及线性高斯系统的 Kalman 滤波器设计等内容。

3.1　引　　言

在自动控制、航空航天、通信、导航和工业生产等领域中，越来越多地遇到"估计"问题[1, 2]。所谓"估计"，简单地说，就是从观测数据中提取信息。例如，在做实验时，为了便于说明问题，常把实验结果用曲线的形式表示，需要根据观测数据来估计描述该曲线的方程中的某些参数，这一过程称为参数估计，这些被估计的参数都是随机变量。再举一个例子，在飞行器导航中，要从带有随机干扰的观测数据中，估计出飞行器的位置、速度、加速度等运动状态变量，这就遇到状态变量的估计问题，这些状态变量都是随机过程。因此，"估计"的任务就是从带有随机误差的观测数据中估计出某些参数或某些状态变量，这些被估参数或状态变量统称为被估量。本节主要讨论状态变量的估计问题，即状态估计。

状态与系统相联系。而所谓状态估计，顾名思义，就是对动态随机系统状态的估计。

设有动态系统，已知其数学模型和有关随机向量的统计性质。系统的状态估计问题，就是根据选定的估计准则和获得的量测信号，对系统的状态进行估计。其中状态方程确定了被估计的随机状态的向量过程。估计准则确定了状态估计最优性的含义，通过测量方程得到的测量信息，提供了状态估计所必需的统计资料。

随机过程的估计问题，是从 20 世纪 30 年代才积极开展起来的。主要成果为1940 年美国学者维纳（Wiener）所提出的在频域中设计统计最优滤波器的方法，称为维纳滤波[3]。同一时期，苏联学者科尔莫戈罗夫（Kolmogorov）提出并初次解决了离散平稳随机序列的预测和外推问题。维纳滤波和哥尔莫郭洛夫滤波方法，局限于处理平稳随机过程，并只能提供稳态的最优估值。这一滤波方法在工程实践中由于不具有实时性，实际应用受到很大限制。1960 年，美国学者卡尔曼（Kalman）和布西（Bucy）提出最优递推滤波方法，称为 Kalman 滤波（KF）。这一滤波方法，考虑了被估量和观测值的统计特性，可用数字计算机来实现。Kalman

滤波既适用于平稳随机过程，又适用于非平稳随机过程，因此，Kalman 滤波方法得到广泛的应用[4]。

3.2　滤波问题的提出

3.2.1　Kalman 滤波问题的提法

在许多实际控制过程中，例如，飞机或导弹在运动过程中，往往受到随机干扰的作用。在这种情况下，线性控制过程可用式（3.2.1）来表示

$$\dot{x}(t) = A(t)x(t) + B(t)u(t) + F(t)w(t) \qquad (3.2.1)$$

式中，$x(t) \in \mathbb{R}^{n \times 1}$ 为控制过程的状态向量；$u(t) \in \mathbb{R}^{r \times 1}$ 为控制向量；$w(t) \in \mathbb{R}^{p \times 1}$ 为系统声向量；$A(t) \in \mathbb{R}^{n \times n}$ 为系统矩阵；$B(t) \in \mathbb{R}^{n \times r}$ 为系统输入矩阵；$F(t) \in \mathbb{R}^{n \times p}$ 为系统干扰矩阵。

在许多实际问题中，往往不能直接得到形成最优控制规律所需的状态变量。如飞机或导弹的位置、速度等状态变量都是无法直接得到的，需要通过雷达或其他测量装置进行观测，根据观测得到的信号来确定飞机或者导弹的状态变量。雷达或别的测量装置中都存在随机干扰的问题，因此，在观测得到的信号中往往夹杂有随机噪声。人们要从夹杂有随机噪声的观测信号中分离出飞机或导弹的运动状态变量。要想准确地得到所需状态变量是不可能的，只能根据观测信号来估计或预测这些状态变量。根据估计或预测得到的状态变量来形成最优控制规律。

一般情况下，观测系统可用下述观测方程（或测量方程）来表示：

$$z(t) = C(t)x(t) + y(t) + v(t) \qquad (3.2.2)$$

式中，$z(t) \in \mathbb{R}^{m \times 1}$ 为系统状态的观测值；$C(t) \in \mathbb{R}^{m \times n}$ 是观测矩阵；$y(t) \in \mathbb{R}^{m \times 1}$ 是观测系统的系统误差（已知的非随机序列）；$v(t) \in \mathbb{R}^{m \times 1}$ 为观测噪声向量。

在式（3.2.1）和式（3.2.2）中假定 $w(t)$、$v(t)$ 均为均值为零的白噪声向量，其统计性为

$$\begin{cases} E\{w(t)w^{\mathrm{T}}(\tau)\} = Q(t)\delta(t-\tau) \\ E\{v(t)v^{\mathrm{T}}(\tau)\} = R(t)\delta(t-\tau) \\ E\{w(t)v^{\mathrm{T}}(\tau)\} = S(t)\delta(t-\tau) \end{cases} \qquad (3.2.3)$$

式中，$\delta(t-\tau)$ 是狄拉克函数，它具有如下性质：

$$\delta(t-\tau) = \begin{cases} 0, & t \neq \tau \\ \infty, & t = \tau \end{cases}, \quad \int_{-\infty}^{+\infty} \delta(t-\tau)\mathrm{d}t = 1$$

式（3.2.3）中，$Q(t)$ 是对称的非负定矩阵；$R(t)$ 是对称的正定矩阵。正定的物理意义是观测向量各分量均附加有随机噪声，$Q(t)$、$R(t)$ 可对 t 连续微分。

我们的任务是在已知 $x(t)$ 的初始状态 $x(t_0)$ 的统计性，如期望 $E\{x(t_0)\} = m_0$ 和协方差 $P(t_0) = E\{(x(t_0) - m_0)(x(t_0) - m_0)^{\mathrm{T}}\}$ 的条件下，利用从观测信号 $z(t)$ 中得到状态变量 $x(t)$ 的最优估计值。所谓最优估计，是指在某种准则下达最优，估计准则不同会导致不同的估计方法。本小节采用线性最小方差估计。

线性最小方差估计可阐述如下：假定线性控制过程如式（3.2.1）所示，观测方程如式（3.2.2）所示；从时刻 t_0 开始进行观测，得观测值 $z(t)$；现在已知 $t_0 \leqslant \sigma \leqslant t$ 内的观测值 $z(\sigma)$，要求找出 $x(t_1)$ 的最优线性估计 $\hat{x}(t_1 \mid t)$，（这里，记号 $t_1 \mid t$ 表示利用 t 时刻以前的观测值 $z(\sigma)$ 来估计出 t_1 时刻的 $\hat{x}(t_1)$）。最优线性估计包含以下几点意义[5]：

（1）估计值 $\hat{x}(t_1 \mid t)$ 是 $z(\sigma)$（$t_0 \leqslant \sigma \leqslant t$）的线性函数；

（2）估计值是无偏的，即 $E\{\hat{x}(t_1 \mid t)\} = E\{x(t_1)\}$；

（3）要求估计误差 $\tilde{x}(t_1 \mid t) = x(t_1) - \hat{x}(t_1 \mid t)$ 的方差为最小，即 $E\{\tilde{x}(t_1 \mid t)\tilde{x}^{\mathrm{T}}(t_1 \mid t)\} = \min$

（4）根据 t_1 和 t 的大小关系，估计问题可分成三类：

① $t_1 > t$ 称为预测（或外推）问题；

② $t_1 = t$ 称为滤波（或估计）问题；

③ $t_1 < t$ 称为平滑（或内插）问题。

比较起来，预测和滤波问题稍微简单些，平滑问题最为复杂。通常讲的 Kalman 滤波指的是预测和滤波。

3.2.2　连续系统的离散化过程

在用数字机进行控制时，需要把连续系统离散化，即把微分方程转化为差分方程。设连续系统方程如式（3.2.1）所示。初始条件为 $x(t_0) = x_0$。若利用常微分方程基本理论，可得线性非齐次方程（3.2.1）满足上述初始条件的解为

$$x(t) = \Phi(t, t_0)x_0 + \int_{t_0}^{t} \Phi(t, \tau)B(\tau)u(\tau)\mathrm{d}\tau + \int_{t_0}^{t} \Phi(t, \tau)F(\tau)w(\tau)\mathrm{d}\tau \qquad (3.2.4)$$

式中，$\Phi(t, \tau)$ 是矩阵微分方程 $\dfrac{\mathrm{d}\Phi(t, \tau)}{\mathrm{d}t} = A(t)\Phi(t, \tau)$，$\Phi(t, \tau) = I$ 的解。称 $\Phi(t, \tau) \in \mathbb{R}^{n \times n}$ 为系统转移矩阵。

下面从式（3.2.1）出发，求出式（3.2.4）的差分方程。假定等间隔采样，采样间隔 $\Delta t = t_k - t_{k-1}$ 为常值。由式（3.2.1）可得

$$x(t_{k+1}) = \Phi(t_{k+1}, t_k)x(t_k) + \int_{t_k}^{t_{k+1}} \Phi(t_{k+1}, \tau)B(\tau)u(\tau)\mathrm{d}\tau + \int_{t_k}^{t_{k+1}} \Phi(t_{k+1}, \tau)F(\tau)w(\tau)\mathrm{d}\tau$$

$$(3.2.5)$$

在采样间隔 $\Delta t = t_k - t_{k-1}$ 内，认为 $u(\tau)$、$w(\tau)$ 保持常值，设为 $u(\tau)$、$w(\tau)$，再根据式（3.2.5）可得

$$x(t_{k+1}) = \Phi(t_{k+1}, t_k)x(t_k) + \int_{t_k}^{t_{k+1}} \Phi(t_{k+1}, \tau)B(\tau)u(\tau)\mathrm{d}\tau + \int_{t_k}^{t_{k+1}} \Phi(t_{k+1}, \tau)F(\tau)w(t_k)\mathrm{d}\tau$$

$$(3.2.6)$$

即

$$x(t_{k+1}) = \Phi(t_{k+1}, t_k)x(t_k) + \left(\int_{t_k}^{t_{k+1}} \Phi(t_{k+1}, \tau)B(\tau)\mathrm{d}\tau\right)u(t_k) + \left(\int_{t_k}^{t_{k+1}} \Phi(t_{k+1}, \tau)F(\tau)\mathrm{d}\tau\right)w(t_k)$$

$$(3.2.7)$$

若令

$$\int_{t_k}^{t_{k+1}} \Phi(t_{k+1}, \tau)B(\tau)\mathrm{d}\tau = G(t_{k+1}, t_k) \tag{3.2.8}$$

$$\int_{t_k}^{t_{k+1}} \Phi(t_{k+1}, \tau)F(\tau)\mathrm{d}\tau = \Gamma(t_{k+1}, t_k) \tag{3.2.9}$$

可得式（3.2.1）的差分方程为

$$x(t_{k+1}) = \Phi(t_{k+1}, t_k)x(t_k) + G(t_{k+1}, t_k)u(t_k) + \Gamma(t_{k+1}, t_k)w(t_k) \tag{3.2.10}$$

如 $w(t) \in \mathbb{R}^{p \times 1}$ 为白噪声变量，则 $w(t_k) \in \mathbb{R}^{p \times 1}$ 为白噪声序列。

观测式（3.2.2）的差分方程为

$$z(t_k) = C(t_k)x(t_k) + y(t_k) + v(t_k) \tag{3.2.11}$$

为简便起见，在不发生混淆的情况下，式（3.2.11）和式（3.2.11）中的 t_k 用 k 代表，则式（3.2.10）和式（3.2.11）就可简写为

$$x(k+1) = \Phi(k+1, k)x(k) + G(k+1, k)u(k) + \Gamma(k+1, k)w(k) \tag{3.2.12}$$

$$z(k) = C(k)x(k) + y(k) + v(k) \tag{3.2.13}$$

式中，$w(k)$、$v(k)$ 是白噪声序列，在采样间隔内为常值，其统计特性如下：

$$\begin{cases} E\{w(k)\} = E\{v(k)\} = 0 \\ E\{w(k)w^{\mathrm{T}}(j)\} = Q(k)\delta_{k,j} \\ E\{v(k)v^{\mathrm{T}}(j)\} = R(k)\delta_{k,j} \\ E\{w(k)v^{\mathrm{T}}(j)\} = S(k)\delta_{k,j} \end{cases} \tag{3.2.14}$$

式中，$\delta_{k,j}$ 为克罗内克 δ 函数，其特性如下：

$$\delta_{k,j} = \begin{cases} 1, & k = j \\ 0, & k \neq j \end{cases}$$

式（3.2.14）中，$Q(k)$ 是对称的非负定矩阵；$R(k)$ 是对称的正定矩阵；$Q(k)$ 和 $R(k)$ 都是误差方差阵。正定的物理意义是观测向量各分量均附加有随机噪声。

下面讨论 $Q(k)$、$R(k)$ 和 $Q(t)$、$R(t)$ 的关系。这里仅给出 $Q(k)$ 和 $Q(t)$ 关系式的推导过程，$R(k)$ 和 $R(t)$ 关系式的推导过程完全类似。

由于假定采样间隔很小，在采样间隔内，$w(t)$ 为常值，所以有

$$\int_{t_k}^{t_{k+1}} w(t)\mathrm{d}\tau = w(t_k)\Delta t \tag{3.2.15}$$

由

$$E\left\{\left(\int_{t_k}^{t_{k+1}} w(\tau)\mathrm{d}\tau\right)\left(\int_{t_k}^{t_{k+1}} w(\tau)\mathrm{d}\tau\right)^{\mathrm{T}}\right\} = \int_{t_k}^{t_{k+1}}\int_{t_k}^{t_{k+1}} E\{w(\tau)w^{\mathrm{T}}(\tau)\}\mathrm{d}t\mathrm{d}\tau$$

$$= \int_{t_k}^{t_{k+1}}\int_{t_k}^{t_{k+1}} Q(t)\delta(t-\tau)\mathrm{d}t\mathrm{d}\tau \tag{3.2.16}$$

$$= \int_{t_k}^{t_{k+1}} Q(\tau)\mathrm{d}\tau$$

$$= Q(t)\Delta t$$

又

$$E\{(w(t_k)\Delta t)(w(t_k)\Delta t)^t\} = Q(k)(\Delta t)^2 \tag{3.2.17}$$

比较式（3.2.15）～式（3.2.17）可得

$$Q(k)(\Delta t)^2 = Q(k)\Delta t$$

即

$$Q(k) = \frac{Q(k)}{\Delta t} \tag{3.2.18}$$

类似可得

$$R(k) = \frac{R(k)}{\Delta t} \tag{3.2.19}$$

3.2.3　离散系统 Kalman 滤波问题的分类

上面将连续系统进行了离散化，即将连续系统状态的估计问题转化为离散系统状态的估计问题。为了记号上的统一，可把离散状态方程和观测方程统一写成下列形式：

$$x(k+1) = A(k+1,k)x(k) + G(k+1,k)u(k) + \Gamma(k+1,k)w(k) \tag{3.2.20}$$

$$z(k+1) = C(k+1)x(k+1) + y(k+1) + v(k+1) \tag{3.2.21}$$

现在要解决的问题就是已知状态方程（3.2.20）和观测方程（3.2.21），以及状态变量的初始统计性，例如：

$$\begin{cases} E\{x(t_0)\} = m_0 \\ P(t_0) = E\{(x(t_0) - m_0)(x(t_0) - m_0)^{\mathrm{T}}\} \end{cases} \tag{3.2.22}$$

给出观测序列 $z(0), z(1), \cdots, z(k)$，要求找出 $x(j)$ 的线性最优估计 $\hat{x}(j|k)$，使得估值 $x(j)$ 与 $\hat{x}(j|k)$ 之间的误差 $\tilde{x}(j|k) = x(j) - \hat{x}(j|k)$ 的方差为最小，即

$$E\{\tilde{x}(j|k)\tilde{x}^{\mathrm{T}}(j|k)\} = \min$$

与连续系统类似，离散系统 Kalman 滤波问题也可以分成如下三类[5]。

对于线性最优估计 $\hat{x}(j\,|\,k)$：

（1）$j > k$ 称为预测（或外推）问题；

（2）$j = k$ 称为滤波（或估计）问题；

（3）$j < k$ 称为平滑（或内插）问题。

后面内容将依次讨论离散线性系统的最优预测、滤波和平滑滤波方法。

3.3　预 备 知 识

矩阵求逆引理[6]　　设 $A \in \mathbb{R}^{n\times n}$ 是任一非奇异矩阵，$B, C \in \mathbb{R}^{n\times m}$ 是两个矩阵，矩阵 $(A + BC^{\mathrm{T}})$ 与 $(I + C^{\mathrm{T}}A^{-1}B)$ 非奇异，则下列矩阵恒等式成立：

$$(A + BC^{\mathrm{T}})^{-1} = A^{-1} - A^{-1}B(I + C^{\mathrm{T}}A^{-1}B)^{-1}C^{\mathrm{T}}A^{-1}$$

正交性原理[7]　　线性最小方差估计的估计误差正交与观测值。

3.4　线性高斯系统状态估计的 Kalman 滤波器设计

19 世纪 60 年代，Kalman 等在相关研究中提出了一种经典的滤波方法，使其能够解决时域线性系统的滤波问题。在该研究中，一种用于克服维纳滤波局限性的新方法被提出，即 Kalman 滤波方法。Kalman 滤波一经提出就被广泛应用，它可以用于估计信号的过去状态、当前状态及将来状态[8-10]。最初的 Kalman 滤波算法被称为其基本滤波算法，适用于线性高斯系统，能够解决离散随机动态系统的状态估计滤波问题。在实际应用系统中，可以将系统的运行过程视为一个状态转换过程。

考虑线性高斯系统，其状态方程和测量方程如下：

$$x(k+1) = A(k+1,k)x(k) + w(k) \tag{3.4.1}$$

$$y(k+1) = H(k+1)x(k+1) + v(k+1) \tag{3.4.2}$$

式中，$x(k) \in \mathbb{R}^{n\times 1}$ 是系统的状态向量；$A(k+1,k) \in \mathbb{R}^{n\times n}$ 是系统的状态转移矩阵；$y(k+1) \in \mathbb{R}^{m\times 1}$ 是状态 $x(k+1)$ 的观测向量；$H(k+1) \in \mathbb{R}^{m\times n}$ 是相应的观测矩阵；$w(k)$ 和 $v(k+1)$ 是零均值的高斯白噪声过程，且满足如下条件：

（1）$E\{w(k)\} = 0$；

（2）$E\{w(k)w(j)^{\mathrm{T}}\} = Q(k+1,k)\delta_{kj}$；

（3）$E\{v(k+1)\} = 0$；

（4）$E\{v(k+1)v^{\mathrm{T}}(j+1)\} = R(k+1)\delta_{kj}$；

（5）$E\{w(k)v^{\mathrm{T}}(j)\} = 0$；

式中

$$\delta_{kj} = \begin{cases} 1, & k = j \\ 0, & k \neq j \end{cases}$$

系统状态的初始值为一随机向量，满足如下关系：

$$\begin{cases} E\{x(0)\} = \hat{x}_0 \\ E\{(x(0) - \hat{x}_0)(x(0) - \hat{x}_0)^{\mathrm{T}}\} = P_0 \end{cases} \tag{3.4.3}$$

首先，基于初始条件的统计特征及观测信息，获得状态 $x(k)$ 的估计值和相应的协方差矩阵：

$$\begin{aligned} \hat{x}(k \mid k) &:= E\{x(k) \mid \hat{x}_0; y(1), y(2), \cdots, y(k)\} \\ P(k \mid k) &:= E\{(x(k) - \hat{x}(k \mid k))(x(k) - \hat{x}(k \mid k))^{\mathrm{T}}\} \end{aligned} \tag{3.4.4}$$

可以给出 KF 的推导过程，即

$$\hat{x}(k \mid k), P(k \mid k) \xrightarrow[\substack{(3.4.1)-(3.4.2)}]{y(k+1)} \hat{x}(k+1 \mid k+1), P(k+1 \mid k+1) \tag{3.4.5}$$

3.4.1　基于正交性原理的线性 Kalman 滤波器设计

（1）基于状态模型（3.4.1），计算状态变量 $x(k+1)$ 的一步传播预测值估计值[7]：

$$\hat{x}(k+1 \mid k) = A(k+1, k)\hat{x}(k \mid k) \tag{3.4.6}$$

预测估计误差：

$$\begin{aligned} \tilde{x}(k+1 \mid k) &:= x(k+1) - \hat{x}(k+1 \mid k) \\ &= A(k+1, k)(x(k) - \hat{x}(k \mid k)) + w(k) \\ &= A(k+1, k)\tilde{x}(k \mid k) + w(k) \end{aligned} \tag{3.4.7}$$

预测估计误差协方差矩阵：

$$\begin{aligned} P(k+1 \mid k) &:= E\{\tilde{x}(k+1 \mid k)\tilde{x}^{\mathrm{T}}(k+1 \mid k)\} \\ &= E\{(A(k+1, k)\tilde{x}(k \mid k) + w(k))(A(k+1, k)\tilde{x}(k \mid k) + w(k))^{\mathrm{T}}\} \\ &= E\{(A(k+1, k)\tilde{x}(k \mid k) + w(k))(\tilde{x}^{\mathrm{T}}(k \mid k)A^{\mathrm{T}}(k+1, k) + w^{\mathrm{T}}(k))\} \\ &= E\{A(k+1, k)\tilde{x}(k \mid k)\tilde{x}^{\mathrm{T}}(k \mid k)A^{\mathrm{T}}(k+1, k)\} + E\{A(k+1, k)\tilde{x}(k \mid k)w^{\mathrm{T}}(k)\} \\ &\quad + E\{w(k)\tilde{x}^{\mathrm{T}}(k \mid k)A^{\mathrm{T}}(k+1, k)\} + E\{w(k)w^{\mathrm{T}}(k)\} \\ &= A(k+1, k)E\{\tilde{x}(k \mid k)\tilde{x}^{\mathrm{T}}(k \mid k)\}A^{\mathrm{T}}(k+1, k) + A(k+1, k)E\{\tilde{x}(k \mid k)w^{\mathrm{T}}(k)\} \\ &\quad + E\{w(k)\tilde{x}^{\mathrm{T}}(k \mid k)\}A^{\mathrm{T}}(k+1, k) + E\{w(k)w^{\mathrm{T}}(k)\} \\ &= A(k+1, k)P(k \mid k)A^{\mathrm{T}}(k+1, k) + A(k+1, k)E\{\tilde{x}(k \mid k)\}E\{w^{\mathrm{T}}(k)\} \\ &\quad + E\{w(k)\}E\{\tilde{x}^{\mathrm{T}}(k \mid k)\}A^{\mathrm{T}}(k+1, k) + E\{w(k)w^{\mathrm{T}}(k) \\ &= A(k+1, k)P(k \mid k)A^{\mathrm{T}}(k+1, k) + Q(k+1, k) \end{aligned}$$

$$\tag{3.4.8}$$

（2）基于观测模型（3.4.2），计算观测值 $y(k+1)$ 的一步传播预测估计值[7]：

$$\hat{y}(k+1\,|\,k) = H(k+1)\hat{x}(k+1\,|\,k) \tag{3.4.9}$$

测量预测误差：

$$
\begin{aligned}
\tilde{y}(k+1\,|\,k) &:= y(k+1) - \hat{y}(k+1\,|\,k) \\
&= H(k+1)x(k+1) + v(k+1) - H(k+1)\hat{x}(k+1\,|\,k) \\
&= H(k+1)(x(k+1) - \hat{x}(k+1\,|\,k)) + v(k+1) \\
&= H(k+1)\tilde{x}(k+1\,|\,k) + v(k+1)
\end{aligned} \tag{3.4.10}
$$

（3）设计估计状态变量 $x(k+1)$ 的线性 Kalman 滤波器：

$$
\begin{aligned}
\hat{x}(k+1\,|\,k+1) &= \hat{x}(k+1\,|\,k) + K(k+1)\tilde{y}(k+1\,|\,k) \\
&= \hat{x}(k+1\,|\,k) + K(k+1)(H(k+1)\tilde{x}(k+1\,|\,k) + v(k+1))
\end{aligned} \tag{3.4.11}
$$

式中，$K(k+1)$ 为待定的最优增益阵。

（4）利用正交性原理求取最优增益矩阵 $K(k+1)$。

计算状态变量 $x(k+1)$ 估计值误差值：

$$
\begin{aligned}
\tilde{x}(k+1\,|\,k+1) &= x(k+1) - \hat{x}(k+1\,|\,k+1) \\
&= x(k+1) - \hat{x}(k+1\,|\,k) + K(k+1)(H(k+1)\tilde{x}(k+1\,|\,k) + v(k+1)) \\
&= \tilde{x}(k+1\,|\,k) - K(k+1)(H(k+1)\tilde{x}(k+1\,|\,k) + v(k+1))
\end{aligned}
$$
$$\tag{3.4.12}$$

观测向量值 $y(k+1)$ 的正交分解表示为

$$
\begin{aligned}
y(k+1) &= \hat{y}(k+1\,|\,k) + \tilde{y}(k+1\,|\,k) \\
&= \hat{y}(k+1\,|\,k) + H(k+1)\tilde{x}(k+1\,|\,k) + v(k+1)
\end{aligned} \tag{3.4.13}
$$

由正交性原理：

$$E\{\tilde{x}(k+1\,|\,k+1)y^{\mathrm{T}}(k+1)\} = 0 \tag{3.4.14}$$

有

$$
\begin{aligned}
&E\{\tilde{x}(k+1\,|\,k+1)y^{\mathrm{T}}(k+1)\} \\
&= E\{(\tilde{x}(k+1\,|\,k) - K(k+1)(H(k+1)\tilde{x}(k+1\,|\,k) + v(k+1))) \\
&\quad \times (H(k+1)\hat{x}(k+1\,|\,k) + H(k+1)\tilde{x}(k+1\,|\,k) + v(k+1))^{\mathrm{T}}\} \\
&= E\{(\tilde{x}(k+1\,|\,k) - K(k+1)H(k+1)\tilde{x}(k+1\,|\,k) - K(k+1)v(k+1)) \\
&\quad \times (\hat{x}^{\mathrm{T}}(k+1\,|\,k)H^{\mathrm{T}}(k+1) + \tilde{x}^{\mathrm{T}}(k+1\,|\,k)H^{\mathrm{T}}(k+1) + v^{\mathrm{T}}(k+1))\} \\
&= E\{\tilde{x}(k+1\,|\,k)\hat{x}^{\mathrm{T}}(k+1\,|\,k)\}H^{\mathrm{T}}(k+1) + E\{\tilde{x}(k+1\,|\,k)\tilde{x}^{\mathrm{T}}(k+1\,|\,k)\}H^{\mathrm{T}}(k+1) \\
&\quad + E\{\tilde{x}(k+1\,|\,k)v^{\mathrm{T}}(k+1)\} \\
&\quad - K(k+1)H(k+1)\{\tilde{x}(k+1\,|\,k)\hat{x}^{\mathrm{T}}(k+1\,|\,k)\}H^{\mathrm{T}}(k+1)
\end{aligned}
$$

$$-K(k+1)H(k+1)\{\tilde{x}(k+1|k)\tilde{x}^{\mathrm{T}}(k+1|k)\}H^{\mathrm{T}}(k+1)$$

$$-K(k+1)H(k+1)\{\tilde{x}(k+1|k)v^{\mathrm{T}}(k+1)\}$$

$$+K(k+1)E\{v(k+1)\hat{x}^{\mathrm{T}}(k+1|k)\}H^{\mathrm{T}}(k+1)$$

$$+K(k+1)E\{v(k+1)\tilde{x}^{\mathrm{T}}(k+1|k)\}H^{\mathrm{T}}(k+1)$$

$$-K(k+1)E\{v(k+1)v^{\mathrm{T}}(k+1)\}$$

$$=P(k+1|k)H^{\mathrm{T}}(k+1)-K(k+1)H(k+1)P(k+1|k)H^{\mathrm{T}}(k+1)$$

$$-K(k+1)R(k+1)$$

$$=P(k+1|k)H^{\mathrm{T}}(k+1)-K(k+1)(H(k+1)P(k+1|k)H^{\mathrm{T}}(k+1)+R(k+1))$$

$$=0$$

（3.4.15）

对式（3.4.15）进行求解，可得

$$K(k+1)=P(k+1|k)H^{\mathrm{T}}(k+1)(H(k+1)P(k+1|k)H^{\mathrm{T}}(k+1)+R(k+1))^{-1}$$

（3.4.16）

（5）计算状态变量 $x(k+1)$ 估计误差协方差矩阵：

$$P(k+1|k+1):=E\{\tilde{x}(k+1|k+1)\tilde{x}^{\mathrm{T}}(k+1|k+1)\}$$

$$=E\{(\tilde{x}(k+1|k)-K(k+1)H(k+1)\tilde{x}(k+1|k)-K(k+1)v(k+1))$$

$$\times(\tilde{x}(k+1|k)-K(k+1)H(k+1)\tilde{x}(k+1|k)-K(k+1)v(k+1))^{\mathrm{T}}\}$$

$$=E\{(\tilde{x}(k+1|k)-K(k+1)H(k+1)\tilde{x}(k+1|k)-K(k+1)v(k+1))$$

$$\times(\tilde{x}^{\mathrm{T}}(k+1|k)-\tilde{x}^{\mathrm{T}}(k+1|k)H^{\mathrm{T}}(k+1)K^{\mathrm{T}}(k+1)-v^{\mathrm{T}}(k+1)K^{\mathrm{T}}(k+1))^{\mathrm{T}}\}$$

$$=E\{\tilde{x}(k+1|k)\tilde{x}^{\mathrm{T}}(k+1|k)\}-E\{\tilde{x}(k+1|k)\tilde{x}^{\mathrm{T}}(k+1|k)\}H^{\mathrm{T}}(k+1)K^{\mathrm{T}}(k+1)$$

$$-E\{\tilde{x}(k+1|k)v^{\mathrm{T}}(k+1)\}K^{\mathrm{T}}(k+1)-K(k+1)H(k+1)E\{\tilde{x}(k+1|k)\tilde{x}^{\mathrm{T}}(k+1|k)\}$$

$$+K(k+1)H(k+1)E\{\tilde{x}(k+1|k)\tilde{x}^{\mathrm{T}}(k+1|k)\}H^{\mathrm{T}}(k+1)K^{\mathrm{T}}(k+1)$$

$$+K(k+1)H(k+1)E\{\tilde{x}(k+1|k)v^{\mathrm{T}}(k+1)\}K^{\mathrm{T}}(k+1)$$

$$-K(k+1)E\{v(k+1)\tilde{x}^{\mathrm{T}}(k+1|k)\}+E\{v(k+1))\tilde{x}^{\mathrm{T}}(k+1|k)\}H^{\mathrm{T}}(k+1)K^{\mathrm{T}}(k+1)$$

$$+K(k+1)E\{v(k+1))v^{\mathrm{T}}(k+1)\}K^{\mathrm{T}}(k+1)$$

$$=P(k+1|k)-P(k+1|k)H^{\mathrm{T}}(k+1)K^{\mathrm{T}}(k+1)-K(k+1)H(k+1)P(k+1|k)$$

$$+K(k+1)H(k+1)P(k+1|k)H^{\mathrm{T}}(k+1)K^{\mathrm{T}}(k+1)+K(k+1)R(k+1)K^{\mathrm{T}}(k+1)$$

$$=P(k+1|k)-K(k+1)H(k+1)P(k+1|k)$$

$$=(I-K(k+1)H(k+1))P(k+1|k)$$

（3.4.17）

进一步地，我们又有状态变量 $x(k+1)$ 估计误差协方差矩阵的简化形式：

$$
\begin{aligned}
P(k+1 \mid k+1) &= P(k+1 \mid k) - P(k+1 \mid k)H^{\mathrm{T}}(k+1)K^{\mathrm{T}}(k+1) \\
&\quad - K(k+1)H(k+1)P(k+1 \mid k) \\
&\quad + K(k+1)H(k+1)P(k+1 \mid k)H^{\mathrm{T}}(k+1)K^{\mathrm{T}}(k+1) \\
&\quad + K(k+1)R(k+1)K^{\mathrm{T}}(k+1) \\
&= P(k+1 \mid k) - P(k+1 \mid k)H^{\mathrm{T}}(k+1)K^{\mathrm{T}}(k+1) \\
&\quad - K(k+1)H(k+1)P(k+1 \mid k) \\
&\quad + K(k+1)(H(k+1)P(k+1 \mid k)H^{\mathrm{T}}(k+1) + R(k+1))K^{\mathrm{T}}(k+1) \\
&= P(k+1 \mid k) - P(k+1 \mid k)H^{\mathrm{T}}(k+1)K^{\mathrm{T}}(k+1) \\
&\quad - K(k+1)H(k+1)P(k+1 \mid k) \\
&\quad + P(k+1 \mid k)H^{\mathrm{T}}(k+1)(H(k+1)P(k+1 \mid k+1)H^{\mathrm{T}}(k+1) + R(k+1))^{-1} \\
&\quad \times (H(k+1)P(k+1 \mid k)H^{\mathrm{T}}(k+1) + R(k+1))K^{\mathrm{T}}(k+1) \\
&= P(k+1 \mid k) - P(k+1 \mid k)H^{\mathrm{T}}(k+1)K^{\mathrm{T}}(k+1) \\
&\quad - K(k+1)H(k+1)P(k+1 \mid k) \\
&\quad + P(k+1 \mid k)H^{\mathrm{T}}(k+1)K^{\mathrm{T}}(k+1) \\
&= P(k+1 \mid k) - K(k+1)H(k+1)P(k+1 \mid k) \\
&= (I - K(k+1)H(k+1))P(k+1 \mid k)
\end{aligned}
$$

$$(3.4.18)$$

图 3.4.1 给出了离散系统 Kalman 最优滤波方框图。

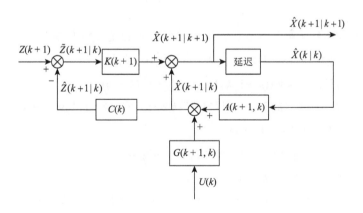

图 3.4.1　离散系统 Kalman 最优滤波方框图

3.4.2　误差协方差及最优增益阵的几种变形计算公式

前面已经给出了最优增益阵和误差协方差的递推关系。然而，在讨论 Kalman

滤波的特殊问题时，有时还需要用到 $K(k)$ 和 $P(k\,|\,k)$ 的其他形式的表达式。下面给出几个比较常用的基本形式[11]。

$$P(k\,|\,k)=(I-K(k)H(k))P(k\,|\,k-1)(I-K(k)H(k))^{\mathrm{T}}+K(k)R(k)K^{\mathrm{T}}(k) \quad （3.4.19）$$

$$P(k\,|\,k)=P(k\,|\,k-1)-K(k)H(k)P(k\,|\,k-1)$$
$$=(I-K(k)H(k))P(k\,|\,k-1) \quad （3.4.20）$$

$$P^{-1}(k\,|\,k)=P^{-1}(k\,|\,k-1)+H^{\mathrm{T}}(k)R^{-1}(k)H(k) \quad （3.4.21）$$

$$K(k)=P(k\,|\,k)H^{\mathrm{T}}(k)R^{-1}(k) \quad （3.4.22）$$

3.4.3　基于转移概率的线性 Kalman 滤波器设计

本节给出基于转移概率的 Kalman 滤波器设计方法。

（1）计算观测预测误差的协方差矩阵：

$$P_{yy}(k+1\,|\,k+1):=E\{\tilde{y}(k+1\,|\,k)\tilde{y}^{\mathrm{T}}(k+1\,|\,k)\}$$
$$=E\{(H(k+1)\tilde{x}(k+1\,|\,k)+v(k+1))(H(k+1)\tilde{x}(k+1\,|\,k)+v(k+1))^{\mathrm{T}}\}$$
$$=\{(H(k+1)\tilde{x}(k+1\,|\,k)+v(k+1))(\tilde{x}^{\mathrm{T}}(k+1\,|\,k)H^{\mathrm{T}}(k+1)+v^{\mathrm{T}}(k+1))\}$$
$$=H(k+1)E\{\tilde{x}(k+1\,|\,k)\tilde{x}^{\mathrm{T}}(k+1\,|\,k)\}H^{\mathrm{T}}(k+1)+H(k+1)E\{\tilde{x}(k+1\,|\,k)v^{\mathrm{T}}(k+1)\}$$
$$+E\{v(k+1)\tilde{x}^{\mathrm{T}}(k+1\,|\,k)\}H^{\mathrm{T}}(k+1)+E\{v(k+1)v^{\mathrm{T}}(k+1)\}$$
$$=H(k+1)P(k+1\,|\,k)H^{\mathrm{T}}(k+1)+R(k+1)$$

$$（3.4.23）$$

（2）计算状态预测误差与观测预测误差之间的交叉协方差矩阵：

$$P_{xy}(k+1\,|\,k+1):=E\{\tilde{x}(k+1\,|\,k)\tilde{y}^{\mathrm{T}}(k+1\,|\,k)\}$$
$$=\{\tilde{x}(k+1\,|\,k)(\tilde{x}(k+1\,|\,k)H^{\mathrm{T}}(k+1)+v^{\mathrm{T}}(k+1))\}$$
$$=E\{\tilde{x}(k+1\,|\,k)\tilde{x}^{\mathrm{T}}(k+1\,|\,k)\}H^{\mathrm{T}}(k+1)+E\{\tilde{x}(k+1\,|\,k)v^{\mathrm{T}}(k+1)\}$$
$$=P(k+1\,|\,k)H^{\mathrm{T}}(k+1)$$

$$（3.4.24）$$

（3）设计基于转移概率的线性 Kalman 滤波器：

$$\hat{x}(k+1\,|\,k+1)=\hat{x}(k+1\,|\,k)+K(k+1)\tilde{y}(k+1\,|\,k)$$
$$=\hat{x}(k+1\,|\,k)+K(k+1)(H(k+1)\tilde{x}(k+1\,|\,k)+v(k+1)) \quad （3.4.25）$$

式中，滤波器增益矩阵 $K(k+1)$ 为

$$K(k+1)=P_{xy}(k+1\,|\,k)P_{yy}^{-1}(k+1\,|\,k) \quad （3.4.26）$$

（4）计算状态变量 $x(k+1)$ 估计误差协方差矩阵：

$$P(k+1\,|\,k+1):=E\{\tilde{x}(k+1\,|\,k)\tilde{x}^{\mathrm{T}}(k+1\,|\,k)\}$$

$$= E\{(\tilde{x}(k+1|k) - K(k+1)\tilde{y}(k+1|k))(\tilde{x}(k+1|k) - K(k+1)\tilde{y}(k+1|k))^{\mathrm{T}}\}$$

$$= E\{\tilde{x}(k+1|k)\tilde{x}^{\mathrm{T}}(k+1|k)\} - E\{\tilde{x}(k+1|k)\tilde{y}^{\mathrm{T}}(k+1|k)\}K^{\mathrm{T}}(k+1)$$

$$\quad - K(k+1)E\{\tilde{y}^{\mathrm{T}}(k+1|k)\tilde{x}(k+1|k)\} + K(k+1)E\{\tilde{y}(k+1|k)\tilde{y}^{\mathrm{T}}(k+1|k)\}K^{\mathrm{T}}(k+1)$$

$$= P_{xx}(k+1|k) - P_{xy}(k+1|k)K^{\mathrm{T}}(k+1) - K(k+1)P_{yx}(k+1|k)$$

$$\quad + K(k+1)P_{yy}(k+1|k)K^{\mathrm{T}}(k+1)$$

$$（3.4.27）$$

进一步地，又有状态变量 $x(k+1)$ 估计误差协方差矩阵的简化形式：

$$P(k+1|k+1) := P_{xx}(k+1|k) - P_{xy}(k+1|k)K^{\mathrm{T}}(k+1)$$

$$\quad - K(k+1)P_{yx}(k+1|k) + K(k+1)P_{yy}(k+1|k)K^{\mathrm{T}}(k+1)$$

$$= P_{xx}(k+1|k) - P_{xy}(k+1|k)K^{\mathrm{T}}(k+1) - K(k+1)P_{yx}(k+1|k)$$

$$\quad + P_{xy}(k+1|k)P_{yy}^{-1}(k+1|k)P_{yy}(k+1|k)K^{\mathrm{T}}(k+1)$$

$$（3.4.28）$$

$$= P_{xx}(k+1|k) - P_{xy}(k+1|k)K^{\mathrm{T}}(k+1)$$

$$\quad - K(k+1)P_{yx}(k+1|k) + P_{xy}(k+1|k)K^{\mathrm{T}}(k+1)$$

$$= P_{xx}(k+1|k) - K(k+1)P_{yx}(k+1|k)$$

　　Kalman 滤波方法包括两个主要过程：预测与校正。预测主要利用状态转移方程获取当前状态的先验估计，并得出当前状态变量和误差协方差估计，以便为下一时刻状态构造先验估计值；校正过程是一个反馈的过程，利用测量方程在预测过程的先验估计值及当前测量值的基础上获得对当前状态的估计值。Kalman 滤波是一种最优化自回归数据处理算法，它在诸多民事领域和军事领域被广泛应用[2-5]。

参 考 文 献

[1]　何友，王国宏，陆大鑫，等. 多传感器信息融合及应用[M]. 北京：电子工业出版社，2000.

[2]　文成林，周东华. 多尺度估计理论及其应用[M]. 北京：清华大学出版社，2002.

[3]　周东华，叶银忠. 现代故障诊断与容错控制[M]. 北京：清华大学出版社，2000.

[4]　王明辉. 多传感器数据融合跟踪算法研究[M]. 北京：清华大学出版社，2003.

[5]　Brown C，Durrant-Whyte H F，Leonard J，et al. Centralized and decentralized Kalman filter techniques for tracking,
navigation and control[C]. Proceedings of the Defense Advanced Research Projects Agency IU Workshop，Palo
Alto，1989：651-675.

[6]　Chang K C，Shalom Y B. Distributed multiple model estimation[C]. Proceedings of 1986 American Control
Conference，Seattle，1986：1863-1968.

[7]　文成林 周东华，潘泉，等. 分布式多传感器动态系统多尺度融合估计[J]. 自动化学报，2001，27（2）：158-165.

[8]　Durrant-Whyte H F，Rao R Y S，Hu H. Toward a fully decentralized architecture for multi-sensor data fusion[C].
Proceeding of IEEE International，OH.，1990：1331-1336.

[9]　Hashemipour H R，Roy S. Decentralized structure for parallel Kalman filtering[J]. IEEE Transactions on Automatic

Control，1988，33（1）：88-94.

[10]　葛泉波. 多传感器数据融合及其在过程监控中的应用[D]. 开封：河南大学，2005.

[11]　葛泉波，车金锐，文成林. 基于通信故障的多传感器系统融合估计算法研究[J]. 河南大学学报（自然科学版），2004，34（3）：6-11.

第4章　高斯噪声系统状态估计的 Kalman 滤波设计

4.1　非线性高斯系统状态估计的扩展 Kalman 滤波器设计

前面章节所讲的 Kalman 滤波要求系统状态方程和观测方程都是线性的。然而，许多工程系统往往不能用简单的线性系统来描述。例如，导弹控制问题、测轨问题和惯性导航问题的系统状态方程往往不是线性的。因此，有必要研究非线性滤波问题。对于非线性模型的滤波问题，理论上还没有严格的滤波公式。一般情况下，都是将非线性方程线性化，然后利用线性系统 Kalman 滤波基本方程。本节就给出非线性系统的 Kalman 滤波问题的处理方法[1, 2]。

4.1.1　非线性系统模型

一类离散非线性系统的状态方程和观测方程为

$$x(k+1) = f(x(k), w(k), k) \tag{4.1.1}$$

$$z(k+1) = h(x(k+1), v(k+1), k+1) \tag{4.1.2}$$

式中，$x(k) \in \mathbb{R}^{n \times 1}$ 是 n 维状态向量；$z(k) \in \mathbb{R}^{m \times 1}$ 是 m 维测量向量；$w(k)$ 和 $v(k+1)$ 分别是状态建模误差噪声向量和测量误差噪声向量。$f(x(k), w(k), k) \in \mathbb{R}^{n \times 1}$ 是以 $x(k), w(k), k$ 为共同作用的 n 维状态转换非线性函数模型，对状态 $x(k)$ 有 r 阶连续导数，且 $r+1$ 阶导数存在；$h(x(k+1), v(k+1), k+1) \in \mathbb{R}^{m \times 1}$ 是以 $x(k+1), v(k+1), k+1$ 为共同作用的 m 维观测非线性函数模型，对状态 $x(k+1)$ 有 r 阶连续导数，且 $r+1$ 阶导数存在。

为了便于描述，我们仅限于讨论下列情况的非线性模型：

$$x(k+1) = f(x(k), k) + \Gamma(k+1, k)w(k) \tag{4.1.3}$$

$$z(k+1) = h(x(k+1), k+1) + v(k+1) \tag{4.1.4}$$

式（4.1.3）和式（4.1.4）中的 $w(k)$ 和 $v(k+1)$ 都是均值为零的白噪声序列，并满足如下统计特性：

$$E\{w(k)\} = 0, \quad E\{w(k)w^{\mathrm{T}}(k)\} = Q(k) \tag{4.1.5}$$

$$E\{v(k+1)\} = 0, \quad E\{v(k+1)v^{\mathrm{T}}(k+1)\} = R(k+1) \tag{4.1.6}$$

$$E\{w(k)v^{\mathrm{T}}(k+1)\} = 0 \tag{4.1.7}$$

式（4.1.1）～式（4.1.4）中，有

$$x(k) = [x_1(k), x_2(k), \cdots, x_n(k)]^T$$

$$f(x(k),k) = [f(x_1(k),k), f(x_2(k),k), \cdots, f(x_n(k),k)]^T$$

$$\Gamma(k+1,k) \in \mathbb{R}^{n \times q} \tag{4.1.8}$$

$$w(k) = [w_1(k), x_2(k), \cdots, w_q(k)]^T$$

进一步地，在式（4.1.4）中，有

$$\begin{cases} z(k+1) = [z_1(k+1), z_2(k+1), \cdots, z_m(k+1)]^T \\ h(x(k+1),k+1) = [h_1(x(k+1),k+1), h_2(x(k+1),k+1), \cdots, h_m(x(k+1),k+1)]^T \\ v(k+1) = [v_1(k+1), v_2(k+1), \cdots, v_m(k+1)]^T \end{cases} \tag{4.1.9}$$

另外，已知初始状态 $x(0)$ 的统计特性：

$$E\{x(0)\} = \hat{x}_0, \quad E\{(x(0) - \hat{x}_0)(x(0) - \hat{x}_0)^T\} = P_0 \tag{4.1.10}$$

并假设，初始状态 $x(0)$、$w(k)$、$v(k+1)$ 之间是统计独立的，即

$$E\{w(k)v^T(k+1)\} = 0, \quad E\{w(k)x^T(0)\} = 0, \quad E\{v(k+1)x^T(0)\} = 0 \tag{4.1.11}$$

下面介绍两种线性化滤波方法：围绕标称轨道线性化滤波方法，以及推广的 Kalman 滤波方法（围绕滤波值 $\hat{x}(k|k)$ 的线性化滤波方法）。这两种方法都是把非线性模型线性化，然后应用线性系统的 Kalman 滤波基本公式。

4.1.2 围绕标称轨道线性化滤波方法

本节以非线性动态系统式（4.1.3）和式（4.1.4）为背景，建立围绕标称轨道线性化的滤波方法。以状态初始值 $x(0)$ 为起点，基于状态模型（4.1.3），求取系统状态 $x(k)$ 的标称状态，即标称轨道：

$$x^*(k+1) = f(x^*(k),k), \quad x_0^* = E\{x(0)\} \tag{4.1.12}$$

记状态向量 $x(k)$ 与标称状态向量 $x^*(k)$ 之误差向量为

$$\delta x(k) = x(k) - x^*(k) \tag{4.1.13}$$

称为状态偏差向量。

1. 非线性状态模型的线性化表示

把状态模型（4.1.3）的非线性函数 $f(x(k),k)$ 围绕标称状态向量 $x^*(k)$ 进行泰勒（Taylor）"形式"化展开：

$$x(k+1) = f(x^*(k),k) + \sum_{l=1}^{r} \frac{1}{l!} \frac{\partial^r f(x(k),k)}{\partial x^r(k)} \bigg|_{x(k)=x^*(k)} (x(k) - x^*(k))^r$$

$$+ \frac{1}{(r+1)!} \frac{\partial^{r+1} f(x(k),k)}{\partial x^{r+1}(k)} \bigg|_{x(k)=\xi(k)} (x(k) - x^*(k))^{r+1} + \Gamma(k+1,k)w(k) \tag{4.1.14}$$

略去二次及其以上高阶项，可得

$$x(k+1) = x^*(k+1) + \frac{\partial f(x(k),k)}{\partial x(k)}\bigg|_{x(k)=x^*(k)} (x(k)-x^*(k)) + \Gamma(k+1,k)w(k) \quad (4.1.15)$$

令

$$\delta A(k+1,k) := \frac{\partial f(x(k),k)}{\partial x(k)}\bigg|_{x(k)=x^*(k)} = \begin{bmatrix} \dfrac{\partial f_1(x^*(k),k)}{\partial x_1^*(k)} & \cdots & \dfrac{\partial f_1(x^*(k),k)}{\partial x_n^*(k)} \\ \vdots & & \vdots \\ \dfrac{\partial f_n(x^*(k),k)}{\partial x_1^*(k)} & \cdots & \dfrac{\partial f_n(x^*(k),k)}{\partial x_n^*(k)} \end{bmatrix} \quad (4.1.16)$$

为向量函数 $f(\cdot)$ 的雅可比矩阵。

因此，式（4.1.14）经移项整理后，可得

$$x(k+1) - x^*(k+1) = \delta A(k+1,k)(x(k)-x^*(k)) + \Gamma(k+1,k)w(k) \quad (4.1.17)$$

基于定义（4.1.13），根据式（4.1.16），可得状态方差的近似线性化模型：

$$\delta x(k+1) = \delta A(k+1,k)\delta x(k) + \Gamma(x^*(k),k)w(k) \quad (4.1.18)$$

2. 非线性观测模型的线性化表示

下面把观测方程（4.1.4）线性化。以式（4.1.12）得到的状态 $x(k)$ 标称轨道 $x^*(k)$ 为基础，得到系统标称状态标称相应的标称观测值序列：

$$z^*(k+1) = h(x^*(k+1),k+1)) \quad (4.1.19)$$

类似非线性函数 $f(x(k),k)$ 围绕标称状态向量 $x^*(k)$ 进行泰勒级数展开，本小节也将观测方程（4.1.2）的非线性函数 $h(x(k+1),k+1)$ 围绕状态标称值状态 $x^*(k+1)$ 进行泰勒"形式"化展开：

$$z(k+1) = h(x^*(k+1),k+1) + \sum_{l=1}^{r} \frac{1}{l!} \frac{\partial^r h(x(k+1))}{\partial x^r(k+1)}\bigg|_{x(k+1)=x^*(k+1)} (x(k+1)-x^*(k+1))^r$$

$$+ \frac{1}{(r+1)!} \frac{\partial^{r+1} h(x(k+1))}{\partial x^{r+1}(k+1)}\bigg|_{x(k+1)=x^*(k+1)} (x(k+1)-x^*(k+1))^{(r+1)} + v(k+1)$$

$$(4.1.20)$$

略去二次及其以上高阶项后，可得

$$z(k+1) = z^*(k+1) + \delta H(k+1)(x(k+1)-x^*(k+1)) + v(k+1) \quad (4.1.21)$$

式中

$$\delta H(k+1,k) := \begin{bmatrix} \dfrac{\partial h_1(x^*(k+1),k+1)}{\partial x_1^*(k+1)} & \cdots & \dfrac{\partial h_1(x^*(k+1),k+1)}{\partial x_n^*(k+1)} \\ \vdots & & \vdots \\ \dfrac{\partial h_m(x^*(k+1),k+1)}{\partial x_1^*(k+1)} & \cdots & \dfrac{\partial h_m(x^*(k+1),k+1)}{\partial x_n^*(k+1)} \end{bmatrix}_{m \times n} \quad (4.1.22)$$

若令

$$\delta z(k+1) = z(k+1) - z^*(k+1)$$

则可得非线性观测方程（4.1.2）的线性化方程为

$$\delta z(k+1) = \delta H(k+1) \cdot \delta x(k+1) + v(k+1) \quad (4.1.23)$$

式（4.1.22）为 $m \times n$ 的向量函数 $h(x(k+1),k+1)$ 的雅可比矩阵。

3. 围绕标称轨道线性 Kalman 滤波器设计

由式（4.1.3）和式（4.1.4）描述的非线性系统，经过前面的线性化变换，已转换成符合 Kalman 滤波器设计要求的线性系统式（4.1.17）和式（4.1.23）。因此，利用已在第 3 章中建立的 Kalman 滤波基本方程，设计出围绕标称轨道的线性 Kalman 滤波器。

首先，假设已知线性系统状态模型（4.1.3）中，初始状态 $\delta x(0)$ 的统计特性

$$\hat{x}_0^* = E\{x(0)\}, \quad \delta\hat{x}_0^* = E\{x(0) - \hat{x}_0^*\} = E\{\delta x(0)\} = 0, \quad \delta P_0 = E\{(\delta x_0 - \delta\hat{x}_0)(\delta x_0 - \delta\hat{x}_0)^T\} \quad (4.1.24)$$

假设已获得从 1 时刻到 k 时刻的观测值：

$$\{z(1), z(2), \cdots, z(k)\}$$

并假设已获得 k 时刻的状态偏差 $\delta x(k)$ 的估计值和估计误差方差矩阵：

$$\begin{cases} \delta\hat{x}(k \,|\, k) = E\{\delta x(k) \,|\, \hat{x}_0, z(1), z(2), \cdots, z(k)\} \\ \delta P(k \,|\, k) = E\{(\delta x(k) - \delta\hat{x}(k \,|\, k))(\delta x(k) - \delta\hat{x}(k \,|\, k))^T\} \end{cases} \quad (4.1.25)$$

下面，将设计出求解状态偏差 $\delta x(k+1)$ 估计值 $\delta\hat{x}(k+1)$ 和估计误差协方差矩阵 $\delta P(k+1 \,|\, k+1)$ 的 Kalman 滤波器递推方程组。

（1）状态偏差 $\delta x(k+1)$ 的一步预测估计。基于线性模型（4.1.3），有

$$\delta\hat{x}(k+1 \,|\, k) = \delta A(k+1,k)\delta\hat{x}(k \,|\, k) + \Gamma(k+1,k)w(k) \quad (4.1.26)$$

再将线性模型式（4.1.3）与式（4.1.26）相结合，得到状态偏差 $\delta x(k+1)$ 的预测估计误差：

$$\delta\tilde{x}(k+1 \,|\, k) = \delta A(k+1,k)\delta\tilde{x}(k \,|\, k) + \Gamma(k+1,k)w(k) \quad (4.1.27)$$

和得到状态偏差 $\delta x(k+1)$ 的预测估计误差的协方差矩阵：

$$\delta P(k+1\,|\,k) := E\{\delta\tilde{x}(k+1\,|\,k)\delta\tilde{x}^{\mathrm{T}}(k+1\,|\,k)\}$$
$$:= \delta A(k+1,k)\cdot\delta P(k\,|\,k)\cdot(\delta A(k+1,k))^{\mathrm{T}} + \Gamma(x^*(k),k)Q(k)\Gamma^{\mathrm{T}}(x^*(k),k)$$

$$(4.1.28)$$

（2）观测偏差向量 $\delta z(k+1)$ 的一步预测估计。基于线性观测模型（4.1.4），可以得到

$$\delta\hat{z}(k+1\,|\,k) = \delta H(k+1)\cdot\delta\hat{x}(k+1\,|\,k) \qquad (4.1.29)$$

再将式（4.1.4）与式（4.1.29）相结合，得到 $\delta z(k+1)$ 的一步预测估计误差：

$$\delta\tilde{z}(k+1\,|\,k) = \delta z(k+1) - \delta\hat{z}(k+1\,|\,k)$$
$$= \delta H(k+1)\cdot\delta\tilde{x}(k+1\,|\,k) + v(k+1)$$

$$(4.1.30)$$

并称 $\delta\tilde{z}(k+1\,|\,k)$ 为 $(k+1)$ 时刻的观测新息。

（3）求解偏差状态向量 $\delta z(k+1)$ 估计值的 Kalman 滤波器设计：

$$\delta\hat{x}(k+1\,|\,k+1) = \delta\hat{x}(k+1\,|\,k) + \delta K(k+1)\cdot\tilde{z}(k+1\,|\,k) \qquad (4.1.31)$$

式中，Kalman 滤波器的增益矩阵 $\delta K(k+1)$ 为

$$\delta K(k+1) = \delta P(k+1\,|\,k)\cdot(\delta H(k+1))^{\mathrm{T}}(\delta H(k+1)\cdot\delta P(k+1\,|\,k)\cdot(\delta H(k+1))^{\mathrm{T}} + R(k+1))^{-1}$$

$$(4.1.32)$$

（4）求解偏差状态向量 $\delta z(k+1)$ 估计值误差的协方差矩阵：

$$\delta P(k+1\,|\,k+1) = E\{(\delta x(k+1) - \delta\hat{x}(k+1\,|\,k+1))(\delta x(k+1) - \delta\hat{x}(k+1\,|\,k+1))^{\mathrm{T}}\}$$
$$= (I - \delta K(k+1)\cdot\delta H(k+1))\delta P(k+1\,|\,k)$$

$$(4.1.33)$$

（5）式（4.1.3）和式（4.1.4）围绕标称轨道线性 Kalman 滤波估计为

$$\hat{x}(k+1\,|\,k+1) = x^*(k+1) + \delta\hat{x}(k+1\,|\,k+1) \qquad (4.1.34)$$

通常，这种线性化滤波方法只是能够得到标称轨道，并且状态偏差 $\delta x(k)$ 较小时才能应用。

4.1.3 围绕滤波值线性化的滤波方法

围绕滤波值线性化的推广 Kalman 滤波，是将式（4.1.3）中非线性函数 $f(x(k),k)$ 围绕滤波值 $\hat{x}(k\,|\,k)$ 展开成泰勒级数，略去二次及其以上高阶项后，得到非线性系统的线性化模型的方法。

考虑非线性滤波方程式（4.1.3）和式（4.1.4），假设已知初始值信息：

$$\hat{x}_0 = E\{x(0)\}, \qquad P_0 = E\{(x(0) - \hat{x}_0)(x(0) - \hat{x}_0)^{\mathrm{T}}\}$$

并已知观测信息，$z(1), z(2), \cdots, z(k)$，我们已获得状态向量 $x(k)$ 的估计值的估计误差协方差矩阵：

$$\hat{x}(k\,|\,k) = E\{x(k)\,|\,\hat{x}_0, z(1), z(2), \cdots, z(k)\} \qquad (4.1.35)$$

$$P(k\,|\,k) = \{(x(k) - \hat{x}(k\,|\,k))(x(k) - \hat{x}(k\,|\,k))^{\mathrm{T}}\} \qquad (4.1.36)$$

1. 非线性状态模型的线性化表示

首先，将状态方程（4.1.1）的非线性函数 $f(x(k),k)$ 围绕标称状态 $\hat{x}(k\mid k)$ 进行泰勒"形式"化展开：

$$x(k+1) = f(\hat{x}(k\mid k),k) + \sum_{l=1}^{r} \frac{1}{l!} \frac{\partial^r f(x(k),k)}{\partial x^r(k)}\bigg|_{x(k)=\hat{x}(k\mid k)} (x(k) - \hat{x}(k\mid k))^r$$

$$+ \frac{1}{(r+1)!} \frac{\partial^{r+1} f(x(k),k)}{\partial x^{r+1}(k)}\bigg|_{x(k)=\xi(k)} (x(k) - \hat{x}(k\mid k))^{r+1} + \Gamma(\hat{x}(k\mid k),k)w(k)$$

$$\approx f(\hat{x}(k\mid k),k) + \frac{\partial f(x(k))}{\partial x(k)}\bigg|_{x(k)=\hat{x}(k\mid k)} (x(k) - \hat{x}(k\mid k)) + \Gamma(\hat{x}(k\mid k),k)w(k)$$

$$(4.1.37)$$

略去式二次及其以上高阶项，可得状态方程（4.1.3）的近似线性化方程：

$$x(k+1) = A(k+1,k)x(k) + \overline{f}(\hat{x}(k\mid k)) + \Gamma(k+1,k)w(k) \qquad (4.1.38)$$

式中

$$A(k+1,k) := \frac{\partial f(x(k))}{\partial x(k)}\bigg|_{x(k)=\hat{x}(k\mid k)} = \begin{bmatrix} \dfrac{\partial f_1(x(k),k)}{\partial x_1(k)} & \cdots & \dfrac{\partial f_1(x(k),k)}{\partial x_n(k)} \\ \vdots & & \vdots \\ \dfrac{\partial f_n(x(k),k)}{\partial x_1(k)} & \cdots & \dfrac{\partial f_n(x(k),k)}{\partial x_n(k)} \end{bmatrix}_{x(k)=\hat{x}(k\mid k)} \qquad (4.1.39)$$

$$\overline{f}(\hat{x}(k\mid k)) := f(\hat{x}(k\mid k),k) - \frac{\partial f(x(k))}{\partial x}\bigg|_{x(k)=\hat{x}(k\mid k)} \cdot \hat{x}(k\mid k) \qquad (4.1.40)$$

并得到状态 $x(k+1)$ 的一步预测估计值：

$$\hat{x}(k+1\mid k) = E\{x(k+1)\mid \hat{x}_0, z(1), z(2), \cdots, z(k)\}$$
$$= E\{x(k+1)\mid \hat{x}(k\mid k)\} \qquad (4.1.41)$$

2. 非线性观测模型的线性化表示

下面把观测方程（4.1.4）的非线性函数 $h(x(k+1),k+1)$ 围绕状态 $x(k+1)$ 的一步预测估计值 $\hat{x}(k+1\mid k)$ 进行泰勒级数展开：

$$z(k+1) = h(\hat{x}(k+1\mid k),k+1) + \sum_{l=1}^{r} \frac{1}{l!} \frac{\partial^r h(x(k+1),k+1)}{\partial x^r(k+1)}\bigg|_{x(k+1)=\hat{x}(k+1\mid k)} (x(k+1) - \hat{x}(k+1\mid k))^l$$

$$+ \frac{1}{(r+1)!} \frac{\partial^{r+1} h(x(k+1),k+1)}{\partial x^{r+1}(k+1)}\bigg|_{x(k+1)=\xi(k+1)} (x(k+1) - \hat{x}(k+1\mid k))^{(r+1)} + v(k+1)$$

$$(4.1.42)$$

略去式（4.1.42）中的二次及其以上高阶项，可得非线性观测方程（4.1.4）的线性形式为

$$z(k+1) = h(k+1)x(k+1) + y(k+1) + v(k+1) \qquad (4.1.43)$$

并令

$$H(k+1) := \left. \frac{\partial h(x(k+1), k+1)}{\partial x(k+1)} \right|_{x(k+1) = \hat{x}(k+1|k)}$$

$$= \begin{bmatrix} \dfrac{\partial h_1(x(k+1), k+1)}{\partial x_1(k+1)} & \cdots & \dfrac{\partial h_1(x(k+1), k+1)}{\partial x_n(k+1)} \\ \vdots & & \vdots \\ \dfrac{\partial h_m(x(k+1), k+1)}{\partial x_1(k+1)} & \cdots & \dfrac{\partial h_m(x(k+1), k+1)}{\partial x_n(k+1)} \end{bmatrix}_{x(k+1) = \hat{x}(k+1|k)} \qquad (4.1.44)$$

$$y(k+1) := \left. -\frac{\partial h(x(k+1))}{\partial x(k+1)} \right|_{x(k+1) = \hat{x}(k+1|k)} \hat{x}(k+1|k) + h(\hat{x}(k+1|k), k+1) \qquad (4.1.45)$$

由此，式（4.1.3）和式（4.1.4）描述的一类非线性系统，通过一阶泰勒级数展开，被近似化简为式（4.1.38）～式（4.1.43）描述的线性系统，已符合设计标准线性 Kalman 滤波器的条件。

3. 围绕滤波值线性化的 Kalman 滤波器设计

（1）状态 $x(k+1)$ 的一步预测估计。基于假设（4.1.35）和动态模型模式（4.1.38），有

$$\hat{x}(k+1|k) = A(k+1,k)\hat{x}(k|k) + \overline{f}(\hat{x}(k|k)) \qquad (4.1.46)$$

再将式（4.1.46）与式（4.1.37）相结合，得到状态的 $x(k+1)$ 一步预测估计误差值：

$$\begin{aligned} \tilde{x}(k+1|k) &= x(k+1) - \hat{x}(k+1|k) \\ &= A(k+1,k)x(k) + \overline{f}(x(k)) + \Gamma(k+1,k)w(k) \\ &\quad - (A(k+1,k)\hat{x}(k|k) + \overline{f}(x(k))) \\ &= A(k+1,k)(x(k) - \hat{x}(k|k)) + \Gamma(k+1,k)w(k) \\ &= A(k+1,k)\tilde{x}(k|k) + \Gamma(k+1,k)w(k) \end{aligned} \qquad (4.1.47)$$

进一步得到预测误差 $\tilde{x}(k+1|k)$ 的方差矩阵：

$$\begin{aligned} P(k+1|k) &= E\{\tilde{x}(k+1|k)\tilde{x}^{\mathrm{T}}(k+1|k)\} \\ &= E\{(A(k+1,k)\tilde{x}(k|k) + \Gamma(k+1,k)w(k))(A(k+1,k)\tilde{x}(k|k) + \Gamma(k+1,k)w(k))^{\mathrm{T}}\} \\ &= A(k+1,k)P(k|k)A(k+1,k)^{\mathrm{T}} + \Gamma(k+1,k)Q(k)\Gamma^{\mathrm{T}}(k+1,k) \end{aligned}$$

$$(4.1.48)$$

（2）观测 $z(k+1)$ 的一步预测估计。基于由式（4.1.46）得到的状态 $x(k+1)$ 一步预测估计和观测模型（4.1.43），得到观测向量 $z(k+1)$ 的预测估计值：

$$\hat{z}(k+1\,|\,k) = H(k+1)\hat{x}(k+1\,|\,k) + y(k+1) \qquad (4.1.49)$$

再将式（4.1.49）与式（4.1.43）相结合，又得到观测向量 $z(k+1)$ 的预测估误差值：

$$\begin{aligned}
\tilde{z}(k+1\,|\,k) &= z(k+1) - \hat{z}(k+1\,|\,k) \\
&= C(k+1)x(k+1) + y(k+1) + v(k+1) \\
&\quad - (C(k+1)\hat{x}(k+1\,|\,k) + y(k+1)) \\
&= C(k+1)\tilde{x}(k+1\,|\,k) + v(k+1)
\end{aligned} \qquad (4.1.50)$$

并称 $\tilde{z}(k+1\,|\,k)$ 为在 $(k+1)$ 时刻获得的观测新息。

（3）围绕滤波值线性化的递归 Kalman 滤波器设计。基于步骤（1）和（2），设计由式（4.1.3）和式（4.1.4）描述的非线性系统关于状态变量 $x(k+1)$ 估计值的扩展 Kalman 滤波器：

$$\hat{x}(k+1\,|\,k+1) = \hat{x}(k+1\,|\,k) + K(k+1)(y(k+1) - \hat{y}(k+1\,|\,k)) \qquad (4.1.51)$$

即

$$\hat{x}(k+1\,|\,k+1) = f(\hat{x}(k\,|\,k)) + K(k+1)\tilde{z}(k+1\,|\,k) \qquad (4.1.52)$$

（4）扩展 Kalman 滤波器的增益矩阵 $K(k+1)$ 求解。基于正交性原理，首先，计算状态变量 $x(k+1)$ 的估计误差向量，由式（4.1.51）可得

$$\begin{aligned}
\tilde{x}(k+1\,|\,k+1) &:= x(k+1) - \hat{x}(k+1\,|\,k+1) \\
&= x(k+1) - \hat{x}(k+1\,|\,k) - K(k+1)(y(k+1) - \hat{y}(k+1\,|\,k)) \\
&= \tilde{x}(k+1\,|\,k) - K(k+1)(H(k+1)\tilde{x}(k+1\,|\,k) + v(k+1))
\end{aligned} \qquad (4.1.53)$$

再根据观测向量的分解表示：

$$\begin{aligned}
z(k+1) &= \hat{z}(k+1\,|\,k) + \tilde{z}(k+1\,|\,k) \\
&= \hat{z}(k+1\,|\,k) + H(k+1)\tilde{x}(k+1\,|\,k) + v(k+1)
\end{aligned} \qquad (4.1.54)$$

根据式（4.1.53）和式（4.1.54），利用正交性原理：

$$E\{\tilde{x}(k+1\,|\,k+1)z^{\mathrm{T}}(k+1)\} = 0$$

可以求解出扩展 Kalman 滤波器的增益矩阵：

$$K(k+1) = P(k+1\,|\,k)C^{\mathrm{T}}(k+1)(C(k+1)P(k+1\,|\,k)C^{\mathrm{T}}(k+1) + R(k+1))^{-1} \qquad (4.1.55)$$

（5）计算状态变量 $x(k+1)$ 的估计误差协方差矩阵。根据式（4.1.53），有

$$\begin{aligned}
P(k+1\,|\,k+1) &= E\{(x(k+1) - \hat{x}(k+1\,|\,k+1))(x(k+1) - \hat{x}(k+1\,|\,k+1))^{\mathrm{T}}\} \\
&= (I - K(k+1)C(k+1))P(k+1\,|\,k)
\end{aligned} \qquad (4.1.56)$$

至此，我们就设计出式（4.1.35）～式（4.1.56）组成的围绕滤波估计值线性化的 Kalman 滤波器；其中式（4.1.51）就是具体的 Kalman 滤波器。

4.1.4　非线性系统状态估计的扩展 Kalman 滤波器性能分析

在式（4.1.3）～式（4.1.18）的线性化简化过程中，非线性函数 $f(x(k),k)$ 在围绕标称轨道 $x^*(k)$ 的泰勒级数展开中，所有非线性项有

$$\sum_{l=2}^{r}\frac{1}{l!}\frac{\partial^{r}f(x(k),k)}{\partial x^{r}(k)}\bigg|_{x(k)=x^{*}(k)}(x(k)-x^{*}(k))^{r}+\frac{1}{(r+1)!}\frac{\partial^{r+1}f(x(k),k)}{\partial x^{r+1}(k)}\bigg|_{x(k)=\xi(k)}(x(k)-x^{*}(k))^{r+1}$$

$$(4.1.57)$$

在式（4.1.2）～式（4.1.23）的线性化简化过程中，非线性函数 $h(x(k+1),k+1)$ 在围绕标称轨道 $x^{*}(k+1)$ 的泰勒级数展开中，所有非线性项有

$$\sum_{l=2}^{r}\frac{1}{l!}\frac{\partial^{r}h(x(k+1))}{\partial x^{r}(k+1)}\bigg|_{x(k+1)=x^{*}(k+1)}(x(k+1)-x^{*}(k+1))^{r}$$

$$+\frac{1}{(r+1)!}\frac{\partial^{r+1}h(x(k+1))}{\partial x^{r+1}(k+1)}\bigg|_{x(k+1)=x^{*}(k+1)}(x(k+1)-x^{*}(k+1))^{(r+1)}$$

$$(4.1.58)$$

在式（4.1.1）～式（4.1.38）的线性化简化过程中，非线性函数 $f(x(k),k)$ 在围绕滤波估计值 $\hat{x}(k\,|\,k)$ 的泰勒级数展开中，所有非线性项有

$$\sum_{l=2}^{r}\frac{1}{l!}\frac{\partial^{r}f(x(k),k)}{\partial x^{r}(k)}\bigg|_{x(k)=\hat{x}(k|k)}(x(k)-\hat{x}(k\,|\,k))^{r}+\frac{1}{(r+1)!}\frac{\partial^{r+1}f(x(k),k)}{\partial x^{r+1}(k)}\bigg|_{x(k)=\xi(k)}(x(k)-\hat{x}(k\,|\,k))^{r+1}$$

$$(4.1.59)$$

在式（4.1.4）～式（4.1.43）的线性化简化过程中，非线性函数 $h(x(k+1),k+1)$ 在围绕滤波预测估计值 $\hat{x}(k+1|k)$ 的泰勒级数展开中，所有非线性项有

$$\sum_{l=2}^{r}\frac{1}{l!}\frac{\partial^{r}h(x(k+1),k+1)}{\partial x^{r}(k+1)}\bigg|_{x(k+1)=\hat{x}(k+1|k)}(x(k+1)-\hat{x}(k+1\,|\,k))^{l}$$

$$+\frac{1}{(r+1)!}\frac{\partial^{r+1}h(x(k+1),k+1)}{\partial x^{r+1}(k+1)}\bigg|_{x(k+1)=\xi(k+1)}(x(k+1)-\hat{x}(k+1\,|\,k))^{(r+1)}$$

$$(4.1.60)$$

上述非线性项都被截断舍去，随着系统中非线性函数 $f(x(k),k)$ 和 $h(x(k+1),k+1)$ 的非线性程度不断增加，系统在简化过程中也将丢失更多的信息，这必然会导致由非线性系统所设计出的扩展线性 Kalman 滤波器的性能，也将随着系统非线性程度增加而逐渐下降，甚至导致发散。因此，如何设计对非线性函数 $f(x(k),k)$ 和 $h(x(k+1),k+1)$ 都具有更强逼近能力的线性形式 Kalman 滤波器，一直是人们所感兴趣的研究目标。

后面章节所介绍的 UKF 和 CKF 因对非线性函数 $f(x(k),k)$ 和 $h(x(k+1),k+1)$ 具有更强逼近能力，所以将会对本章所设计的 EKF 在性能上有较好提升。

4.2　非线性高斯系统状态估计的无迹 Kalman 滤波器设计

基于系统非线性状态转移函数和观测函数切线逼近的一阶泰勒级数展开表示建立起来的扩展 Kalman 滤波器（EKF），在针对强非线性系统转移函数和观测函

数时，因其存在不可避免的截断舍入误差，设计出的 EKF 将随着系统模型或函数非线性程度的增加，而造成对系统状态估计精度不断下降，甚至会造成滤波器发散的严重现象。为了提高滤波对不同非线性函数的适应程度，Julier 等在 1970 年基于无损变换（unscented transform，UT）的思想，创建了被称为无迹卡尔曼滤波器（unscented Kalman filter，UKF）的设计方法[3]。

无迹卡尔曼滤波器，是无损变换与标准卡尔曼滤波体系的结合，通过无损变换使非线性系统方程适用于线性假设下的标准卡尔曼体系。UKF 使用的是统计线性化技术，我们把这种线性化的方法称为 UT，这一技术主要通过 n 个在先验分布中采集的点（将其称为 Sigma 点）的线性回归来线性化随机变量的非线性函数，由于我们考虑的是随机变量的扩展，所以这种线性化要比泰勒级数线性化（EKF 所使用的策略）更准确。和 EKF 一样，UKF 也主要分为预测和更新。

UKF 的基本思想是卡尔曼滤波与无损变换，它能有效地解决 EKF 估计精度低、稳定性差的问题，因为不用忽略高阶项，所以对于非线性分布统计量的计算精度高。

4.2.1　非线性系统描述

为了简便，我们仅限于讨论下列情况的非线性模型：

$$x(k+1) = f(x(k),k) + \Gamma(k+1,k)w(k) \tag{4.2.1}$$

$$y(k+1) = h(x(k+1),k+1) + v(k+1) \tag{4.2.2}$$

式中，$w(k)$ 和 $v(k)$ 都是均值为零的白噪声序列。其统计特性如下：

$$E\{w(k)\} = E\{v(k)\} = 0, \quad E\{w(k)w^{\mathrm{T}}(k)\} = Q(k), \quad E\{v(k)v^{\mathrm{T}}(k)\} = R(k) \tag{4.2.3}$$

在式（4.2.1）中：

$$\begin{aligned} &x(k) = [x_1(k), x_2(k), \cdots, x_n(k)]^{\mathrm{T}} \\ &f(x(k),k) = [f(x_1(k),k), f(x_2(k),k), \cdots, f(x_n(k),k)]^{\mathrm{T}} \\ &\Gamma(k+1,k) \in \mathbb{R}^{n \times q} \\ &w(k) = [w_1(k), x_2(k), \cdots, w_q(k)]^{\mathrm{T}} \end{aligned} \tag{4.2.4}$$

进一步地，在式（4.2.2）中：

$$y(k+1) = [y_1(k+1), y_2(k+1), \cdots, y_m(k+1)]^{\mathrm{T}}$$

$$h(x(k+1),k+1) = [h_1(x(k+1),k+1), h_2(x(k+1),k+1), \cdots, h_m(x(k+1),k+1)]^{\mathrm{T}} \tag{4.2.5}$$

$$v(k+1) = [v_1(k+1), v_2(k+1), \cdots, v_m(k+1)]^{\mathrm{T}}$$

另外，已知初始条件，即系统状态初始值 $x(0)$ 的统计特性如下：

$$\hat{x}_0 = E\{x(0)\}, \quad P_0 = E\{(x(0) - \hat{x}_0)(x(0) - \hat{x}_0)^{\mathrm{T}}\} \tag{4.2.6}$$

4.2.2　无迹 Kalman 滤波器的建立

首先，基于初始条件的统计特征（4.2.6）及已获得观测数据序列 $\{y(1), y(2), \cdots,$ $y(k)\}$，为了建立随机时间递推的扩展 Kalman 滤波器，假设已获得系统状态 $x(k)$ 的估计值和相应的协方差矩阵：

$$\begin{cases} \hat{x}(k\,|\,k) = E\{x(k)\,|\,\hat{x}_0; y(1), y(2), \cdots, y(k)\} \\ P(k\,|\,k) = E\{(x(k) - \hat{x}(k\,|\,k))(x(k) - \hat{x}(k\,|\,k))^{\mathrm{T}}\} \end{cases} \quad (4.2.7)$$

下面给出 UKF 的推导过程。

（1）构造以 $\hat{x}(k\,|\,k)$ 为中心的 Sigma 点采样集合。

$$\begin{cases} x_i(k) = \hat{x}(k\,|\,k), \quad i = 0 \\ x_i(k) = \hat{x}(k\,|\,k) + (\sqrt{(n+L)P(k\,|\,k)})_i, \quad i = 1, \cdots, n \\ x_i(k) = \hat{x}(k\,|\,k) - (\sqrt{(n+L)P(k\,|\,k)})_i, \quad i = n+1, \cdots, 2n \end{cases} \quad (4.2.8)$$

式中，$(\sqrt{(n+L)P(k\,|\,k)})_i$ 代表矩阵 $P(k\,|\,k)$ 经过数乘和开平方后的第 i 列。

相应的权重选择机制为

$$\begin{cases} W_0^m = L\,/\,(n+L) \\ W_0^c = L\,/\,(n+L) + (1 - \alpha^2 + \beta) \\ W_i^m = W_i^c = L\,/\,2(n+L), \quad i = 1, \cdots, 2n \end{cases} \quad (4.2.9)$$

（2）状态转移的时间更新。

①基于式（4.2.2）产生的状态 $x(k)$ 的（$2n+1$）个 Sigma 点，分别预测状态 $x(k+1)$ 的值：

$$\hat{x}_i(k+1\,|\,k) = f(x_i(k)), \quad i = 1, 2, \cdots, n, \ n+1, \cdots, 2n \quad (4.2.10)$$

②对由式（4.2.8）得到的状态 $x(k+1)$ 的 $2n+1$ 值预测值进行加权融合，分别得到 $x(k+1)$ 的加权融合预测估计值和相应的估计误差方差矩阵：

$$\hat{x}(k+1\,|\,k) = \sum_{i=0}^{2n} W_i^m \hat{x}_i(k+1\,|\,k) \quad (4.2.11)$$

$$\begin{aligned} P_{xx}(k+1\,|\,k) = &\sum_{i=0}^{2n} W_i^c (\hat{x}_i(k+1\,|\,k) - \hat{x}(k+1\,|\,k)) \\ &\times (\hat{x}_i(k+1\,|\,k) - \hat{x}(k+1\,|\,k))^{\mathrm{T}} + Q(k) \end{aligned} \quad (4.2.12)$$

（3）测量更新。可以从两个方面开展对测量向量 $y(k+1)$ 的下一步预测估计。

①利用由式（4.2.8）得到的关于状态 $x(k+1)$ 的 $2n+1$ 个预测值估计值 $\hat{x}_i(k+1\,|\,k)$，对可能到来的观测值 $y(k+1)$ 分别进行预测。

②基于式（4.2.11）得到状态 $x(k+1)$ 的值预测值 $\hat{x}(k+1\,|\,k)$ 的估计误差协方差

矩阵，采用式（4.2.2）的 Sigma 点采样机制，得到 $2n+1$ 个状态 $x(k+1)$ 的值预测值 $\hat{x}_i(k+1|k)$：

$$\begin{cases} x_i(k+1) = \hat{x}(k+1|k), \quad i=0 \\ x_i(k+1) = \hat{x}(k+1|k) + (\sqrt{(n+L)P(k+1|k)})_i, \quad i=1,\cdots,n \\ x_i(k+1) = \hat{x}(k+1|k) - (\sqrt{(n+L)P(k+1|k)})_i, \quad i=n+1,\cdots,2n \end{cases} \quad （4.2.13）$$

从而，对观测值 $y(k+1)$ 分别进行预测，得到

$$\hat{y}_i(k+1|k) = h(\hat{x}_i(k+1|k)), \quad i=0,1,2,\cdots,2n \quad （4.2.14）$$

并进一步加权融合，得到

$$\hat{y}(k+1|k) = \sum_{i=0}^{2n} W_i^m \hat{y}_i(k+1|k) \quad （4.2.15）$$

计算测量预测估计误差：

$$\tilde{y}_i(k+1|k) = \hat{y}_i(k+1|k) - \hat{y}(k+1|k)$$

和测量预测估计误差方差矩阵：

$$P_{yy}(k+1|k+1) = \sum_{i=0}^{2n} W_i^c \tilde{y}_i(k+1|k)\tilde{y}_i^{\mathrm{T}}(k+1|k) + R(k+1) \quad （4.2.16）$$

进一步地，计算状态预测误差与测量预测误差协方差矩阵：

$$P_{xy}(k+1|k+1) = \sum_{i=0}^{2n} W_i^c (\hat{x}_i(k+1|k) - \hat{x}(k+1|k))(\hat{y}_i(k+1|k) - \hat{y}(k+1|k))^{\mathrm{T}} \quad （4.2.17）$$

（4）求取 Kalman 滤波增益矩阵。

$$K(k+1) = P_{xy}(k+1|k+1)(P_{yy}(k+1|k+1))^{-1} \quad （4.2.18）$$

并设计 UKF：

$$\hat{x}(k+1|k+1) = \hat{x}(k+1|k) + K(k+1)(y(k+1) - \hat{y}(k+1|k)) \quad （4.2.19）$$

最后，计算对状态 $x(k+1)$ 估计值 $\hat{x}(k+1|k+1)$ 的误差和状态估计误差方差矩阵：

$$\begin{aligned} \tilde{x}(k+1|k+1) &:= x(k+1) - \hat{x}(k+1|k+1) \\ &= x(k+1) - \hat{x}(k+1|k) - K(k+1)(y(k+1) - \hat{y}(k+1|k)) \\ &= \tilde{x}(k+1|k) - K(k+1)\tilde{y}(k+1|k) \end{aligned} \quad （4.2.20）$$

$$\begin{aligned} P_{xx}(k+1|k+1) &= E\{(x(k+1) - \hat{x}(k+1|k+1))(x(k+1) - \hat{x}(k+1|k+1))^{\mathrm{T}}\} \\ &= P_{xx}(k+1|k) - K(k+1)P_{yy}(k+1|k+1)K^{\mathrm{T}}(k+1) \end{aligned} \quad （4.2.21）$$

在滤波过程中，K 表示滤波参数，调整它可以适当提升滤波估计的精度。关于 n 维状态向量，可得到 $2n+1$ 个采样点，可近似表示状态的高斯分布。而 W_i^m 和 W_i^c 为权重系数，计算方式如式（4.2.13）所示。其中，$L = \alpha^2(n+\lambda) - n$。通常 α 被设为一个较小的整数（$1\times10^{-4} \leqslant \alpha < 1$）；$\lambda$ 是待给定的变量，通常设置为 0 或 $3-n$；β 表示分布变量，在高斯分布下一般设置为 2，而在一维状态变量下，通常取 0。

UKF 的采样方式是确定性采样，因而它仅需少量的样本点，对于 n 维状态向量系统，采集 $2n+1$ 个样本点。其计算量也并没有增加很多，在高维系统下更为可靠，但面临与 EKF 同样的不足，随着非线性增强而失效，同时并不适用于非高斯系统。

4.2.3　无迹 Kalman 滤波器的性能分析

1. UKF 算法优势评述

算法正常运行条件下，相关实验分析表明，UKF 可以实现接近泰勒级数展开的非线性二阶精度逼近，滤波性能优于 EKF 的一阶线性逼近，从而提高了对于非线性问题的处理能力。

2. UKF 算法存在问题与不足

UKF 参数选择存在的缺陷常造成算法不能有效进行：主要表现在，容易在三个矩阵 $P_{xx}(k+1|k), P_{yy}(k+1|k), P_{xx}(k+1|k+1)$ 中出现负定现象。分析如下。

（1）为什么 $P_{xx}(k+1|k), P_{yy}(k+1|k)$ 可能会是负定的？

事实上，根据式（4.2.12），对于任意的 $\theta \neq 0 \in \mathbb{R}^{n\times1}$，有

$$
\begin{aligned}
\theta^{\mathrm{T}} P_{xx}(k+1|k)\theta = & \sum_{i=0}^{2n} W_i^c \theta^{\mathrm{T}}(\hat{x}_i(k+1|k) - \hat{x}(k+1|k)) \\
& \times (\hat{x}_i(k+1|k) - \hat{x}(k+1|k))^{\mathrm{T}}\theta + \theta^{\mathrm{T}}Q(k)\theta
\end{aligned}
\tag{4.2.22}
$$

令 $r_i = \theta^{\mathrm{T}}(\hat{x}_i(k+1|k) - \hat{x}(k+1|k)) \in \mathbb{R}^1$，则

$$
\theta^{\mathrm{T}} P_{xx}^U(k+1|k)\theta = \sum_{i=0}^{2n} W_i^c r_i^2 + \theta^{\mathrm{T}}Q\theta
\tag{4.2.23}
$$

由于矩阵 $Q(k) \geq 0$ 是非负定的，因此，$\theta^{\mathrm{T}}Q(k)\theta \geq 0$。考虑到

$$
W_i^c = 1/2(n+\lambda) > 0, \quad i = 1, 2, \cdots, 2n
\tag{4.2.24}
$$

所以有

$$
\sum_{i=0}^{2n} W_i^c r_i^2 = W_0^c r_0^2 + \sum_{i=1}^{2n} W_i^c r_i^2
\tag{4.2.25}
$$

若

$$
\sum_{i=0}^{2n} W_i^c r_i^2 = W_0^c r_0^2 + \sum_{i=1}^{2n} W_i^c r_i^2 > 0
\tag{4.2.26}
$$

就有

$$
\sum_{i=1}^{2n} W_i^c r_i^2 > -W_0^c r_0^2
\tag{4.2.27}
$$

因此，$P_{xx}(k+1|k)$ 的正定与否，都依赖于权 W_0^c 的选择，即若 $W_0^c \geq 0$，则 $P_{xx}(k+$

$1|k)>0$，否则，$P_{xx}(k+1|k)$ 将会是不定的。当 $P_{xx}(k+1|k)<0$ 时，引发式（4.2.12）运行失效。

同理，对于矩阵 $P_{yy}(k+1|k)$ 也有类似的分析和结果，它主要依赖于 W_0^m 的取值情况

（2）分析 $P_{xx}(k+1|k+1)$ 是否是正定的。由于

$$P_{xx}(k+1|k+1)=P_{xx}(k+1|k)-K(k+1)P_{yy}(k+1|k)K^{\mathrm{T}}(k+1) \qquad (4.2.28)$$

如果 $P_{yy}(k+1|k)$ 是负定的，就不能正常求取增益矩阵：

$$K(k+1)=P_{xy}(k+1|k)(P_{yy}(k+1|k))^{-1} \qquad (4.2.29)$$

从而造成算法在这一步骤失效，进而引发算法失效。

（3）如果 $P_{yy}(k+1|k)$ 是正定的，$P_{xx}(k+1|k)$ 是负定的，本次循环过程中，算法会使式（4.2.12）运行失效；下次循环算法会在式（4.2.12）运行失效，这是因为，欲使

$$P_{xx}(k+1|k+1)>0 \qquad (4.2.30)$$

就必须有

$$P_{xx}(k+1|k)-K(k+1)P_{yy}(k+1|k)K^{\mathrm{T}}(k+1)>0 \qquad (4.2.31)$$

即

$$P_{xx}(k+1|k)>K(k+1)P_{yy}(k+1|k)K^{\mathrm{T}}(k+1) \qquad (4.2.32)$$

由于

$$K(k+1)P_{yy}(k+1|k)K^{\mathrm{T}}(k+1)>0 \qquad (4.2.33)$$

事实上，对于任意的 $\theta\neq 0\in\mathbb{R}^{n\times 1}$，有

$$\begin{cases}\theta^{\mathrm{T}}K(k+1)P_{yy}(k+1|k)K^{\mathrm{T}}(k+1)\theta=\varphi P_{yy}(k+1|k)\varphi^{\mathrm{T}}>0\\ \varphi:=\theta^{\mathrm{T}}K(k+1)\end{cases} \qquad (4.2.34)$$

所以 $K(k+1)P_{yy}(k+1|k)K^{\mathrm{T}}(k+1)$ 是正定的，因此需要 $P_{xx}(k+1|k)$ 必须是正定的。

由上述分析可知，UKF 算法所存在的问题，都是在式（4.2.9）中权重选取不当造成的，在实际仿真实验中，主要是由 W_0^m、W_0^c 出现负值所造成的。因此选取合适的权重成为影响 UKF 能否有效运行的瓶颈难题。

（4）Sigma 采样描述了状态 $x(k)$ 的统计特性：UKF 采样是基于状态 $x(k)$ 的估计误差协方差矩阵 $P(k|k)$ 进行的，相比于 EKF 无约束的随机采样，UKF 的采样是基于估计误差 $\tilde{x}(k|k)$ 的统计特性得到的。但是在维度 n 较小时，采样点也很少，因此采样难以对状态 $x(k)$ 的统计特性具有代表性；当 n 较大时，得到的 $2n+1$ 个采样点，相对于 n 维空间来说是稀疏的，难以形成对目标特性的覆盖性。

4.3　非线性高斯系统状态估计的容积 Kalman 滤波器设计

扩展 Kalman 滤波算法和强跟踪滤波算法虽然可以解决大部分的非线性系统的状态估计问题，但是由于其滤波算法本身需要进行一阶泰勒级数展开，当系统非线性程度增强时，仅进行一阶泰勒级数展开无疑需要损失大量精度且多维系统在计算过程中计算雅可比矩阵将要损耗大量的计算时间。为此，基于 UT 的无迹 Kalman 滤波是一种计算非线性变换均值和协方差的次优 Kalman 滤波算法。相比于扩展 Kalman 滤波算法，无迹 Kalman 滤波算法不需要计算雅可比矩阵，且其可以达到非线性函数二阶泰勒级数展开式的精度。因此其在导航制导、目标跟踪、信号处理和图像跟踪等方面有着很广泛的应用。但基于二阶 UT 的无迹 Kalman 滤波算法状态估计精度只能达到二阶。

容积卡尔曼滤波（cubature Kalman filter，CKF），由加拿大学者 Arasaratnam 和 Haykin 于 2009 年首次在硕士学位论文中提出，CKF 基于三阶球面径向容积准则，并使用一组容积点来逼近具有附加高斯噪声的非线性系统的状态均值和协方差，是理论上当前最接近贝叶斯滤波的近似算法，是解决非线性系统状态估计的强有力工具。其中，将积分形式变换成球面径向积分形式和三阶球面径向准则是最为重要的两个步骤[4]。

4.3.1　非线性系统描述

为了简单起见，我们仅限于讨论下列情况的非线性模型：

$$x(k+1) = f(x(k), k) + \Gamma(k+1, k)w(k) \tag{4.3.1}$$

$$y(k+1) = h(x(k+1), k+1) + v(k+1) \tag{4.3.2}$$

式中，$w(k)$ 和 $v(k)$ 都是均值为零的白噪声序列。其统计特性如下：

$$E\{w(k)\} = E\{v(k)\} = 0, \quad E\{w(k)w^{\mathrm{T}}(k)\} = Q(k), \quad E\{v(k)v^{\mathrm{T}}(k)\} = R(k) \tag{4.3.3}$$

在式（4.3.1）中：

$$\begin{cases} x(k) = [x_1(k), x_2(k), \cdots, x_n(k)]^{\mathrm{T}} \\ f(x(k), k) = [f(x_1(k), k), f(x_2(k), k), \cdots, f(x_n(k), k)]^{\mathrm{T}} \\ \Gamma(k+1, k) \in \mathbb{R}^{n \times q} \\ w(k) = [w_1(k), x_2(k), \cdots, w_q(k)]^{\mathrm{T}} \end{cases} \tag{4.3.4}$$

进一步地，在式（4.3.2）中：

$$\begin{cases} y(k+1)=[y_1(k+1),y_2(k+1),\cdots,y_m(k+1)]^T \\ h(x(k+1),k+1)=[h_1(x(k+1),k+1),h_2(x(k+1),k+1),\cdots,h_m(x(k+1),k+1)]^T \\ v(k+1)=[v_1(k+1),v_2(k+1),\cdots,v_m(k+1)]^T \end{cases} \quad (4.3.5)$$

另外，已知初始条件，即系统状态初始值 $x(0)$ 的统计特性如下：

$$\hat{x}_0=E\{x(0)\},P_0=E\{(x(0)-\hat{x}_0)(x(0)-\hat{x}_0)^T\} \quad (4.3.6)$$

4.3.2　容积 Kalman 滤波的建立

首先，基于初始条件的统计特征（4.3.6）及已获得观测数据序列 $\{y(1),y(2),\cdots,$ $y(k)\}$，为了建立随机时间递推的扩展 Kalman 滤波器，假设已获得系统状态 $x(k)$ 的估计值和相应的协方差矩阵：

$$\begin{cases} \hat{x}(k\,|\,k)=E\{x(k)\,|\,\hat{x}_0;y(1),y(2),\cdots,y(k)\} \\ P(k\,|\,k)=E\{(x(k)-\hat{x}(k\,|\,k))(x(k)-\hat{x}(k\,|\,k))^T\} \end{cases} \quad (4.3.7)$$

容积卡尔曼滤波的发展建立在 UKF 的基础上，它的取点方式比 UKF 更符合实际假设。在其系统假设条件与 UKF 相同，定义 Cholesky 分解：

$$S(k\,|\,k)=\text{Chol}(P^T(k\,|\,k)) \quad (4.3.8)$$

则完整的 CKF 过程如下所示。

（1）建立样本采样集合：建立以 $\hat{x}(k\,|\,k)$ 为中心的样本采样集合：

$$x_i(k\,|\,k)=\hat{x}(k\,|\,k)+S(k\,|\,k)\zeta_i, \quad i=1,2,\cdots,m \quad (4.3.9)$$

式中，m 表示容积点个数，通常取 $m=2n$。

$$\zeta_i=\begin{cases} \sqrt{n}e_i, & i=1,\cdots,n \\ -\sqrt{n}e_{i-n}, & i=n+1,\cdots,2n \end{cases} \quad (4.3.10)$$

式中，$e_i=[0,\cdots,0,1,0,\cdots,0]^T$。

基于每个采样样本对状态 $x(k+1)$ 的一步预测估计值：

$$\hat{x}_i(k+1\,|\,k)=f(x_i(k\,|\,k)) \quad (4.3.11)$$

计算对状态 $x(k+1)$ 的一步融合预测估计值：

$$\hat{x}(k+1\,|\,k)=\frac{1}{n}\sum_{i=1}^{n}\hat{x}_i(k+1\,|\,k) \quad (4.3.12)$$

并计算对状态 $x(k+1)$ 的一步预测估计值 $\hat{x}(k+1\,|\,k)$ 的协方差矩阵：

$$P_{xx}(k+1\,|\,k)=\frac{1}{n}\sum_{i=1}^{n}\hat{x}_i(k+1\,|\,k)\hat{x}_i^T(k+1\,|\,k)$$
$$-\hat{x}(k+1\,|\,k)\hat{x}^T(k+1\,|\,k)+Q(k) \quad (4.3.13)$$

（2）时间更新：可以从两个方面开展对测量向量 $y(k+1)$ 的下一步预测估计。

①利用由式（4.3.11）得到的关于状态 $x(k+1)$ 的 $2n+1$ 个预测值估计值 $\hat{x}_i(k+1|k)$，对可能到来的观测值 $y(k+1)$ 分别进行预测。

②基于式（4.3.13）得到状态 $x(k+1)$ 的预测值 $\hat{x}(k+1|k)$ 的估计误差协方差矩阵，采用式（4.3.8）进行 Cholesky 分解：

$$S(k+1|k) = \text{Chol}(P^{\text{T}}(k+1|k)) \tag{4.3.14}$$

$$S(k+1|k) = \text{Chol}(P^{\text{T}}(k+1|k)) \tag{4.3.15}$$

建立以预测估计值 $\hat{x}(k+1|k)$ 为中心样本的集合采样：

$$x_i(k+1|k) = \hat{x}(k+1|k) + S(k+1|k)\zeta_i, \quad i=1,2,\cdots,n \tag{4.3.16}$$

基于每个采样样本对观测 $y(k+1)$ 的一步预测估计值：

$$y_i(k+1|k) = h(x_i(k+1|k)) \tag{4.3.17}$$

计算对观测 $y(k+1)$ 的一步融合预测估计值：

$$\hat{y}(k+1|k) = \frac{1}{n}\sum_{i=1}^{n} y_i(k+1|k) \tag{4.3.18}$$

并计算对观测 $y(k+1)$ 的一步预测估计值 $\hat{y}(k+1|k)$ 的协方差矩阵：

$$P_{yy}(k+1|k) = \frac{1}{n}\sum_{i=1}^{n} y_i(k+1|k)y_i^{\text{T}}(k+1|k)$$
$$- \hat{y}(k+1|k)\hat{y}^{\text{T}}(k+1|k) + R(k+1) \tag{4.3.19}$$

状态一步预测估计误差与观测一步预测估计误差之间的协方差矩阵：

$$P_{xy}(k+1|k) = \frac{1}{m}\sum_{i=1}^{m} x_i(k+1|k)y_i^{\text{T}}(k+1|k) - \hat{x}(k+1|k)\hat{y}^{\text{T}}(k+1|k) \tag{4.3.20}$$

求取 CKF 滤波增益矩阵：

$$K(k+1) = P_{xy}(k+1|k)P_{yy}^{-1}(k+1|k) \tag{4.3.21}$$

设计 CKF 滤波器：

$$x(k+1|k+1) = x(k+1|k) + K(k+1)(y(k+1) - \hat{y}(k+1)) \tag{4.3.22}$$

计算状态 $x(k+1)$ 估计值 $\hat{x}(k+1|k)$ 的协方差矩阵：

$$P(k+1|k+1) = P(k+1|k) - K(k+1)P_{yy}(k+1|k)K^{\text{T}}(k+1) \tag{4.3.23}$$

CKF 相对于 UKF，两者都是基于取点采样的近似思想，但 CKF 根据球面采点思想，更符合实际假设。但同样也面临与 UKF 同样的缺点，在实际运算中必然会存在舍入误差，且标准 CKF 中误差协方差是正定的，而由误差导致协方差矩阵不再正定会使滤波过程无法进行。

4.3.3　UKF 与 CKF 运算复杂度的比较

任何一种被设计的滤波器都应该是为了在某种运行环境下提升滤波精度而存

在的，只有当精度满足设计需求时，才能说该滤波算法具有实用价值。在此基础上，如果能在相同的运行环境下使用更少的时间达到相同甚至更好的滤波效果，那就可以认为在同等条件下更偏向于算法步数较少的滤波算法。虽然双层无迹卡尔曼滤波（double layer unscented Kalman filter，DLUKF）已经能够取得更好的效果，但是随着状态维度的增加，计算复杂度就成为一个不得不考虑的问题了。为此，本节基于文献[5]，说明为什么在同等情况下考虑使用 CKF 代替 UKF 获取采样点。

在文献[5]中，通过浮点操作数的精确统计次数来确定当前算法的计算复杂度，并给出了如下初始条件：

（1）矩阵加减法，若 $A \in \mathbb{R}^{n \times m}$，$B \in \mathbb{R}^{n \times m}$，计算 $A \pm B$ 需 nm 次 flops；

（2）矩阵相乘，若 $A \in \mathbb{R}^{n \times m}$，$B \in \mathbb{R}^{m \times l}$，计算 AB 需 $2nml - nl$ 次 flops；

（3）矩阵求逆，若 $A \in \mathbb{R}^{n \times n}$，$A^{-1}$ 的 flops 数为 n^3 次；

（4）根据 Cholesky 分解，若 $A \in \mathbb{R}^{n \times n}$，则 Chol($A$) 需要进行 $\frac{1}{3} n^3$ 次 flops。

基于 UKF 的算法步骤，可知 UKF 的计算复杂度为

$$f_{\text{UKF}} = \frac{26}{3} n^3 + 15n^2 + 10n^2 l + 5n + 8nl^2 + 6nl + l^3 + 3l^2 + 4l \qquad （4.3.24）$$

基于 CKF 的算法步骤，可知 CKF 的计算复杂度为

$$f_{\text{CKF}} = \frac{20}{3} n^3 + 10n^2 + 10n^2 l + 8nl^2 + 2nl + l^3 + 3l^2 + l \qquad （4.3.25）$$

在先决条件一致的情况下，CKF 相较于 UKF 的计算复杂度要低：

$$f_{\text{map}} = 2n^3 + 5n^2 + 5n + 4nl + 3l \qquad （4.3.26）$$

显然，随着系统维度的增加，UKF 与 CKF 的累积差距会越来越大。为此，本章基于 DLUKF 算法进行双层容积卡尔曼滤波器的构建。

4.3.4　双层容积 Kalman 滤波器设计

无迹卡尔曼滤波算法和容积卡尔曼滤波算法在理论上都通过采样测量获得采样点，并在此基础上赋予每个采样点相应的权重，通过统计后得到相应的状态估计值。当系统的状态维度较低时，采样策略往往不足以获取足够的采样点用以支撑统计特性。因此，为了提高滤波精度以及增强无迹卡尔曼滤波算法对非线性系统的处理能力，杨峰等于 2019 年在 *Automatic* 上提出了双层无迹卡尔曼滤波算法[6]，该算法结合了无迹卡尔曼滤波算法和无迹粒子滤波算法，相比于其他算法有着更高的状态估计精度。

虽然 DLUKF 已经能够实现较好的跟踪精度，但是采样原理是基于无迹卡尔

曼滤波算法进行展开的，为此，我们考虑以更符合实际采点需求的容积卡尔曼滤波算法为核心，构建了双层容积卡尔曼滤波算法。

双层容积卡尔曼滤波（double layer cubature Kalman filter，DLCKF）算法使用带权重的 Sigma 点去表征状态的后验密度函数，其本质乃是通过内层 CKF 算法对每个带权重的 Sigma 点进行更新，继而用更新后的量测值对每个 Sigma 点的权重进行更新，并对最新的采样点进行加权求和得到下一个时刻的初始估计值，然后将该初始估计值作为预测值再运行外层 CKF 算法，从而得到最终估计值。

DLCKF 算法主要包含两层算法，第一层算法为内层 CKF 算法，第二层算法为外层 CKF 算法，总体算法流程如下。

设状态初始条件为初始值 $\hat{x}_0 = E(x_0)$，初始协方差 $\hat{P}_0 = E\{(x_0 - \hat{x}_0)(x_0 - \hat{x}_0)^{\mathrm{T}}\}$，由于系统在运行时往往会受到来自外界的各种噪声干扰，因此需要对初始状态进行扩维度处理，表示为

$$\hat{x}_0^a = [\hat{x}_0 \quad 0 \quad 0]^{\mathrm{T}}$$

$$P_0^a = \begin{bmatrix} P_0 & 0 & 0 \\ 0 & Q & 0 \\ 0 & 0 & R \end{bmatrix}$$

1. 内层 CKF 算法

在 k 时刻，基于容积卡尔曼滤波算法，由采样测量选取 N 个采样点 $\{\hat{x}_{i,k}\}_{i=1}^N$，并获得每个采样点权重对应的一阶矩 $w_{i,k}^m$ 和二阶矩 $w_{i,k}^c$，再使用如下的内层 CKF 算法实现对每个采样点的更新。

对基于上述采样策略得到的采样点，再次通过采样策略选取 M 个采样点 $\{\hat{x}_{j,i,k}\}_{j=1}^M$，并计算对应的一阶矩 $w_{j,i,k}^m$ 和二阶矩 $w_{j,i,k}^c$。

首先进行时间更新，具体算法如下：

$$\hat{x}_{j,i,k+1|k}^x = f(\hat{x}_{j,i,k}^x, \hat{x}_{j,i,k}^w) \tag{4.3.27}$$

$$\hat{x}_{i,k+1|k} = \sum_{j=1}^M w_{j,i,k}^m \hat{x}_{j,i,k+1}^x \tag{4.3.28}$$

$$\hat{P}_{i,k+1|k} = \sum_{j=1}^M w_{j,i}^m (\hat{x}_{j,i,k+1|k}^x - \hat{x}_{i,k+1|k}) \times (\hat{x}_{j,i,k+1|k}^x - \hat{x}_{i,k+1|k})^{\mathrm{T}} + Q \tag{4.3.29}$$

其次进行量测更新，具体算法如下。

基于测量值 $\hat{x}_{i,k+1|k}$ 和预测协方差 $\hat{P}_{i,k+1|k}$ 产生新的 M 个带权重的采样点 $\{x_{j,i,k+1|k}\}_{j=1}^M$。

$$z_{j,i,k+1|k} = h(\hat{x}_{j,i,k+1|k}^x, \hat{x}_{j,i,k+1|k}^v) \tag{4.3.30}$$

$$\hat{z}_{i,k+1|k} = \sum_{j=1}^{M} w_{j,i,z_{j,i,k+1|k}}^{m} \tag{4.3.31}$$

$$P_{i,zz} = \sum_{j=1}^{M} w_{j,i}^{c} (z_{j,i,k+1|k} - \hat{z}_{i,k+1}) \times (z_{j,i,k+1|k} - \hat{z}_{i,k+1})^{\mathrm{T}} + R \tag{4.3.32}$$

$$P_{i,xz} = \sum_{j=1}^{M} w_{j,i}^{c} (\hat{x}_{j,i,k+1|k}^{x} - \hat{x}_{i,k+1}) \times (z_{j,i,k+1|k} - \hat{z}_{i,k+1})^{\mathrm{T}} \tag{4.3.33}$$

$$K_{i,k+1} = P_{i,xz} P_{i,zz}^{-1} \tag{4.3.34}$$

$$\hat{x}_{i,k+1} = \hat{x}_{i,k+1|k} + K_{i,k+1} (z_{k+1} - \hat{z}_{i,k+1|k}) \tag{4.3.35}$$

$$\hat{P}_{i,k+1} = \hat{P}_{i,k+1|k} - K_{i,k+1|k} P_{i,zz} K_{i,k+1|k}^{\mathrm{T}} \tag{4.3.36}$$

在采样点通过内层 CKF 算法完成更新后，基于 PF 算法，可以将每个采样点对应权重的一阶矩和二阶矩更新为

$$\begin{cases} w_i^m = w_i^m \dfrac{p(z_{k+1} \mid \hat{x}_{i,k+1}) p(\hat{x}_{i,k+1} \mid \hat{x}_{i,k})}{q(\hat{x}_{i,k+1} \mid z_{1:k})} \\[4mm] w_i^c = w_i^c \dfrac{p(z_{k+1} \mid \hat{x}_{i,k+1}) p(\hat{x}_{i,k+1} \mid \hat{x}_{i,k})}{q(\hat{x}_{i,k+1} \mid z_{1:k})} \end{cases} \tag{4.3.37}$$

在每个采样点实现权重更新的基础上，对权重进行归一化处理，可得

$$w_i^m = \frac{w_i^m}{\sum\limits_{i=1}^{N} w_i^m} \tag{4.3.38}$$

$$w_i^c = \frac{w_i^c}{\sum\limits_{i=1}^{N} w_i^c} \tag{4.3.39}$$

对 $k+1$ 时刻而言，此时的初始值及其协方差可以表示为

$$\hat{x}_{k+1}^{I} = \sum_{i=1}^{N} w_i^m \hat{x}_{i,k+1} \tag{4.3.40}$$

$$\hat{P}_{k+1}^{I} = \sum_{j=1}^{N} w_i^c (\hat{x}_{i,k+1} - \hat{x}_{k+1}^{I})(\hat{x}_{i,k+1} - \hat{x}_{k+1}^{I})^{\mathrm{T}} + Q \tag{4.3.41}$$

2. 外层 CKF 算法

基于式（4.3.40）和式（4.3.41）得到的 $\hat{x}_{k+1}^{I}$ 和 $\hat{P}_{k+1}^{I}$，同样使用采样策略选取 N 个带权重的采样点 $\{x_{i,k+1}^{I}\}_{i=1}^{N}$，并再次对粒子点进行量测更新，可得

$$z_{i,k+1}^{I} = h(x_{i,k+1}^{I,x}, x_{i,k+1}^{I,v}) \tag{4.3.42}$$

$$\hat{z}_{i,k+1}^{I} = \sum_{j=1}^{N} w_i^m z_{i,k+1}^{I} \tag{4.3.43}$$

$$P_{zz}^{I} = \sum_{i=1}^{N} w_i^c (z_{i,k+1|k} - \hat{z}_{i,k+1})(z_{i,k+1|k} - \hat{z}_{i,k+1})^{\mathrm{T}} + R \qquad (4.3.44)$$

$$P_{xz} = \sum_{j=1}^{N} w_i^c (x_{i,k+1}^{I,x} - \hat{x}_{k+1}^{I})(z_{i,k+1}^{I} - \hat{z}_{k+1}^{I})^{\mathrm{T}} \qquad (4.3.45)$$

$$K_{k+1}^{I} = \frac{P_{xz}^{I}}{P_{zz}^{I}} \qquad (4.3.46)$$

$$\hat{x}_{k+1} = \hat{x}_{k+1|k}^{I} + K_{i,k+1}^{I}(z_{k+1} - \hat{z}_{k+1|k}^{I}) \qquad (4.3.47)$$

$$\hat{P}_{k+1} = \hat{P}_{k+1}^{I} - K_{k+1}^{I} P_{zz}^{I}(K_{k+1}^{I})^{\mathrm{T}} \qquad (4.3.48)$$

通过不断重复式（4.3.27）～式（4.3.48），可得到 DLCKF 算法在每个时刻的状态估计值 $\hat{x}_k$。

DLCKF 算法的流程图如图 4.3.1 所示。

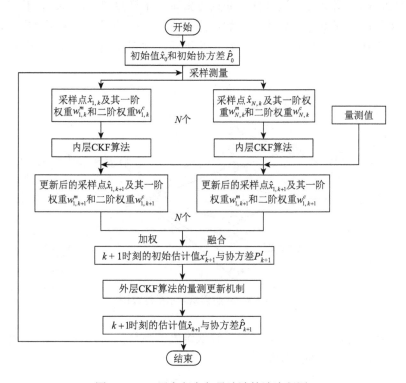

图 4.3.1　双层容积卡尔曼滤波算法流程图

为了更好地区分传统 CKF 与双层 CKF 的区别，我们进行了两者的对比，如图 4.3.2 所示。

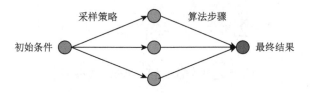

图 4.3.2　经典容积卡尔曼滤波图

通过图 4.3.2 可以看出,该算法仅是在状态估计值和协方差的基础上按照采样策略进行了一次采样,并根据相应的容积卡尔曼滤波算法对采样点赋予一阶权重和二阶权重,并结合相应步骤直接得到最终的状态估计值,当系统维度较低时,往往难以采集足够的采样点,获得较好的统计特性。

通过图 4.3.3 中双层容积卡尔曼滤波算法,可以看出,与传统算法不同,该算法分为内层算法和外层算法两个部分,其中内层算法主要是在一次采样点的基础上再根据采样策略进行二次采样,通过更新每个采样点的一阶和二阶权重,并通过归一化等操作获得更新后的状态估计值和协方差;外层算法主要是在更新后的状态估计值和协方差基础上,再进行量测更新,并在此基础上获得最终的状态估计值。

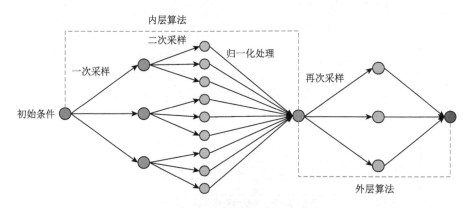

图 4.3.3　双层容积卡尔曼滤波图

很显然,通过双层采样后,对于较低维度的系统而言,也能够获得足够的采样点,从而获得更好的统计特性。

4.3.5　仿真实验

考虑如下系统为二维的时变非线性系统真实模型,系统状态方程与观测方程如下:

$$\begin{bmatrix} x_1(k+1) \\ x_2(k+1) \end{bmatrix} = \begin{bmatrix} 5\sin(x_1(k)) + 5\cos(x_1(k)) \\ x_1(k) + x_2(k) \end{bmatrix} + \begin{bmatrix} w_1(k) \\ w_2(k) \end{bmatrix}$$

$$\begin{bmatrix} y_1(k+1) \\ y_2(k+1) \end{bmatrix} = \begin{bmatrix} \sin(\alpha x_1(k+1)) + \cos(\beta x_2(k+1)) \\ x_2(k+1) \end{bmatrix} + \begin{bmatrix} v_1(k+1) \\ v_2(k+1) \end{bmatrix}$$

式中，状态方程的过程噪声和观测方程的测量噪声为互不相关的高斯白噪声，方差分别为 $Q(k) = \mathrm{diag}\{0.1, 0.03\}$ 和 $Q(k) = \mathrm{diag}\{0.07, 0.2\}$，此外，仿真中通过在固定时刻给观测方程加一个微弱的脉冲信号以实现观测方程中包含非高斯噪声的效果。为了简便描述，我们记无迹卡尔曼滤波为 UKF，容积卡尔曼滤波为 CKF，无迹粒子滤波为 UPF，双层无迹卡尔曼滤波为 DLUKF，基于容积卡尔曼滤波的双层无迹卡尔曼滤波为 DLCKF，算法简写的右下角角标" n "表示第 n 个状态变量。

表 4.3.1 是对以上仿真实验的多次实现，图 4.3.4、图 4.3.5 仅表示第一次仿真实现的状态跟踪图和状态误差分布曲线。

表 4.3.1　状态均方误差表

状态	UKF	CKF	UPF	DLUKF	DLCKF
x_1	0.2143	0.2094	0.1862	0.0355	0.0326
x_2	0.2315	0.2285	0.2012	0.0603	0.0561
x_1	0.2134	0.2076	0.1876	0.0362	0.0331
x_2	0.2417	0.2402	0.2121	0.0577	0.0544
x_1	0.2149	0.2108	0.1917	0.0352	0.0341
x_2	0.2367	0.2321	0.2196	0.0582	0.0564

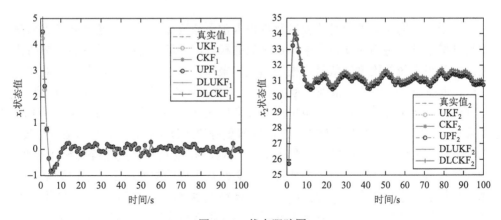

图 4.3.4　状态跟踪图

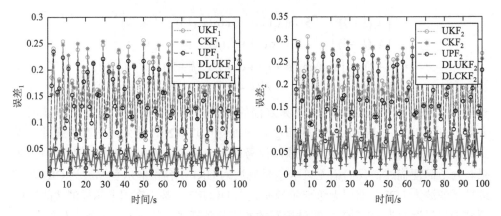

图 4.3.5　状态误差图

从仿真图可以看出，几种滤波算法都有着较好的状态估计精度。容积卡尔曼滤波算法的均方误差大体上与无迹卡尔曼滤波算法接近，无迹粒子滤波的状态估计精度要高于无迹卡尔曼滤波算法和容积卡尔曼滤波算法，相比之下，双层无迹卡尔曼滤波算法和双层容积卡尔曼滤波算法都有着很高的状态估计精度，这也就证明了双层容积卡尔曼滤波算法是可行的。通过对比两者的均方误差，可以发现，两种算法在状态估计上的精度差距并不是很大。但是由前面的基础理论可以得知，在计算复杂度上，双层容积卡尔曼滤波算法所需的计算复杂度必然要小于双层无迹卡尔曼滤波算法，且随着系统维度的增加，这种趋势必然会越来越明显。因此，对于那些需要在较低复杂度时获得较高的状态估计精度，双层容积卡尔曼滤波可能会是一种更好的选择。

4.3.6　本节小结

对于经典的无迹卡尔曼滤波以及容积卡尔曼滤波算法，都是通过采样点来获得统计特性的，进而更新每个采样点对应的权重，并基于此得到最终的状态估计值。但是当系统的维度较低时，根据相关的采样策略进行采样往往会导致采样点过少，进而统计特性并不精确。为此，我们考虑在容积卡尔曼滤波算法的基础上，对其进行双层采样，理论上，也可以进行多层采样，并根据不同的采样方式来增加采样点，用以丰富收集采样点，进而获得更好的统计特性，提升状态估计精度。无疑，通过这种双层采点的思想将极大地丰富数据，进而得到更精确的统计特性，通过仿真后也证实了这一点。虽然理论上必然是采样的层数越多，采样策略更优越，采样点的数目越丰富，得到的状态估计精度也将越高，但是随着系统维度的增加，采样策略将可以收集到足够的采样点，那么这个时候计算复杂度也就成为一个不得不考虑的问题。本章构建的双层容积卡尔曼滤波算法，首先就采样策略而言，相较于双层无迹卡尔曼滤波算法更有优势，其次是计算复杂度相较于双层无迹卡尔曼滤波算法更少，因此在许多情况下选择双层容积卡尔曼滤波算法将会是一个不错的选择。

4.4　非线性高斯系统状态估计的强跟踪 Kalman 滤波器设计

本节介绍非线性高斯系统状态估计的强跟踪 Kalman 滤波器设计方法。

4.4.1　强跟踪滤波器的引入

考虑如下非线性系统的状态估计问题：

$$x(k+1) = f(k, u(k), x(k)) + \Gamma(k)w(k) \tag{4.4.1}$$

$$y(k+1) = h(k+1, x(k+1)) + v(k+1) \tag{4.4.2}$$

式中，整数 $k \geq 0$ 为离散时间变量；$x(k) \in \mathbb{R}^{n \times 1}$ 为状态向量；$u(k) \in \mathbb{R}^{l \times 1}$ 为输入向量；$y(k) \in \mathbb{R}^{p \times 1}$ 为输出向量；非线性函数 $f : \mathbb{R}^{l \times 1} \times \mathbb{R}^{n \times 1}$，$f : \mathbb{R}^{n \times 1} \times \mathbb{R}^{p \times 1}$ 具有关于状态的一阶连续偏导数；$\Gamma \in \mathbb{R}^{n \times q}$ 为已知的矩阵；系统噪声 $w(k)$ 和测量噪声 $v(k+1)$ 分别为 q 维和 p 维的高斯白噪声，并具有如下的统计特性：

$$E\{w(k)\} = E\{v(k)\} = 0 \tag{4.4.3}$$

$$E\{w(k)w^{\mathrm{T}}(j)\} = Q(k)\delta_{k,j} \tag{4.4.4}$$

$$E\{v(k)v^{\mathrm{T}}(j)\} = R(k)\delta_{k,j} \tag{4.4.5}$$

$$E\{w(k)v^{\mathrm{T}}(j)\} = 0 \tag{4.4.6}$$

式中，$Q(k)$ 为对称的非负定阵；$R(k)$ 为对称正定阵。

初始状态 $x(0)$ 为高斯分布的随机向量，且满足统计特性：

$$E\{x(0)\} = \hat{x}_0 \tag{4.4.7}$$

$$E\{(x(0) - \hat{x}_0)(x(0) - \hat{x}_0)^{\mathrm{T}}\} = P_0 \tag{4.4.8}$$

并且有 $x(0)$ 与 $w(k)$，$v(k+1)$ 统计独立。

式（4.4.1）与式（4.4.2）的状态估计问题可以首先选择下面的扩展 Kalman 滤波器（EKF）进行解决[7, 8]：

$$\hat{x}(k+1|k+1) = \hat{x}(k+1|k) + K(k+1)\gamma(k+1) \tag{4.4.9}$$

式中，$\hat{x}(k+1|k)$ 为状态的一步预报值：

$$\hat{x}(k+1|k) = f(k, u(k), \hat{x}(k|k)) \tag{4.4.10}$$

增益阵：

$$\begin{aligned} K(k+1) &= P(k+1|k)H^{\mathrm{T}}(k+1, \hat{x}(k+1|k)) \\ &\quad \cdot (H(k+1, \hat{x}(k+1|k))P(k+1|k)H^{\mathrm{T}}(k+1, \hat{x}(k+1|k)) + R(k+1))^{-1} \end{aligned} \tag{4.4.11}$$

预报误差协方差阵：

$$P(k+1|k) = F(k,u(k),\hat{x}(k|k))P(k|k)F^{\mathrm{T}}(k,u(k),\hat{x}(k|k)) + \Gamma(k)Q(k)\Gamma^{\mathrm{T}}(k) \quad (4.4.12)$$

状态估计误差协方差阵：

$$P(k+1|k+1) = (I - K(k+1)H(k+1,\hat{x}(k+1|k)))P(k+1) \quad (4.4.13)$$

残差序列：

$$\gamma(k+1) = y(k+1) - \hat{y}(k+1|k) = y(k+1) - h(x+1,\hat{x}(k+1|k)) \quad (4.4.14)$$

定义

$$h(x+1,\hat{x}(k+1|k)) = \left.\frac{\partial h(k+1,x(k+1))}{\partial x}\right|_{x(k+1)=\hat{x}(k+1|k)} \quad (4.4.15)$$

另外

$$F(k,u(k),\hat{x}(k|k)) = \left.\frac{\partial f(k,u(k),x(k))}{\partial x}\right|_{x(k)=\hat{x}(k|k)} \quad (4.4.16)$$

式（4.4.9）～式（4.4.16）就是著名的扩展 Kalman 滤波器的递推公式。此时输出残差序列的协方差阵为

$$V_0 = E\{\gamma(k+1)\gamma^{\mathrm{T}}(k+1)\}$$
$$\approx H(k+1,\hat{x}(k+1|k))P(k+1|k)H^{\mathrm{T}}(k+1,\hat{x}(k+1|k)) + R(k+1) \quad (4.4.17)$$

当式（4.4.1）和式（4.4.3）具有足够的精度，并且滤波器的初始值 $\hat{x}(0|0)$，$P(0|0)$ 选择得当时，上述的 EKF 可以给出比较准确的状态估计值 $\hat{x}(k+1|k+1)$ $\hat{x}(k+1|k+1)$。

然而，通常的情况是，模型（4.4.1）和模型（4.1.2）具有模型不确定性，即此模型与其所描述的非线性系统不能完全匹配，造成模型不确定性的主要原因有以下几点。

（1）模型简化。对于比较复杂的系统，若要精确描述其行为，通常需要较高维数的状态变量，甚至无穷维的变量。这对系统状态的重构造成了极大不便。因此，通常人们都要使用模型简化的办法，使用较少的状态变量来描述系统的主要特征，忽略掉实际系统某些较不重要的因素。也就是存在所谓的未建模动态。这些未建模动态在某些特殊条件下有可能被激发起来，造成模型与实际系统之间较大的不匹配[7, 8]。

（2）噪声统计特性不准确。即所建模型的噪声统计特性与实际过程噪声的统计特性有较大差异。所建模型噪声的统计特性一般过于理想。实际系统在运行过程中，可能会受到强电磁干扰等随机因素的影响，造成实际系统的统计特性发生较大的变动。

（3）对实际系统初始状态的统计特性建模不准确。

（4）实际系统的参数发生变动。由于实际系统部件老化、损坏等，系统的参数发生变动（缓变或突变），造成原模型与实际系统不匹配。

一个很遗憾的事实是，EKF 关于模型不确定性的鲁棒性很差，造成 EKF 会出现状态估计不准，甚至发散等现象[8]。

此外，EKF 在系统达到平稳状态时，将丧失对突变状态的跟踪能力。这是 EKF 类滤波器（包括卡尔曼滤波器在内）的另一大缺陷。造成这种情况的主要原因是当系统达平稳状态时，EKF 的增益阵 $K(k+1)$ 趋于极小值。这时，若系统状态发生突变，预报残差 $\gamma(k+1)$ 将随之增大。然而，此时的增益阵 $K(k+1)$ 仍将保持为极小值，$K(k+1)$ 不会随 $\gamma(k+1)$ 的增大而相应地增大。因此，由式（4.4.9）得知，EKF 将丧失对突变状态的跟踪能力。从这个意义上可以认为，EKF 类滤波器是一种开环滤波器，因为这类滤波器的增益阵 $K(k+1)$ 不会随滤波效果自适应地进行调整，以始终保持对系统状态的准确跟踪能力。这一现象对定常线性随机系统将更加直观一些。此时，只需用通常的 KF 进行状态估计。而 KF 的增益阵可以根据线性系统的参数（A、B、C）离线计算出来，然后存储在计算机中在线应用。这时，如果系统状态发生突变，滤波器的增益阵当然不会随之变动，因此，KF 也就丧失了对突变状态的跟踪能力。所以说，KF 也是一种开环滤波器。

为了克服 EKF 存在的上述缺陷，我们迫切需要有一种性能更加优越的滤波器。为此，我们提出如下强跟踪滤波器的新概念。

定义 4.4.1　我们称一个滤波器为强跟踪滤波器（strong tracking filter，STF），它与通常的滤波器相比，具有以下优良的特性。

（1）较强的关于模型不确定性的鲁棒性。

（2）极强的关于突变状态的跟踪能力。甚至在系统达平稳状态时，仍保持对缓变状态与突变状态的跟踪能力。

（3）适中的计算复杂性。

显然，特性（1）和（2）就是为了克服 EKF 的上述两大缺陷而提出来的。特性（3）是为了使得 STF 便于实时应用。

关于系统（4.4.1）和系统（4.4.2）的一类强跟踪滤波器应具有如下的一般结构：

$$\hat{x}(k+1|k+1) = \hat{x}(k+1|k) + K(k+1)\gamma(k+1) \tag{4.4.18}$$

式中

$$\hat{x}(k+1|k) = f(k, u(k), \hat{x}(k|k)) \tag{4.4.19}$$

$$\gamma(k+1) = y(k+1) - h(k+1, \hat{x}(k+1|k)) \tag{4.4.20}$$

现在面临的难点就是要在线确定时变增益阵 $K(k+1)$，使得此滤波器具有强跟踪滤波器的所有特性。为此，我们提出如下正交性原理。

正交性原理　使得滤波器（4.4.18）为强跟踪滤波器的一个充分条件是在线选择一个适当的时变增益阵 $K(k+1)$，使得

（1）

$$E\{(x(k+1)-\hat{x}(k+1|k+1))(x(k+1)-\hat{x}(k+1|k+1))^{\mathrm{T}}\} = \min \quad (4.4.21)$$

（2）

$$E\{\gamma(k+1+j)\gamma^{\mathrm{T}}(k+1)\} = 0, \quad k=0,1,2,\cdots; \ j=1,2,\cdots \quad (4.4.22)$$

其中，条件（2）要求不同时刻的残差序列处处保持相互正交，这也是正交性原理这一名称的由来。条件（1）实际上就是原来的 EKF 的性能指标。

说明此正交性原理的一个浅显的例子是，早已证明，当模型与实际系统完全匹配时，KF 的输出残差序列是不自相关的高斯白噪声序列，因此，式（4.4.22）是满足的。而式（4.4.21）就是 KF 的性能指标，当然也是满足的。

当模型不确定性的影响造成滤波器的状态估计值偏离系统的状态时，必然会在输出残差序列的均值与幅值上表现出来。这时，在线调整增益阵 $K(k+1)$，强迫式（4.4.22）仍然成立，使得残差序列仍然保持相互正交，则可以强迫强跟踪滤波器保持对实际系统状态的跟踪。这也是"强跟踪滤波器"一词的由来。

此正交性原理具有很强的物理意义。它说明当存在模型的不确定性时，应在线调整增益阵 $K(k+1)$，使得输出残差始终具有类似高斯白噪声的性质。这也表明已经将输出残差中的一切有效信息提取出来。

当不存在模型的不确定性时，强跟踪滤波器正常运行，式（4.4.22）已自然满足，不起调节作用。此时的强跟踪滤波器就退化为通常的基于性能指标（4.4.21）的 EKF。

注释 4.4.1 此正交性原理的核心是式（4.4.22），当用其他的性能指标取代式（4.4.21）后，就可以得到另外一些变形的类似的正交性原理。因此，当在原有的滤波器上附加上条件（4.4.22）后，就可以改造原来的滤波器，使其具有强跟踪滤波器的性质。

注释 4.4.2 对非线性系统，实际应用此正交性原理时，式（4.4.21）和式（4.4.22）很难精确满足。这时，只需使其近似满足即可，以减少计算量，保持强跟踪滤波器具有良好的实时性。

4.4.2 一种带次优渐消因子的扩展 Kalman 滤波器

为了使得滤波器具有强跟踪滤波器的优良性能，一个自然的想法是采用时变的渐消因子对过去的数据进行渐消，减弱老数据对当前滤波值的影响。这可以通过实时调整状态预报误差的协方差矩阵以及相应的增益矩阵来实现。为此，我们修改上面的 EKF 中的式（4.4.12）为

$$P(k+1|k) = \lambda(k+1)F(k,u(k),\hat{x}(k|k))P(k|k)F^{\mathrm{T}}(k,u(k),\hat{x}(k|k)) + \Gamma(k)Q(k)\Gamma^{\mathrm{T}}(k)$$

$$(4.4.23)$$

式中，$\lambda(k+1) \geqslant 1$ 为时变的渐消因子。式（4.4.9）～式（4.4.11）及式（4.4.23）和式（4.4.13）～式（4.4.17）构成了一种带次优渐消因子的扩展卡尔曼滤波器，简记为 SFEKF（suboptimal fading extended Kalman filter）。之所以称其为次优渐消因子，是因为我们通常采用次优的算法来求取 $\lambda(k+1)$，以提高算法的实时性。

1. 一个有用的定理

现在的目标是应用式（4.4.22）的正交性原理来确定时变次优渐消因子 $\lambda(k+1)$，进而也就确定了时变增益阵 $K(k+1)$。首先，我们给出一个有用的定理。

定理 4.4.1　令 $\varepsilon(k) \underline{\Delta} x(k) - \hat{x}(k\,|\,k)$，其中，$\hat{x}(k\,|\,k)$ 为由 SFEKF 得到的状态估计值。若 $O[|\varepsilon(k)|^2] \ll O[|\varepsilon(k)|]$ 成立，对 $j=1,2,\cdots$，就有式（4.4.24）成立：

$$
\begin{aligned}
& E\{\gamma(k+1+j)\gamma^{\mathrm{T}}(k+1+j)\} \\
\approx\ & H(k+1+j,\hat{x}(k+1+j\,|\,k+j)) \\
& \cdot F(k+j,u(k+j),\hat{x}(k+j\,|\,k+j))(I-K(k+j)H(k+j,\hat{x}(k+j\,|\,k+j-1))) \\
& \cdots F(k+2,u(k+2),\hat{x}(k+j\,|\,k+j)) \cdot (I-K(k+2)H(k+2,\hat{x}(k+2\,|\,k+1))) \\
& \cdot F(k+1,u(k+1),\hat{x}(k+1\,|\,k+1)) \cdot (P(k+1\,|\,k)H^{\mathrm{T}}(k+1,\hat{x}(k+1\,|\,k)) - K(k+1)V_0(k+1)) \\
=\ & H^{\mathrm{T}}(k+1+j,\hat{x}(k+1+j\,|\,k+j)) \cdot \prod_{l=j}^{2} F(k+l,u(k+l),\hat{x}(k+l\,|\,k+l)) \\
& \times (I-K(k+l)H(k+l,\hat{x}(k+l\,|\,k+l)-1)) \\
& \cdot F(k+1,u(k+1),\hat{x}(k+1\,|\,k+1)) \cdot (P(k+1\,|\,k)H^{\mathrm{T}}(k+1,\hat{x}(k+1\,|\,k)) - K(k+1)V_0(k+1))
\end{aligned}
$$

$$(4.4.24)$$

2. 次优渐消因子的确定

根据正交性原理，为了使 SFEKF 具有强跟踪滤波器的性质，在每一采样时刻，应在线确定其增益阵 $K(k+1)$，强迫式（4.4.22）保持成立[9]，即

$$E\{\gamma(k+1+j)\gamma^{\mathrm{T}}(k+1)\} = 0 \qquad (4.4.25)$$

由定理 4.4.1 与式（4.4.22）可知，当在线选择适当的时变增益阵 $K(k+1)$，使得

$$P(k+1\,|\,k)H^{\mathrm{T}}(k+1,\hat{x}(k+1\,|\,k)) - K(k+1)V_0(k+1) \equiv 0 \qquad (4.4.26)$$

时，则正交性原理的式（4.4.22）必然成立。

为此，令

$$W(k+1)\underline{\Delta}P(k+1\,|\,k)H^{\mathrm{T}}(k+1,\hat{x}(k+1\,|\,k)) - K(k+1)V_0(k+1) \qquad (4.4.27)$$

并定义

$$g(\lambda(k+1)) = \sum_{i=1}^{n}\sum_{j=1}^{m} W_{ij}^2(k+1) \qquad （4.4.28）$$

式中，$W(k+1)=W_{ij}(k+1)$。

由此可知，式（4.4.26）的符合程度可以通过求解下面的性能指标来衡量：

$$\min_{\lambda(k+1)} g(\lambda(k+1)) \qquad （4.4.29）$$

由性能指标（4.4.29）求解 $\lambda(k+1)$ 可采用任何一元无约束非线性规划方法，在这里我们首先给出一种梯度方法。

算法 4.4.1　次优渐消因子可由下面的迭代公式得到[10]：

$$\lambda^{(l+1)}(k+1) = \lambda^{(l)}(k+1) - \varphi\frac{\partial g^{(l)}(\lambda(k+1))}{\partial\lambda^{(l)}(k+1)}, \quad l=0,1,2,\cdots; \ k=1,2,\cdots \qquad （4.4.30）$$

初始值：$\lambda^{(0)}(1)=1$，$\lambda^{(0)}(k+1)=\lambda(k)$。

式（4.4.30）中，$\varphi>0$ 为迭代步长，此参数的选择需要一定的技巧，以使 $g^{(l)}(\lambda(k+1))$ 快速衰减；l 为迭代步数。式（4.4.30）中的 $\dfrac{\partial g^{(l)}(\lambda(k+1))}{\partial\lambda^{(l)}(k+1)}$ 可由式（4.4.31）得到

$$\frac{\partial g^{(l)}(\lambda(k+1))}{\partial\lambda^{(l)}(k+1)} = \sum_{i=1}^{n}\sum_{j=1}^{m} 2(W^{(l)}(k+1))_{ij}\left(\frac{\partial W^{(l)}(k+1)}{\partial\lambda^{(l)}(k+1)}\right)_{ij} \qquad （4.4.31）$$

式中

$$W^{(l)}(k+1) = P^{(l)}(k+1\,|\,k)H^{\mathrm{T}}(k+1,\hat{x}(k+1\,|\,k)) - K^{(l)}(k+1)V_0(k+1) \qquad （4.4.32）$$

$$P^{(l)}(k+1\,|\,k) = \lambda^{(l)}(k+1)F(k,u(k),\hat{x}(k\,|\,k))P(k\,|\,k)F^{\mathrm{T}}(k,u(k),\hat{x}(k\,|\,k)) + \varGamma(k)Q(k)\varGamma^{\mathrm{T}}(k)$$
$$（4.4.33）$$

$$K^{(l)}(k+1) = P^{(l)}(k+1\,|\,k)H^{\mathrm{T}}(k+1,\hat{x}(k+1\,|\,k))(B^{(l)}(k+1))^{-1} \qquad （4.4.34）$$

$$\frac{\partial W^{(l)}(k+1)}{\partial\lambda^{(l)}(k+1)} = F(k,u(k),\hat{x}(k\,|\,k))P(k\,|\,k)F^{\mathrm{T}}(k,u(k),\hat{x}(k\,|\,k))$$
$$\cdot\, H^{\mathrm{T}}(k+1,\hat{x}(k+1\,|\,k))(I-(B^{(l)}(k+1))^{-1}V_0(k+1))$$
$$+ K^{(l)}(k+1)\cdot H(k+1,\hat{x}(k+1\,|\,k))F(k,u(k),\hat{x}(k\,|\,k))P(k\,|\,k)F^{\mathrm{T}}(k,u(k),\hat{x}(k\,|\,k))$$
$$\cdot\, H^{\mathrm{T}}(k+1,\hat{x}(k+1\,|\,k))(B^{(l)}(k+1))^{-1}V_0(k+1)$$
$$（4.4.35）$$

$$B^{(l)}(k+1\underline{\triangle}H(k+1,\hat{x}(k+1\,|\,k))P^{(l)}(k+1\,|\,k)H^{\mathrm{T}}(k+1,\hat{x}(k+1\,|\,k)) + R(k+1) \qquad （4.4.36）$$

$$P^{(l)}(k+1\,|\,k+1) = (I-K^{(l)}(k+1)H(k+1,\hat{x}(k+1\,|\,k)))P^{(l)}(k+1\,|\,k) \qquad （4.4.37）$$

式（4.4.35）中，残差的协方差阵 $V_0(k+1)$ 的实际值在 $\lambda(k+1)$ 的迭代求解中是未知的，它可以由式（4.4.38）估算出来：

$$V_0(k+1) = \begin{cases} \gamma(1)\gamma^{\mathrm{T}}(1), & k=0 \\ \dfrac{(\rho V_0(k) + \gamma(k+1)\gamma^{\mathrm{T}}(k+1))}{1+\rho}, & k \geqslant 1 \end{cases} \qquad (4.4.38)$$

式中，$0 \leqslant \rho \leqslant 1$ 为遗忘因子，一般取 $\rho = 0.95$。

此算法需要用非线性规划在线寻优求解渐消因子 $\lambda(k+1)$，实际上是一种最优算法，由此算法得到的渐消因子 $\lambda(k+1)$ 实际上是一种最优渐消因子。然而，此算法很难实时应用，因为它不能保证在每一采样时刻都能够收敛，计算量可能很大。为此，下面进一步给出一种求解渐消因子 $\lambda(k+1)$ 的近似算法（次优算法），这也是"次优渐消因子"名称的由来。

算法 4.4.2　次优渐消因子可以由式（4.4.39）近似得到：

$$\lambda(k+1) = \begin{cases} \lambda_0, & \lambda_0 \geqslant 1 \\ 1, & \lambda_0 < 1 \end{cases} \qquad (4.4.39)$$

式中

$$\lambda_0 = \frac{\mathrm{tr}[N(k+1)]}{\mathrm{tr}[M(k+1)]} \qquad (4.4.40)$$

$$N(k+1) = V_0(k+1) - H(k+1, \hat{x}(k+1|k))\Gamma(k)Q_1\Gamma^{\mathrm{T}}(k)H^{\mathrm{T}}(k+1, \hat{x}(k+1|k)) - \beta R(k+1) \qquad (4.4.41)$$

$$M(k+1) = H(k+1, \hat{x}(k+1|k))F(k, u(k), \hat{x}(k|k))P(k|k)F^{\mathrm{T}}(k, u(k), \hat{x}(k|k))H^{\mathrm{T}}(k+1, \hat{x}(k+1|k)) \qquad (4.4.42)$$

式中，$V_0(k+1)$ 由式（4.4.38）求出。

式（4.4.41）中，$\beta \geqslant 1$ 为一个选定的弱化因子。引入此弱化因子的目的是使得状态估计值更加平滑。此数值可以凭经验来选择，也可以通过计算机仿真，由下面的准则来确定：

$$\beta : \min_{\beta} \left(\sum_{k=0}^{L} \sum_{i=1}^{n} (x_i(k) - \hat{x}_i(k|k)) \right) \qquad (4.4.43)$$

式中，L 为仿真步数。此准则反映了滤波器的累积误差。

此算法可由下面的推导过程得出。

将式（4.4.11）代入式（4.4.47）得

$$P(k+1|k)H^{\mathrm{T}}(k+1, \hat{x}(k+1|k))$$
$$\cdot \{I - (H(k+1, \hat{x}(k+1|k))P(k+1|k)H^{\mathrm{T}}(k+1, \hat{x}(k+1|k)) + R(k+1))^{-1}V_0(k+1)\} = 0 \qquad (4.4.44)$$

式（4.4.44）成立的一个充分条件是

$$I - (H(k+1, \hat{x}(k+1|k))P(k+1|k)H^{\mathrm{T}}(k+1, \hat{x}(k+1|k)) + R(k+1))^{-1}V_0(k+1) = 0 \qquad (4.4.45)$$

即

$$H(k+1,\hat{x}(k+1\,|\,k))P(k+1\,|\,k)H^{\mathrm{T}}(k+1,\hat{x}(k+1\,|\,k)) = V_0(k+1) - R(k+1) \quad (4.4.46)$$

将式（4.4.23）代入式（4.4.46），并进行化简，得

$$\lambda(k+1)H(k+1,\hat{x}(k+1\,|\,k))F(k,u(k),\hat{x}(k\,|\,k))P(k\,|\,k)F^{\mathrm{T}}(k,u(k),\hat{x}(k\,|\,k))$$
$$= V_0(k+1) - H(k+1,\hat{x}(k+1\,|\,k))\Gamma(k)Q(k)\Gamma^{\mathrm{T}}(k)H^{\mathrm{T}}(k+1,\hat{x}(k+1\,|\,k)) - R(k+1)$$

$$(4.4.47)$$

由式（4.4.47）的右端可以看出，只有在

$$V_0(k+1) - H(k+1,\hat{x}(k+1\,|\,k))\Gamma(k)Q(k)\Gamma^{\mathrm{T}}(k)H^{\mathrm{T}}(k+1,\hat{x}(k+1\,|\,k)) - R(k+1) > 0$$

$$(4.4.48)$$

情况下渐消因子 $\lambda(k+1)$ 才起作用。由于已知 $R(k+1) > 0$，因此，为了削弱 $\lambda(k+1)$ 的调节作用，避免有可能造成的过调节，使状态估计更加平滑，可以在式（4.4.48）中引入弱化因子 $\beta \geq 1$，得到

$$\lambda(k+1)H(k+1,\hat{x}(k+1\,|\,k))F(k,u(k),\hat{x}(k\,|\,k))P(k\,|\,k)F^{\mathrm{T}}(k,u(k),\hat{x}(k\,|\,k))$$
$$= V_0(k+1) - H(k+1,\hat{x}(k+1\,|\,k))\Gamma(k)Q(k)\Gamma^{\mathrm{T}}(k)H^{\mathrm{T}}(k+1,\hat{x}(k+1\,|\,k)) - \beta R(k+1)$$

$$(4.4.49)$$

定义 $N(k+1)$、$M(k+1)$ 如式（4.4.41）和式（4.4.42）所示，则式（4.4.49）可以简化为

$$M(k+1)\lambda(k+1) = N(k+1) \quad (4.4.50)$$

对式（4.4.50）两边求迹，并以 $\mathrm{tr}[M(k+1)]$ 相除即可得式（4.4.49）。

显然，这样求出了渐消因子 $\lambda(k+1)$ 只是式（4.4.49）的近似解，即次优解，只反映了此方程的主要特征，这也是此优渐消因子名称的由来。

下面给出基于此次优算法的 SFEKF 的计算过程。

第一步：令 $k = 0$ 选择初始值 $\hat{x}(0\,|\,0)$，$P(0\,|\,0)$。由式（4.4.43）选择一个合适的弱化因子 β。

第二步：由式（4.4.19）计算出 $\hat{x}(k+1\,|\,k)$；分别由式（4.4.15）式（4.4.16）计算出 $H(k+1,\hat{x}(k+1\,|\,k))$，$F(k,u(k),\hat{x}(k\,|\,k))$；由式（4.4.20）计算出 $\gamma(k+1)$。由式（4.4.38）计算出 $V_0(k+1)$；由式（4.4.39）～式（4.4.42）计算出次优渐消因子 $\lambda(k+1)$。

第三步：由式（4.4.23）得出 $P(k+1\,|\,k)$；由式（4.4.11）得出 $K(k+1)$；由式（4.4.9）最终得状态估计值：$\hat{x}(k+1\,|\,k+1)$。

第四步：由式（4.4.37）得 $P(k+1\,|\,k+1)$，$k+1 \rightarrow k$，转向第二步，继续循环。

可以看出，这一次优算法很容易实现，无寻优过程，计算量适中，因此可以算作一种实时算法，可以在线应用。今后，如无特别说明，当使用 SFEKF 算法时，我们都使用这种次优算法。

4.4.3　一种带多重次优渐消因子的扩展 Kalman 滤波器

4.4.2 节中已给出了一种具有强跟踪滤波器特性的带次优渐消因子的扩展 Kalman 滤波器。从滤波器的推导过程可以设想，若采用多个次优渐消因子，分别对不同的数据通道进行渐消（增强新数据的作用），则有可能进一步提高滤波器的跟踪能力，为此可以修改式（4.4.23）为

$$P(k+1|k) = \text{LMD}(k+1)F(k,u(k),\hat{x}(k|k))P(k|k)F^{\text{T}}(k,u(k),\hat{x}(k|k)) + \Gamma(k)Q(k)\Gamma^{\text{T}}(k)$$

$$(4.4.51)$$

式中

$$\text{LMD}(k+1) = \begin{bmatrix} \lambda_1(k+1) & 0 & \cdots & 0 \\ 0 & \lambda_2(k+1) & \cdots & 0 \\ \vdots & \vdots & & \vdots \\ 0 & 0 & \cdots & \lambda_n(k+1) \end{bmatrix}$$

称为渐消矩阵；

$$\lambda_i(k+1) \geqslant 1, \quad i = 1, 2, \cdots, n$$

为 n 个渐消因子。

由式（4.4.9）～式（4.4.31）、式（4.4.51）和式（4.4.13）～式（4.4.17）构成了一种带多重次优渐消因子的扩展 Kalman 滤波器（suboptimal multiple fading extended Kalman filter，SMFEKF）[11]。

现在的问题是基于 4.4.1 节的正交性原理，确定时变的渐消矩阵 $\text{LMD}(k+1)$。仿 4.4.2 节单重次优渐消因子的推导过程，这时只需极小化性能指标式（4.4.28），即

$$\min_{\lambda(k+1)} g(\lambda(k+1)) = \min_{\lambda(k+1)} \sum_{i=1}^{n} \sum_{j=1}^{m} W_{ij}^2(k+1) \qquad (4.4.52)$$

式中

$$\begin{aligned} W(k+1) &= P(k+1|k)H^{\text{T}}(k+1,\hat{x}(k+1|k)) - K(k+1)V_0(k+1) \\ &= W_{ij}(k+1) \end{aligned} \qquad (4.4.53)$$

$$\lambda(k+1) = [\lambda_1(k+1), \lambda_2(k+1), \cdots, \lambda_n(k+1)]^{\text{T}} \qquad (4.4.54)$$

显然，求出了 $\lambda(k+1)$ 也就求出了 $\text{LMD}(k+1)$。由式（4.4.52）定义的性能指标求解 $\lambda(k+1)$ 可以采用任何无约束的多元非线性规划方法。在这里，我们只给出一种 DFP 变尺度方法。

算法 4.4.3　多重次优渐消因子可以由下面的递推公式给出[11]：

$$\lambda^{(l+1)}(k+1) = \lambda^{(l)}(k+1) + \varphi^{(l)}T^{(l)} \qquad (4.4.55)$$

$$\varphi^{(l)} : \min g(\lambda^{(l)}(k+1) + \varphi T^{(l)}) \qquad (4.4.56)$$

$$T^{(l)} \underline{\Delta} - [\bar{H}^{(l)}]^{\mathrm{T}} \nabla g(\lambda^{(l)}(k+1)) \qquad (4.4.57)$$

$$\bar{H}^{(l)} = \bar{H}^{(l-1)} + \Delta \bar{H}^{(l-1)}, \quad l = 1,2,\cdots \qquad (4.4.58)$$

初始值:

$$\lambda(1) = [1 \quad 1 \quad 1 \quad \cdots \quad 1]^{\mathrm{T}}$$

$$\lambda^{(0)}(k+1) = \lambda(k)$$

$$\bar{H}^{(0)} = I$$

式中

$$\Delta \bar{H}^{(l)} = \frac{\Delta \lambda^{(l)}(k+1)[\Delta \lambda^{(l)}(k+1)]^{\mathrm{T}}}{[\Delta \lambda^{(l)}(k+1)]^{\mathrm{T}} \Delta g^{(l)}} - \frac{\bar{H}^{(l)} \Delta g^{(l)} [\Delta g^{(l)}]^{\mathrm{T}} [\bar{H}^{(l)}]^{\mathrm{T}}}{[\Delta g^{(l)}]^{\mathrm{T}} \bar{H}^{(l)} \Delta g^{(l)}} \qquad (4.4.59)$$

$$\Delta \lambda^{(l)}(k+1) = \lambda^{(l+1)}(k+1) - \lambda^{(l)}(k+1) \qquad (4.4.60)$$

$$\Delta g^{(l)} = \nabla g(\lambda^{(l+1)}(k+1)) - \nabla g(\lambda^{(l)}(k+1)) \qquad (4.4.61)$$

式（4.4.61）中的梯度 $\nabla g(\lambda^{(l)}(k+1))$ 可由式（4.4.62）给出:

$$
\begin{aligned}
\nabla g(\lambda^{(l)}(k+1)) &= \frac{\partial g}{\partial \lambda^{(l)}(k+1)} = 2 \sum_{i=1}^{n} \sum_{j=1}^{m} [W(k+1)]_{ij} \frac{\partial [W(k+1)]_{ij}}{\partial \lambda^{(l)}(k+1)} \\
&= 2 \sum_{i=1}^{n} \sum_{j=1}^{m} [W(k+1)]_{ij} \left[\frac{\partial [W(k+1)]_{ij}}{\partial \lambda_1^{(l)}(k+1)}, \cdots, \frac{\partial [W(k+1)]_{ij}}{\partial \lambda_n^{(l)}(k+1)} \right]^{\mathrm{T}} \\
&= 2 \sum_{i=1}^{n} \sum_{j=1}^{m} [W(k+1)]_{ij} \left[\left[\frac{\partial W(k+1)}{\partial \lambda_1^{(l)}(k+1)} \right]_{ij}, \cdots, \left[\frac{\partial W(k+1)}{\partial \lambda_n^{(l)}(k+1)} \right]_{ij} \right]^{\mathrm{T}} \qquad (4.4.62)
\end{aligned}
$$

式（4.4.62）中:

$$
\begin{aligned}
\frac{\partial W(k+1)}{\partial \lambda_i^{(l)}(k+1)} &= \frac{\partial P^{(l)}(k+1|k)}{\partial \lambda_i^{(l)}(k+1)} H^{\mathrm{T}}(k+1, \hat{x}(k+1|k)) \\
&\times \{I - (H(k+1, \hat{x}(k+1|k)) P^{(l)}(k+1|k) H^{\mathrm{T}}(k+1, \hat{x}(k+1|k)) + R(k+1))^{-1} V_0(k+1)\} \\
&+ P^{(l)}(k+1|k) H^{\mathrm{T}}(k+1, \hat{x}(k+1|k)) (H(k+1, \hat{x}(k+1|k)) P^{(l)}(k+1|k) H^{\mathrm{T}}(k+1, \hat{x}(k+1|k)) R(k+1))^{-1} \\
&\times H(k+1, \hat{x}(k+1|k)) \frac{\partial P^{(l)}(k+1|k)}{\partial \lambda_i^{(l)}(k+1)} H^{\mathrm{T}}(k+1, \hat{x}(k+1|k)) \\
&\times (H(k+1, \hat{x}(k+1|k)) P^{(l)}(k+1|k) H^{\mathrm{T}}(k+1, \hat{x}(k+1|k)) + R(k+1))^{-1} V_0(k+1)
\end{aligned}
$$

$$(4.4.63)$$

式（4.4.63）中:

$$
\begin{aligned}
\frac{\partial P^{(l)}(k+1|k)}{\partial \lambda_i^{(l)}(k+1)} &= \mathrm{diag}\{\lambda_1^{(l)}(k+1), \cdots, \lambda_i^{(l)}(k+1), \cdots, \lambda_n^{(l)}(k+1)\} \\
&\quad \cdot F(k, u(k), \hat{x}(k|k)) P(k|k) F^{\mathrm{T}}(k, u(k), \hat{x}(k|k))
\end{aligned}
\qquad (4.4.64)
$$

$$P^{(l)}(k+1|k) = \mathrm{diag}\{\lambda_1^{(l)}(k+1), \cdots, \lambda_i^{(l)}(k+1), \cdots, \lambda_n^{(l)}(k+1)\} F(k, u(k), \hat{x}(k|k)) P(k|k)$$

$$(4.4.65)$$

当第 N 次迭代满足

$$\| \nabla g(\lambda^{(N)}(k+1)) \|_2 \leqslant \varepsilon \tag{4.4.66}$$

时，结束迭代，并取

$$\lambda_i(k+1) = \begin{cases} \lambda_i^{(N)}(k+1), & \lambda_i^{(N)}(k+1) \geqslant 1 \\ 1, & \lambda_i^{(N)}(k+1) < 1 \end{cases} \tag{4.4.67}$$

式中，$\varepsilon > 0$ 为人为选定的阈值。

DFP 变尺度方法综合了一阶梯度法、牛顿法及共轭梯度法的优点，且不用计算二阶导数，因此是当前多维非线性规划中应用十分广泛、最有效的方法之一。

由于这种方法也需要迭代寻优，因此只适合离线状态估计。为此，下面进一步给出适合在线运算的求解多重次优渐消因子的一步次优算法。

算法 4.4.4　若由系统的先验知识，可以大致确定：

$$\lambda_1(k+1) : \lambda_2(k+1) : \cdots : \lambda_n(k+1) = \alpha_1 : \alpha_n : \cdots : \alpha_n \tag{4.4.68}$$

时，可令

$$\lambda_i(k+1) = \alpha_i c(k+1), \quad i = 1, 2, \cdots, n, \tag{4.4.69}$$

式中，$\alpha_i \geqslant 1$ 为预先确定的常数；$c(k+1)$ 为待定因子。则可得到确定多重次优渐消因子的一步算法如下：

$$\lambda_i(k+1) = \begin{cases} \alpha_i c(k+1), & \alpha_i c(k+1) \geqslant 1 \\ 1, & \alpha_i c(k+1) < 1 \end{cases} \tag{4.4.70}$$

式中

$$c(k+1) = \frac{\mathrm{tr}[N(k+1)]}{\sum\limits_{i=1}^{n} \alpha_i M_{ii}(k+1)} \tag{4.4.71}$$

$$N(k+1) = V_0(k+1) - H(k+1, \hat{x}(k+1|k)) \Gamma(k) Q(k) \Gamma^{\mathrm{T}}(k) H^{\mathrm{T}}(k+1, \hat{x}(k+1|k)) - \beta R(k+1) \tag{4.4.72}$$

$$M(k+1) = F(k, u(k), \hat{x}(k|k)) P(k|k) F^{\mathrm{T}}(k, u(k), \hat{x}(k|k)) H^{\mathrm{T}}(k+1, \hat{x}(k+1|k)) H(k+1, \hat{x}(k+1|k)) \tag{4.4.73}$$

式（4.4.72）中的 $V_0(k+1)$ 由式（4.4.38）计算，算法 4.4.2 中的 β 与算法 4.3.2 中的 β 一样，也是一个需给定的弱化因子。

下面也简要给出此算法的推导过程。

由式（4.4.46）得

$$H(k+1, \hat{x}(k+1|k)) P(k+1|k) H^{\mathrm{T}}(k+1, \hat{x}(k+1|k)) = V_0(k+1) - R(k+1) \tag{4.4.74}$$

将式（4.4.51）代入式（4.4.74）得

$$H(k+1, \hat{x}(k+1|k)) \mathrm{LMD}(k+1) F(k, u(k), \hat{x}(k|k)) P(k|k) F^{\mathrm{T}}(k, u(k), \hat{x}(k|k)) H^{\mathrm{T}}(k+1, \hat{x}(k+1|k)))$$
$$= V_0(k+1) - \beta R(k+1) - H(k+1, \hat{x}(k+1|k)) \Gamma(k) Q(k) \Gamma^{\mathrm{T}}(k) H^{\mathrm{T}}(k+1, \hat{x}(k+1|k)) \tag{4.4.75}$$

式（4.4.75）中已引入了弱化因子 β。对式（4.4.75）两边求迹并应用可交换阵的性质 $\mathrm{tr}[AB] = \mathrm{tr}[BA]$，有

$$\mathrm{tr}[LMD(k+1)F(k,u(k),\hat{x}(k\,|\,k))P(k\,|\,k)F^{\mathrm{T}}(k,u(k),\hat{x}(k\,|\,k))H^{\mathrm{T}}(k+1,\hat{x}(k+1\,|\,k)))H(k+1,\hat{x}(k+1\,|\,k))]$$
$$= \mathrm{tr}[V_0(k+1)-\beta R(k+1)-H(k+1,\hat{x}(k+1\,|\,k))\Gamma(k)Q(k)\Gamma^{\mathrm{T}}(k)H^{\mathrm{T}}(k+1,\hat{x}(k+1\,|\,k))]$$

（4.4.76）

定义 $N(k+1)$、$M(k+1)$ 如式（4.4.72）和式（4.4.73）所示，则式（4.4.76）化简为

$$\mathrm{tr}[LMD(k+1)M(k+1)] = \mathrm{tr}[N(k+1)] \tag{4.4.77}$$

将式（4.4.69）代入式（4.4.77）得

$$\mathrm{tr}\left[\begin{bmatrix} \alpha_1 c(k+1) & & & \\ & \alpha_2 c(k+1) & & \\ & & \ddots & \\ & & & \alpha_n c(k+1) \end{bmatrix} M(k+1)\right] = \mathrm{tr}[N(k+1)]$$

即

$$c(k+1) = \frac{\mathrm{tr}[N(k+1)]}{\displaystyle\sum_{i=1}^{n}\alpha_i M_{ii}(k+1)} \tag{4.4.78}$$

这正是式（4.4.71）。

可以看出，由算法 4.4.2 求解多重次优渐消因子非常简单，此次优算法很适合在线运算。当由先验知识得知状态 $x(k+1)$ 的某分量 $x_i(k+1)$ 易于突变时，可相应地增大渐消因子 $\lambda_i(k+1)$ 的比例系数 α_i，这将有助于对 $x_i(k+1)$ 的快速跟踪。当由先验知识得知 $x_j(k+1)$ 不会突变时，可取 $\alpha_j \equiv 1$。当无任何系统的先验知识时，可取

$$\alpha_i = 1, \quad i = 1,2,\cdots,n$$

此时的带多重次优渐消因子的 SMFEKF 就退化为带单重次优渐消因子的扩展卡尔曼滤波器（SFEKF），仍具有比较优良的性能。

当模型的不确定性因素很小时，多重次优渐消因子可自动取 1。因此，SMFEKF 与 SFEKF 一样，不影响系统状态的稳态跟踪精度。多重次优渐消因子的引入使得滤波器有可能更多地利用系统的先验知识。因此，与 SFEKF 相比，SMFEKF 将具有更强的对快速变化的状态的跟踪能力，同时又保留了 SFEKF 的其他优良品质，它同样也是一种强跟踪滤波器（STF）。有关 SMFEKF、SFEKF 的数值仿真研究可参考文献[12]、[13]。

4.4.4　STF 与 EKF 的性能比较分析

1. 敏感性与动态跟踪性比较

现在主要分析所提出的 SFEKF 的敏感性与动态跟踪性。这里所说的敏感性是指滤波器对系统噪声、测量噪声及初始条件统计特性的敏感性。SMFEKF 具有 SFEKF 的基本性质，是 SFEKF 的推广，因此分析 SFEKF 的性能具有代表性。

1）理论分析

与定常参数估计的一致性准则相对应[14]，非线性时变随机系统的状态估计问题是分析其估计残差的均方有界性。

定义 4.4.2　向量 $x \in \mathbb{R}^n$ 的范数定义为 $\| x \| = \left(\sum_{i=1}^{n} x_i^2 \right)^{\frac{1}{2}}$，矩阵 $A \in \mathbb{R}^{n \times m}$ 的范数定义为

$$\| A \| = \left(\sum_{i=1}^{n} \sum_{j=1}^{m} A_{ij}^2 \right)^{\frac{1}{2}}$$

定义 4.4.3　称离散随机过程 x_n 的原点为均方渐近稳定，是指如果存在常数

$$0 < \alpha \leqslant 1, \quad k_1 \geqslant 0, \quad k_2 > 0$$

使得

$$E \| x_n \|^2 \leqslant k_1 + k_2 (1 - \alpha)^n \tag{4.4.79}$$

这时，称 x_n 是均方有界的，且具有指数 α。当 $k_1 = 0$ 时，有

$$E \| x_n \|^2 \leqslant k_2 (1 - \alpha)^n \quad E(x_n)^2 \leqslant k_2 (1 - \alpha)^n$$

这时，x_n 将均方收敛于零点。

定义 4.4.4　函数 $f(x_t)$ 的条件数学期望定义为

$$E_a(f(x_t)) = E(f(x_t) \mid x_0 = a) \tag{4.4.80}$$

现考虑由下列方程给出的一类离散随机系统：

$$x_{k+1} = f(x_k) + \sigma(x_k) v_k \tag{4.4.81}$$

式中，$x_k = [x_k^{1\mathrm{T}} \quad x_k^{2\mathrm{T}}]^{\mathrm{T}}$；$f(x_k) \in \mathbb{R}^{2n}$，$x_k^1 \in \mathbb{R}^n$，$x_k^2 \in \mathbb{R}^n$，$\sigma(x_k) \in \mathbb{R}^{2n \times q}$，$v_k \in \mathbb{R}^q$ 为不自相关的高斯随机变量。

引理 4.4.1　设 x_k 是由式（4.4.81）产生的，如果存在一个数值函数，$V(\varepsilon_k)$，$\varepsilon_k = x_k^1 - x_k^2$，$\varepsilon_0 = a$，使得

（1）$V(\varepsilon_k) \geqslant c \| \varepsilon_0 \|^2$，$\forall \varepsilon_k \in \mathbb{R}^n$，$c > 0$，$V(0) = 0$；

（2）$\forall \varepsilon_k \in \mathbb{R}^n$，$k_3 > 0$，$0 < \alpha \leqslant 1$，若有 $E_{\varepsilon_k}[V(\varepsilon_{k+1})] - V(\varepsilon_k) \leqslant k_3 - \alpha V(\varepsilon_k)$，则有

$$cE_a \parallel \varepsilon_k \parallel^2 \leqslant (1-\alpha)^k V(a) + k_3 \sum_{i=1}^{k-1} (1-\alpha)^i \qquad (4.4.82)$$

推论 4.4.1　由式（4.4.82）可推出，$\parallel \varepsilon_\infty \parallel^2 \leqslant \dfrac{k_3}{c\alpha}$。因此，满足引理 4.4.1 假设条件的 ε_n 是大范围均方渐近有界的。

现在考虑本章强跟踪滤波器所基于的模型（4.4.1）和式（4.4.2）。当隐去确定性输入量 $u(k)$ 及时间 k 后，此模型可简记为

$$x(k+1) = f(x(k)) + \Gamma(k)v(k) \qquad (4.4.83)$$
$$y(k+1) = h(x(k+1)) + e(k+1) \qquad (4.4.84)$$

基于模型（4.4.83）和式（4.4.84）的 SFEKF 具有如下结构：

$$\hat{x}(k+1\,|\,k+1) = f(\hat{x}(k\,|\,k)) + K(k+1)(y(k+1) - h(\hat{x}(k+1\,|\,k))) \qquad (4.4.85)$$

或简记为

$$\hat{x}(k+1) = f(\hat{x}(k)) + K(k+1)(y(k+1) - h(\hat{x}(k+1\,|\,k))) \qquad (4.4.86)$$

将估值残差记为

$$\varepsilon_k \Delta x(k) - \hat{x}(k) = x(k) - \hat{x}(k\,|\,k) \qquad (4.4.87)$$

关于此估值残差，我们有如下结论：

定理 4.4.2　ε_k 为指数 α 均方渐近有界的一个充分条件是

（1）$\forall k, \parallel \Gamma(k)\Gamma^{\mathrm{T}}(k) \parallel$ 有界；

（2）$\forall k, \parallel K(k)K^{\mathrm{T}}(k) \parallel$ 有界；

（3）$\forall K(\cdot), \omega_s \in \mathbb{R}^n$ 有

$$\parallel [\nabla f - K(\cdot)\nabla(h \circ f)]\omega_s \parallel \leqslant \sqrt{1-\alpha} \qquad (4.4.88)$$

式中，$0 < \alpha \leqslant 1$，并且

$$\parallel (\nabla f - K(\cdot)\nabla(h \circ f))\omega_s \parallel \Delta \sup_{\parallel x(k) \parallel = 1} \parallel (\nabla f - K(\cdot)\nabla(h \circ f))\omega_s x(k) \parallel$$

其中，"$\circ$" 为复合函数记号；$\nabla(\cdot) \underline{\underline{\Delta}} \mathrm{col}\, \dfrac{\partial(\cdot)}{\partial x_j}$。

2）机理分析

当系统达平稳状态并且滤波器也达到稳态时，通常的扩展卡尔曼滤波器（EKF）将几乎完全丧失对突变状态的跟踪能力，对突变状态会出现很大的跟踪误差，甚至发散。而具有强跟踪滤波器（STF）特点的 SFEKF 仍将具有良好的动态跟踪能力。现在从这两类滤波器的机理上进行分析比较。

从 EKF 的递推公式可以看出，其增益阵只是 $P_e(k+1\,|\,k)$、$\hat{x}_e(k\,|\,k)$ 的函数，即

$$K_e(k+1) = g_e(P_e(k+1\,|\,k), \hat{x}_e(k\,|\,k)) \qquad (4.4.89)$$

式中，用下标 "e" 表示 EKF。

当系统达平稳状态并且 EKF 也达稳态时，其预报误差协方差 $P_e(k+1\,|\,k)$ 将趋

于极小值[15]，导致 $K_e(k+1)$ 也趋于极小值。此时，当由于模型的不确定性，造成系统状态 $x(k+1)$ 发生突变时，将导致残差 $\gamma(k+1)$ 的增大。而这并不能导致 $P_e(k+1|k)$ 和 $K_e(k+1)$ 的增大。因此，EKF 将基本丧失对突变状态的跟踪能力。

相反地，本章给出的具有 STF 特性的 SFEKF 的增益阵 $K_s(k+1)$ 是预报误差协方差阵 $P_s(k+1|k)$，状态估计值 $\hat{x}(k+1)$ 及次优渐消因子 $\lambda(k+1)$ 的函数，即

$$K_s(k+1) = g_s(P_s(k+1|k), \hat{x}_s(k|k), \lambda(k+1)) \tag{4.4.90}$$

当状态突变时，将导致残差 $\gamma(k+1)$ 的突然增大，引起次优渐消因子 $\lambda(k+1)$ 的适当增大，导致 $P_s(k+1|k)$ 的增大，进而导致 $K_s(k+1)$ 的增大。因此 $\lambda(k+1)$ 具有自适应调节的功能，保证了 SFEKF 始终具有对突变状态的跟踪能力。从这个意义上讲，我们的强跟踪滤波器实际上是一种闭环滤波器，也是一种自适应滤波器，可以跟踪外部环境，自适应地调整其增益矩阵。

3）Monte Carlo 随机仿真比较

由于采用理论分析的方法来研究由式（4.4.1）和式（4.4.2）描述的一类非线性时变随机系统的状态估计的动态过程是非常困难的，尤其是当这类系统又存在较大的模型不确定性时，采用理论分析的办法几乎是不可能的。而采用仿真实验的办法，可充分利用现代数字计算机的运算能力，对滤波器的动态性能进行研究，并且简单易行，直观有效，同时也具有一定的说服力。

仿真结果表明[11]如下几个方面。

（1）滤波器的初值对滤波器的性能有很大影响。相比之下，SFEKF 较 EKF 受影响小一些，具有更强的动态跟踪能力。

（2）系统噪声与测量噪声对滤波器性能有较大的影响，噪声水平越高，滤波器的跟踪能力越差。同样，SFEKF 受的影响较 EKF 相对小一些。

（3）在系统达平稳状态，滤波器也达稳态时，当系统状态突变时，EKF 的动态跟踪能力极差，而 SFEKF 仍具有良好的跟踪能力。

（4）在存在较大的模型不确定性时，精确滤波器，如最小方差滤波器（MVF）的性能同样会显著下降，说明了 SFEKF 的有效性。

2. 计算复杂性比较

这里的计算复杂性，即算法复杂性，是指完成滤波器算法一步迭代所需的乘法及除法的次数的总和。因加减法所需的机时很少，可忽略不计。

EKF 的算法复杂性为[5]

$$2n^3 + n^2 + 2mn^2 + 2m^2n + nm + \frac{1}{2}m^3 + \frac{3}{2}m^2 + md \tag{4.4.91}$$

式中，d 为求一个标量的平方根所需的乘法的次数。

若采用算法 4.4.2 求解 SFEKF 中的次优渐消因子 $\lambda(k+1)$，则求 $\lambda(k+1)$ 的计算复杂性为

$$2m^2n + 2n^2m + 1 \qquad\qquad (4.4.92)$$

因此，与 EKF 相比，SFEKF 增加的计算量不大。SFEKF 总的计算量小于 EKF 计算量的 2 倍。当 $n=m$ 时，即输出变量的个数与状态变量个数相等时，由式（4.4.91）和式（4.4.92）可以推出，与 EKF 的计算复杂度相比，SFEKF 方法的计算复杂度能降低 62%。

所以，当采用次优算法求解次优渐消因子时，SFEKF 也是一种实时性较好的滤波器，可用于非线性系统的在线状态估计。更进一步，当已知被监控系统的更多的信息时，可考虑采用带多重次优渐消因子的扩展卡尔曼滤波器，得到更加准确的实时状态估计。

需要说明的是，在推导式（4.4.91）和式（4.4.92）时，都忽略了 $\Gamma(k)Q(k)\Gamma^{\mathrm{T}}(k)$ 这一项的计算量。

参 考 文 献

[1]　陈新海. 最佳估计理论[M]. 北京：北京航空学院出版社，1987.

[2]　李树英，许茂增. 随机系统的滤波与控制[M]. 北京：国防工业出版社，1991.

[3]　Julier S J, Uhlmann J K. Unscented filtering and nonlinear estimation [J]. Proceedings of the IEEE, 2004, 92（3）: 401-422.

[4]　Arasaratnam I, Haykin S. Cubature Kalman filters [J]. IEEE Transactions on Automatic Control, 2009, 54（6）: 1254-1269.

[5]　张召友，郝燕玲，吴旭. 3 种确定性采样非线性滤波算法的复杂度分析[J]. 哈尔滨工业大学学报，2013，45（12）: 111-115.

[6]　杨峰，郑丽涛，王家琦，等. 双层无迹卡尔曼滤波[J]. 自动化学报，2019，45（7）: 1386-1391.

[7]　文成林，周东华. 多尺度估计理论及其应用[M]. 北京：清华大学出版社，2002.

[8]　周东华，叶银忠. 现代故障诊断与容错控制[M]. 北京：清华大学出版社，2000.

[9]　文成林. 多尺度动态建模理论及其应用[M]. 北京：科学出版社，2008.

[10]　Qiu H Z, Zhang H Y, Jin H. Fusion algorithm of correlated local estimates[J]. Aerospace Science and Technology, 2004,（8）: 619-626.

[11]　周东华，席裕庚，张钟俊. 一种带多重次优渐消因子的扩展 Kalman 滤波器[J]. 自动化学报，1991，17（6）: 689-695.

[12]　周东华，席裕庚，张钟俊. 非线性系统的带次优渐消因子的扩展卡尔曼滤波[J]. 控制与决策，1990，5: 1-6.

[13]　徐毓，金以慧. 相关噪声下的机动目标跟踪 SMFEKF-IMM 算法[J]. 清华大学学报（自然科学版），2003，（7）: 865-868.

[14]　韩崇昭，朱洪艳，段战胜. 多源信息融合[M]. 北京：清华大学出版社，2006.

[15]　Anderson B D O, Moore J B. Optimal Filtering[M]. Englewood Cliffs: Prentice-Hall, 1979.

第5章 非高斯噪声系统状态估计的 Kalman 滤波器设计

虽然我们在前面讨论的 Kalman 滤波器设计过程中，都是假设状态模型和测量模型的建模误差都是用高斯白噪声描述的，但是在实际系统中，大多数情况下，系统的建模误差都是非高斯噪声。为此，本节将给出非高斯噪声系统状态估计的 Kalman 滤波器设计的过程。

5.1 线性有色噪声系统状态估计的 Kalman 滤波器设计

5.1.1 系统噪声或观测噪声是有色噪声的 Kalman 滤波

在前面推导 Kalman 滤波方程时，假定 $w(k)$ 和 $v(k)$ 都是白噪声。而实际上，多数情况下，$w(k)$ 和 $v(k)$ 可能是有色噪声[1-4]。通常情况下，对一些特定的有色噪声可通过成型滤波器化成白噪声，现举例说明如何把某些特定的有色噪声用白噪声通过成型滤波器来表示的问题。

设 $\xi(k)$ 是一平稳随机序列，其相关函数为

$$R_{i,j} = De^{-|t_i - t_j|}, \quad t_i > t_j \tag{5.1.1}$$

并可写出成型滤波器方程如下：

$$\xi(k+1) = \psi(k+1,k)\xi(k) + n(k) \tag{5.1.2}$$

式中，$\psi(k+1,k)$ 为成型滤波器转移阵：

$$\psi(k+1,k) = e^{-|t_{k+1} - t_k|} \tag{5.1.3}$$

$n(k)$ 为均值为零的白噪声序列：

$$E\{n(k)\} = 0, \quad E\{n(k)n^T(j)\} = D(1 - e^{-2|t_{k+1} - t_k|})\delta_{k,j} \tag{5.1.4}$$

下面分三种情况讨论有色噪声情况的 Kalman 滤波：

（1）控制系统附加噪声是有色噪声，观测系统附加噪声是白噪声；

（2）控制系统附加噪声是白噪声，观测系统附加噪声是有色噪声；

（3）控制系统和观测系统的附加噪声均为有色噪声。

有色序列的类型还有许多种，本节仅讨论高斯-马尔可夫型随机序列。理由不言而喻，人们知道，任何一个高斯-马尔可夫型随机序列，都可以看成高斯白噪声

驱动下，某个离散线性系统的状态序列。因此，可以通过扩充状态变量法，来把附加噪声是有色的情况白化。下面分情况进行具体的讨论。

5.1.2　控制系统附加噪声是有色噪声，观测系统附加噪声是白噪声

设系统状态和观测方程为

$$x(k+1) = A(k+1)x(k) + \Gamma(k+1,k)w(k) \tag{5.1.5}$$

$$z(k) = C(k)x(k) + v(k) \tag{5.1.6}$$

式中，$w(k)$ 为高斯-马尔可夫型随机序列（有色噪声）。

由于 $w(k)$ 为高斯-马尔可夫型随机序列，故

$$w(k+1) = H(k+1,k)w(k) + \eta(k) \tag{5.1.7}$$

这里 $\{\eta(k), k \geqslant 0\}$ 为与 $w(0)$ 不相关的高斯白噪声。且

（1）$\{H(k+1,k), k \geqslant 0\}$ 为已知；

（2）$E\{\eta(k)\} = 0$，$Q_\eta(k) = \mathrm{Var}\{\eta(k)\}$ 为已知；

（3）$\{\eta(k), k \geqslant 0\}$ 与 $\{w(k), k \geqslant 0\}$ 和 $x(0)$ 互不相关。

对于这种情况，一般采用扩充状态变量法，为此，定义新的符号：

$$x^*(k) = \begin{bmatrix} x(k) \\ w(k) \end{bmatrix}, \quad A^*(k+1,k) = \begin{bmatrix} A(k+1,k) & \Gamma(k+1,k) \\ 0 & H(k+1,k) \end{bmatrix} \tag{5.1.8}$$

$$C^*(k+1) = \begin{bmatrix} C'(k+1) \\ 0 \end{bmatrix}', \quad \Gamma^*(k+1,k) = \begin{bmatrix} 0 \\ I \end{bmatrix} \tag{5.1.9}$$

则式（5.1.5）和式（5.1.6）可被改写为

$$x^*(k+1) = A^*(k+1,k)x^*(k) + \Gamma^*(k+1,k)\eta(k) \tag{5.1.10}$$

$$z(k) = C^*(k)x^*(k) + v(k) \tag{5.1.11}$$

这样，式（5.1.10）和式（5.1.11）就是系统噪声和观测噪声均为白噪声情形的 Kalman 滤波问题了！对式（5.1.10）和式（5.1.11）可直接利用前面推导的公式。然后利用式（5.1.10）和式（5.1.11）的关系，可以得出式（5.1.5）和式（5.1.6）最优估计的递推关系式。

5.1.3　控制系统附加噪声是白噪声，观测系统附加噪声是有色噪声

设系统状态方程和观测方程为

$$x(k+1) = A(k+1)x(k) + \Gamma(k+1,k)w(k) \tag{5.1.12}$$

$$y(k+1) = M(k+1)x(k+1) + \xi(k+1) \tag{5.1.13}$$

其统计特性如下：

$$E\{w(k)\} = 0, \quad E\{w(k)w^{\mathrm{T}}(j)\} = Q(k)\delta_{k,j}$$

式中，$\xi(k+1)$ 是均值为零的正态分布的有色噪声序列，可用成型滤波器表示如下：

$$\xi(k+1) = \psi(k+1,k)\xi(k) + n(k) \tag{5.1.14}$$

$n(k)$ 为均值为零的白噪声序列，其统计特性为

$$E\{n(k)\} = 0, \quad E\{n(k)n^{\mathrm{T}}(j)\} = S(k)\delta_{k,j} \tag{5.1.15}$$

依然可用扩大状态变量维数的方法，把 $\xi(k)$ 作为状态变量的一部分，这样得到新的状态方程和观测方程。对新的模型直接利用 Kalman 滤波基本公式。

另外，扩大状态变量维数法使得滤波器的维数增加，因此计算量增大了。所以，可以考虑选用其他方法。这里，采用改变观测方程的方法，使等效观测方程的附加噪声为白噪声，这样就可以直接利用前面推导的 Kalman 滤波基本方程了。

把式（5.1.14）代入式（5.1.13）可得

$$y(k+1) = M(k+1)x(k+1) + \psi(k+1,k)\xi(k) + n(k) \tag{5.1.16}$$

根据式（5.1.13）可得

$$\psi(k+1,k)y(k) = \psi(k+1,k)M(k)x(k) + \psi(k+1,k)\xi(k) \tag{5.1.17}$$

由式（5.1.16）与式（5.1.17）作差可得

$$\begin{aligned}
y(k+1) - \psi(k+1,k)y(k) &= M(k+1)x(k+1) + \psi(k+1,k)\xi(k) + n(k) \\
&\quad - \psi(k+1,k)M(k)x(k) - \psi(k+1,k)\xi(k) \\
&= M(k+1)x(k+1) - \psi(k+1,k)M(k)x(k) + n(k)
\end{aligned} \tag{5.1.18}$$

令 $z(k) = y(k+1) - \psi(k+1,k)y(k)$，式（5.1.18）化简为

$$z(k) = M(k+1)x(k+1) - \psi(k+1,k)M(k)x(k) + n(k) \tag{5.1.19}$$

将状态方程（5.1.12）代入式（5.1.19）可得

$$\begin{aligned}
z(k) &= M(k+1)(A(k+1,k)z(k) - \varGamma(k+1,k)w(k)) - \psi(k+1,k)M(k)x(k) + n(k) \\
&= (M(k+1)A(k+1,k) - \psi(k+1,k)M(k))x(k) + M(k+1)\varGamma(k+1,k)w(k) + n(k)
\end{aligned}$$

即

$$z(k) = (M(k+1)A(k+1,k) - \psi(k+1,k)M(k))x(k) + M(k+1)\varGamma(k+1,k)w(k) + n(k) \tag{5.1.20}$$

称式（5.1.20）为等效观测方程，$z(k)$ 是等效观测值。

等效观测方程与原始观测方程比较有以下两个特点。

（1）等效观测值 $z(k)$ 只含有白噪声 $M(k+1)\varGamma(k+1,k)w(k) + n(k)$；它与系统噪声 $w(k)$ 是相关的。

（2）$z(k)$ 形式上被当作 k 时刻的观测值，看起来是 $x(k)$ 的线性函数，而实际上却是 $x(k+1)$ 的线性函数。

因此，针对式（5.1.12）和式（5.1.20）得到的滤波预测值事实上是滤波估计值。另外，由于等效观测方程的系统误差$(M(k+1)\Gamma(k+1,k)w(k)+n(k))$和状态方程的系统误差$w(k)$是相关的，因此，对式（5.1.12）和式（5.1.20）可利用前面推导的相关噪声的滤波关系式来求解。

注释 5.1.1 控制系统附加噪声是有色噪声、观测系统附加噪声是有色噪声是5.1.2 节和 5.1.3 节两种情况的综合。

5.1.4 控制系统和观测系统的附加噪声均为有色噪声

设系统状态方程和观测方程为

$$x(k+1) = A(k+1)x(k) + \Gamma(k+1,k)w(k) \qquad (5.1.21)$$

$$y(k+1) = M(k+1)x(k+1) + \xi(k+1) \qquad (5.1.22)$$

式中，$w(k)$ 为高斯-马尔可夫型随机有色噪声序列；$\xi(k+1)$ 是均值为零的正态分布的有色噪声序列，可用成型滤波器表示如下：

$$\xi(k+1) = \psi(k+1,k)\xi(k) + n(k) \qquad (5.1.23)$$

$$w(k+1) = H(k+1,k)w(k) + \eta(k) \qquad (5.1.24)$$

设系统状态方程和观测方程为

$$x(k+1) = A(k+1)x(k) + \Gamma(k+1,k)w(k) \qquad (5.1.25)$$

$$y(k+1) = M(k+1)x(k+1) + \xi(k+1) \qquad (5.1.26)$$

其统计特性如下：

$$E\{w(k)\} = 0, \quad E\{w(k)w^{\mathrm{T}}(j)\} = Q(k)\delta_{k,j}$$

式中，$\xi(k+1)$ 是均值为零的正态分布的有色噪声序列，可用成型滤波器表示如下：

$$\xi(k+1) = \psi(k+1,k)\xi(k) + n(k) \qquad (5.1.27)$$

$n(k)$ 为均值为零的白噪声序列，其统计特性为

$$E\{n(k)\} = 0, \quad E\{n(k)n^{\mathrm{T}}(j)\} = S(k)\delta_{k,j} \qquad (5.1.28)$$

5.2 一般系统噪声密度函数下状态估计的粒子滤波器设计

粒子滤波（PF）主要使用样本点来逼近动态系统的非高斯性质，同时也能描述噪声的高阶矩信息。它不同于 KF 理论，对系统的扰动噪声没有高斯噪声这一要求，也没有限定系统中非线性函数的具体形式。随着计算机的发展，PF 在经济、军事和雷达等领域得到了广泛的应用[5,6]。

5.2.1　非线性系统描述

为了简单起见，我们仅限于讨论下列情况的非线性模型：

$$x(k+1) = f(x(k),k) + \Gamma(k+1,k)w(k) \tag{5.2.1}$$

$$y(k+1) = h(x(k+1),k+1) + v(k+1) \tag{5.2.2}$$

式中，$w(k)$ 和 $v(k)$ 都是均值为零的白噪声序列。其统计特性如下：

$$E\{w(k)\} = E\{v(k)\} = 0, \quad E\{w(k)w^{\mathrm{T}}(k)\} = Q(k), \quad E\{v(k+1)v^{\mathrm{T}}(k+1)\} = R(k+1) \tag{5.2.3}$$

式（5.2.1）中：

$$\begin{cases} x(k) = [x_1(k), x_2(k), \cdots, x_n(k)]^{\mathrm{T}} \\ f(x(k),k) = [f(x_1(k),k), f(x_2(k),k), \cdots, f(x_n(k),k)]^{\mathrm{T}} \\ \Gamma(k+1,k) \in \mathbb{R}^{n \times q} \\ w(k) = [w_1(k), x_2(k), \cdots, w_q(k)]^{\mathrm{T}} \end{cases} \tag{5.2.4}$$

进一步地，式（5.2.2）中：

$$\begin{cases} y(k+1) = [y_1(k+1), y_2(k+1), \cdots, y_m(k+1)]^{\mathrm{T}} \\ h(x(k+1),k+1) = [h_1(x(k+1),k+1), h_2(x(k+1),k+1), \cdots, h_m(x(k+1),k+1)]^{\mathrm{T}} \\ v(k+1) = [v_1(k+1), v_2(k+1), \cdots, v_m(k+1)]^{\mathrm{T}} \end{cases} \tag{5.2.5}$$

另外，已知初始条件，即系统状态初始值 $x(0)$ 的统计特性如下：

$$\hat{x}_0 = E\{x(0)\}, \quad P_0 = E\{(x(0)-\hat{x}_0)(x(0)-\hat{x}_0)^{\mathrm{T}}\} \tag{5.2.6}$$

在粒子滤波中，需要对

$$I(f) = \int_x f(x)p(x)\mathrm{d}x \tag{5.2.7}$$

进行积分运算。其中，$p(x)$ 是待估计随机状态变量 x 的概率密度函数，$f(x)$ 是关于 $p(x)$ 的可积函数。若随机采样 N 个服从 $p(x)$ 分布的样本粒子点：

$$x^i, \quad i = 1,2,\cdots,N$$

则概率密度函数就可以近似表示为 $p(x); \approx P_N(x)(N \to \infty)$，即

$$p_N(x) = \frac{1}{N}\sum_{i=1}^{N}\delta(x-x^i) \tag{5.2.8}$$

式中，N 是一个相当大的正整数；$\delta(x-x^i)$ 是狄拉克函数。所以当粒子数目 $N(\to \infty)$ 趋近于无穷时，式（5.2.7）的运算就可以近似计算为如下形式：

$$I(f) = \int_x f(x)p(x)\mathrm{d}x \approx \int_x f(x)p_N(x)\mathrm{d}x$$

$$= \int_x f(x)\left(\frac{1}{N}\sum_{i=1}^N \delta(x-x^i)\right)\mathrm{d}x$$

$$= \frac{1}{N}\sum_{i=1}^N \int f(x)\delta(x-x^i)\mathrm{d}x \qquad (5.2.9)$$

$$= \frac{1}{N}\sum_{i=1}^N f(x^i)$$

数学期望是每次实验的结果与该结果概率的乘积和，本质上是对函数与函数概率乘积的积分，即

$$E\{g(x)\} = \int g(x)p(x)\mathrm{d}x$$

若存在 N 个粒子点，则使用概率密度函数 $q(x)$ 来进行取点就可以将求取数学期望的过程进行简化：

$$E\{g(x)\} = \int_x \frac{g(x)p(x)}{q(x)}q(x)\mathrm{d}x$$

$$\approx \int_x \frac{g(x)p(x)}{q(x)}\left(\frac{1}{N}\sum_{i=1}^N \delta(x-x^i)\right)\mathrm{d}x$$

$$= \frac{1}{N}\sum_{i=1}^N \int_x \frac{g(x)p(x)}{q(x)}\delta(x-x^i)\mathrm{d}x \qquad (5.2.10)$$

$$= \frac{1}{N}\sum_{i=1}^N \frac{g(x^i)p(x^i)}{q(x^i)}$$

使用蒙特卡罗方法，求取关于 $f(x_{0\to k})$ 的条件期望：

$$E\{f(x_{0\to k})\} = \int f(x_{0\to k})p(x_{0\to k}\mid y_{1\to k})\mathrm{d}x_{0\to k}$$

$$= \int f(x_{0\to k})\frac{p(x_{0\to k}\mid y_{1\to k})p(x_{0\to k})}{p(y_{1\to k})q(x_{0\to k}\mid y_{1\to k})}q(x_{0\to k}\mid y_{1\to k})\mathrm{d}x_{0\to k} \qquad (5.2.11)$$

设积分中的中间项为权重，表示为 $w_k(x_{0\to k})$，那么当粒子点的个数为 N 个时，条件期望就可以近似地以如下形式表示：

$$E\{f(x_{0\to k})\} = \frac{\int (f(x_{0\to k})w_k(x_{0\to k}))q(x_{0\to k}\mid y_{1\to k})\mathrm{d}x_{0:k}}{\int w_k(x_{0\to k})q(x_{0\to k}\mid y_{1\to k})\mathrm{d}x_{0:k}}$$

$$\approx \sum_{i=1}^N f(x_{0:k}^i)w_k(x_{0:k}) \qquad (5.2.12)$$

由上述推论，可以得到 PF 的滤波步骤如下。

第一步：基于条件概率密度的粒子点集采样：

$$x_k^i \sim q(x_k^i\mid x_{k-1}^i,y_k), \quad x_k^i \sim q(x\mid x_{k-1}^i,y_k) \qquad (5.2.13)$$

第二步：采样时刻间 PF 粒子点权重递归转移更新：

$$w_k^i = w_{k-1}^i \frac{p(y_k \mid x_k^i) p(x_k^i \mid x_{k-1}^i)}{q(x_k^i \mid x_{k-1}^i, y_{1:k})} \tag{5.2.14}$$

第三步：当前时刻粒子点权重归一化计算：

$$w_k^i = \frac{w_k^i}{\sum_{i=1}^{N} w_k^i} \tag{5.2.15}$$

第四步：计算当前时刻状态 x_k 的估计值：

$$\hat{x}_k = \sum_{i=1}^{N} w_k^i x_k^i \tag{5.2.16}$$

计算每个粒子点的权重乘积和，从而得到滤波器的最终状态估计值。

PF 是一种非高斯滤波算法，适用于非高斯系统。然而 PF 中也存在着一些问题，如一些重要函数的选取方案、算法计算的复杂度、粒子多样性的缺乏、粒子退化、计算复杂度较高等问题。

5.2.2　粒子滤波

1. PF 基本原理

PF 方法是一种运用采样逼近，其基本思想是通过构造一个基于采样样本的后验概率密度函数[7]。利用 N 个粒子及相应的权重构成的集合 $\{x_{0:k}^i, w_k^i\}_{i=1}^N$，用于表示系统的后验概率密度函数 $p(x_{0:k} \mid z_{1:k})$，其中 $\{x_{0:k}^i, i = 1, 2, \cdots, N\}$ 是从后验概率分布状态空间进行采样的集合。其中，各个样本点的粒子权重取值为 $\{w_k^i, i = 1, 2, \cdots, N\}$，且粒子的权重和为 1。通过对粒子采样的集合，$k$ 时刻的后验分布概率密度可以近似表示为[2, 3]：

$$p(x_{0:k} \mid z_{1:k}) \approx \sum_{i=1}^{N} w_k^i \sigma(x_{0:k} - x_{0:k}^i) \tag{5.2.17}$$

通过这种逼近方法，能够将较为复杂的积分运算转化为式（5.2.17）的求和运算。例如，若需要求解得函数的期望如下：

$$E(g(x_{0:k})) = \int g(x_{0:k}) p(x_{0:k} \mid z_{1:k}) \mathrm{d}x_{0:k} \tag{5.2.18}$$

则基于采样点的逼近求解公式为

$$E(g(x_{0:k})) = \sum_{i=1}^{N} w_k^i g(x_{0:k}) \tag{5.2.19}$$

在实际应用系统中，直接从后验概率分布中采样获取有效的样本点是比较困难的。所以，有效采样获取后验分布的样本，能够降低统计估计方差，并且是提

高 PF 方法滤波性能的核心。重要性采样方法（importance sampling method）的引入能够有效地提高采样效率。在此方法中，通过运用一种重要性采样密度 $q(x_{0:k}|z_{1:k})$ 进行采样，就可以有效地避免直接从后验概率密度中采样的困难。引入采样密度 $q(x_{0:k}|z_{1:k})$ 后，式（5.2.18）可以写为如下形式：

$$
\begin{aligned}
E(g(x_{0:k})) &= \int g(x_{0:k})p(x_{0:k}|z_{1:k})\mathrm{d}x_{0:k} \\
&= \int g(x_{0:k})\frac{p(x_{0:k}|z_{1:k})}{q(x_{0:k}|z_{1:k})}q(x_{0:k}|z_{1:k})\mathrm{d}x_{0:k} \\
&= \int g(x_{0:k})w^*(x_{0:k})q(x_{0:k}|z_{1:k})\mathrm{d}x_{0:k} \\
&= E_{q(\cdot)}(g(x_{0:k})w^*(x_{0:k}))
\end{aligned}
\tag{5.2.20}
$$

式中，$w^*(x_{0:k}) = \dfrac{p(x_{0:k}|z_{1:k})}{q(x_{0:k}|z_{1:k})}$。根据式（5.2.20），从重要性采样密度中，独立采样 N 个样本点 $\{x_{0:k}^i, i=0,1,\cdots,N\}$，式（5.2.19）类似可得：

$$
E(g(x_{0:k})) = \sum_{i=1}^{N} w_k^{-i}g(x_{0:k}^i)
\tag{5.2.21}
$$

式中，$w_k^{-i} = w_k^i \Big/ \sum\limits_{j=1}^{N} w_k^j$ 为归一化后的权重，w_k^i 可由式（5.2.22）计算：

$$
w_k^i = w(x_{0:k}^i) \infty \frac{p(x_{0:k}|z_{1:k})}{q(x_{0:k}|z_{1:k})}
\tag{5.2.22}
$$

假设，在 $k-1$ 时刻，已获取后验概率密度 $p(x_{0:k-1}|z_{1:k-1})$ 逼近的粒子集合，则下一步可以用一组新的样本集来逼近 k 时的后验密度 $p(x_{0:k}|z_{1:k})$。

为方便滤波过程中的递归计算，可将重要密度函数分解如下：

$$
q(x_{0:k}|z_{1:k}) = q(x_k|x_{0:k-1},z_{1:k})q(x_{0:k-1}|z_{1:k-1})
\tag{5.2.23}
$$

然后，将从重要性采样密度中新获得的粒子 $x_k^i \sim q(x_{0:k}|x_{0:k-1},z_{1:k})$ 加入已获取的粒子集 $x_{0:k-1}^i \sim q(x_{0:k-1}|z_{0:k-1})$ 中，最后得到新的粒子集 $x_{0:k}^i \sim q(x_{0:k}|z_{1:k})$。利用马尔可夫假设，式（5.2.23）可以进一步写成如下形式：

$$
q(x_{0:k}|z_{1:k}) = q(x_k|x_{k-m:k-1},z_k)q(x_{0:k-1}|z_{1:k-1})
\tag{5.2.24}
$$

将式（5.2.24）代入式（5.2.22）可得如下形式：

$$
\begin{aligned}
w_k^i &= \frac{p(z_k|x_k^i)p(x_k^i|x_{k-m:k-1}^i)p(x_{0:k-1}^i|z_{1:k-1})}{q(x_k^i|x_{k-m:k-1}^i,z_k)q(x_{0:k-1}^i|z_{1:k-1})} \\
&= w_{k-1}^i \frac{p(z_k|x_k^i)p(x_k^i|x_{k-m:k-1}^i)}{q(x_k^i|x_{k-m:k-1}^i,z_k)}
\end{aligned}
\tag{5.2.25}
$$

式中， $p(z_k|x_k^i)$ 和 $p(x_k^i|x_{k-m:k-1}^i)$ 分别为似然函数和概率转移密度函数；$q(x_k^i|x_{k-m:k-1},z_k)$ 为重要性采样密度。由式（5.2.25）可知，若能够有效地选择 $q(\cdot)$，则可以有效地递归更新粒子的权重。后验滤波密度函数 $p(x_{k-m+1:k}|z_{1:k})$ 可近似解析为如下形式：

$$p(x_{k-m+1:k}|z_{1:k}) \approx \sum_{i=1}^{N} w_k^i \delta(x_{k-m+1:k} - x_{k-m+1:k}^i) \qquad (5.2.26)$$

根据以上分析，m 阶 PF 方法可以总结如下（对于 $k = 0,1,2,\cdots$）。

第一步：从 $q(\cdot)$ 中采样获取 N 个粒子：

$$x_k^i \sim q(x_k|x_{k-m:k-1}^i, z_k)$$

然后得到新的粒子集：$x_{0:k}^i = (x_{0:k-1}^i, x_k^i), i = 1,\cdots,N$。

第二步：根据式（5.2.25），计算更新后的粒子对应的权重。

第三步：权重归一化处理：

$$w_k^i = w_k^i \bigg/ \sum_{j=1}^{N} w_k^j, \quad i = 1,2,\cdots,N$$

第四步：返回第一步。

2. PF 仿真验证

考虑如下非线性系统：

$$x(k+1) = 0.5x(k) + 25\frac{x(k)}{1-x(k)^2} + 8\cos(1.2(k-1)) + w(k)$$

$$y(k+1) = \frac{x(k+1)^2}{20} + v(k+1)$$

并假设系统过程噪声 $w(k), k = 0,1,2,\cdots$ 服从均值为 0，协方差为 1 的均匀分布；观测噪声 $v(k), k = 0,1,2,\cdots$ 服从均值为 0，协方差为 1 的均匀分布，且 $w(k)$ 和 $v(k)$ 相互独立；初始状态 $x(0) = 0.1$，且系统初始状态和过程噪声及测量噪声相互独立，粒子数设定为 $N = 100$。以下仿真基于 50 次蒙特卡罗仿真实验。

仿真跟踪结果如图 5.2.1 和图 5.2.2 所示，其中图 5.2.1 显示的是目标状态的跟踪效果，图 5.2.2 为滤波的估计误差。

从图 5.2.1 容易看出，针对非线性较强的系统，采用 PF 能够有效地对目标状态进行估计，并且随着时间的推移，滤波效果并没有发生明显的发散现象。从图 5.2.2 能够看出滤波的估计误差随时间的变化，虽然在某些时刻的滤波误差相对较大，如在 23 时刻、29 时刻和 34 时刻，但是其在整个滤波过程中所占的比例是比较小的，滤波的整体效果还是比较理想的。

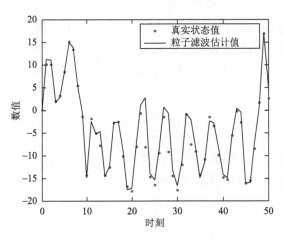

图 5.2.1　状态值和估计值

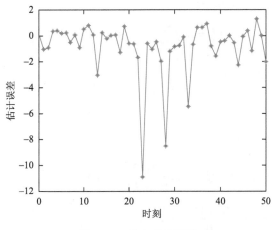

图 5.2.2　状态估计误差

3. 滤波方法分析

PF 方法是一种基于贝叶斯估计的滤波算法,其针对的是非线性高斯和非高斯系统,在应用于非高斯非线性系统的参数估计和状态滤波问题方面有着优于其他算法的优势,因此得到国内外学者的广泛研究。但由于 PF 相对于高斯系统中以Kalman 为代表的滤波算法,PF 还不够成熟,仍有大量的问题有待进一步解决,主要表现为以下几个方面。

(1)重要性函数的选择会直接影响 PF 的性能。虽然一些学者针对实际滤波问题提出了改进的方法,但对通用系统缺乏统一的借鉴。目前,根据特定系统的先验信息进行数学建模,在获得系统更多的信息后,然后选择重要性函数。这种方法已成为对重要性函数进行选择和研究的热点。

（2）针对粒子匮乏现象的经典重采样虽然具有良好的效果，但随着粒子数的增加，计算复杂度将会呈级数增加，对于要求实时性的目标系统，PF 在该系统中的实现将会成为关键的问题。在采样过程中，引入一些成熟的多种不同的寻优方法，用于更快地获取能够反映系统概率特征的典型"样本"，将成为研究重采样方法的重点。

（3）从 PF 所涉及的数学基础来看，PF 的收敛性问题目前还未彻底解决。若能在 PF 过程中有效解决其收敛性问题，将对粒子的匮乏现象起到抑制的作用。同时，PF 作为滤波方法，如何评估 PF 的估计性能也是一个需要认真考虑和解决的问题。

（4）使用多种非线性滤波方法进行结合。虽然 PF 方法能够解决非线性、高斯及非高斯系统中的滤波问题，但该算法在运算上存在实时性的问题，在初始状态概率存在选取问题，导致 PF 距离工程中的应用尚有一定的差距。根据系统在不同阶段、时刻体现出的不同统计特性，可将 PF 与其他非线性滤波方法相结合，能够有效地避免非线性系统的线性逼近。同时，对于解决减小非线性系统模型线性化后的高阶截断误差，以及非高斯噪声带来的影响，是一种值得研究的方法。

（5）关于 PF 方法的硬件实现。PF 方法的硬件实现对于提高该方法的运算速度和鲁棒性具有重要的作用。PF 方法硬件实现的核心思想是将 PF 划分为初始采样、重采样、状态更新等过程，利用流水线方法实现这些过程的并行处理。但能够应用于实际系统中的粒子滤波器尚未研制成功。

（6）将 PF 拓展到新的应用领域。由于 PF 方法出现较晚，并且在科学领域中的应用存在差异，因此 PF 方法仅能应用于有限的几个领域中。分析 PF 的思想，能够看出在非线性系统中的滤波问题，在受限于 Kalman 滤波应用范围的情况下，便可尝试采用 PF 方法。

目前，PF 算法在国内外广受关注发展很快，并在统计学、模式识别、人工智能、计算机视觉、经济学、通信、信号处理等领域取得了一些研究成果。若能有效地解决上述问题，必将有效地促进 PF 方法理论和应用的发展。

5.3　非线性非高斯系统状态估计的特征函数滤波器设计

随着目标系统的复杂化，非高斯系统的滤波方法已成为研究的热点，为解决 PF 方法的局限性，一些学者已从另外一个角度探讨解决非高斯滤波器的设计问题。由概率密度函数能够完全表述系统的分布特性，不仅限于均值和方差。Wang 提出了基于概率密度函数的形状控制方法[8]，并通过最小化估计误差的熵得到目标状态的最优解。然而，由于需要计算各种概率密度函数，并且无法得到滤波算法的解析解，利用误差的概率密度函数直接设计滤波器是非常复杂的，因而影响了它在实际中的应用。为了简单有效地解决非高斯系统中的滤波问题，清华大学的周东华教授提出了一种基于特征函数的滤波方法，即用特征函数代替文献[1]中所使用的概率密度函数，来重新设计滤波器的方法。由于特征函数良好的运算性质，从而减少了大量计算概率密度函数的复杂度。

现有的基于特征函数的滤波方法，虽然形式上针对的是多输入多输出系统，滤波器也是按多输入多输出所设计的。而在滤波器设计及推导过程中，却仅是在观测模型为一维的情况下推导出来的，本章的仿真实例也仅是针对观测模型为一维时呈现的；因此，该滤波方法仅适用于观测模型仅为一维非线性的动态系统。然而，在被测量的目标具有多种属性、受多因素干扰的情况下，使用多种传感器协同完成测量任务是必然的选择。因此，针对状态模型和观测模型均为多维的非高斯动态系统，如何建立起相应的滤波方法便是亟须解决的问题。

本节所用符号的意义：$E\{\cdot\}$ 表示随机变量的数学期望；$\mathrm{Var}\{\cdot\}$ 表示随机变量的方差；$\mathrm{diag}\{\cdot\}$ 表示对角阵；$I_n \in \mathbb{R}^{n\times n}$ 表示单位阵；M^{T} 为矩阵 M 的转置；$\varphi_z\{\cdot\}$ 为 z 对应的特征函数。

5.3.1　基于特征函数的多维观测器滤波方法

在实际系统中，显然一维观测数据往往无法满足对于测量信息的需要，往往由多个传感器协同完成系统的测量数据。考虑文献[8]中给出的滤波器仅限于一维观测系统，无法应用于多维观测系统。为克服该局限性，将基于特征函数的滤波方法应用于更广泛的系统，本小节将给出多维观测信息下的滤波估计。现考虑如下多维观测系统：

$$x(k+1) = A(k)x(k) + G(k)w(k+1) \tag{5.3.1}$$

$$y(k+1) = H(x(k+1)) + v(k+1) \tag{5.3.2}$$

并做如下假设。

假设 5.3.1　$\{w(k)\}$ 与 $\{v(k)\}$ 为有界的平稳随机过程，$\{w(k)\}$，$\{v(k)\}$ 及 $x(0)$ 相互独立。$\{w(k)\}$ 的特征函数已知为 $\varphi_w(t)$，并且存在 $|E\{w(k)\}| < +\infty$，$\mathrm{Var}\{w(k)\} < +\infty$。$\{v(k)\}$ 均值已知且 $|E\{v(k)\}| < +\infty$，在本节中假设 $E\{v(k)\} = 0$。

假设 5.3.2　$H(\cdot)$ 是一个已知的波尔可测且光滑的非线性函数。

针对系统（5.3.1）和式（5.3.2），设计如下形式的滤波器：

$$\hat{x}(k+1) = A(k)\hat{x}(k) + U(k)[y(k) - \hat{y}(k)]$$

$$\hat{y}(k+1) = H(\hat{x}(k+1)) + E\{v(k+1)\}$$

式中，$U(k) \in \mathbb{R}^{n\times l}$ 为一个待设计的增益矩阵，$U(k)$ 的获取是整个滤波器设计的核心与关键。

现在假设系统 $x(k) \in \mathbb{R}^{n \times 1}$，$y(k) \in \mathbb{R}^{m \times 1}$，$m, n > 1$。则从性能指标式原有性能指标来看[9]，第一项 J_0 是个标量，而第二项 $U^{\mathrm{T}}(k)R(k)U(k)$ 为一个 $n \times n$ 的矩阵，因此不能直接相加，即多维观测器下的滤波器不能从一维观测器直接推导过来。从解法上看，由于 $t \in \mathbb{R}^{1 \times n}$，$[y(k) - \hat{y}(k)] \in \mathbb{R}^{m \times 1}$，且通常情况下 $m \neq n$，两者不能直接相乘，因此将导致无法直接求解其增益矩阵。

为解决文献[9]所设计性能指标两项不能相加的问题，在此引入新的性能指标如式（5.3.3）所示：

$$
\begin{aligned}
J &= \left(\int_\Omega K(t)\varphi_g(t)\ln\frac{\varphi_g(t)}{\varphi_{e(k+1)}(t)}\mathrm{d}t \right)\left(\int_\Omega K(t)\varphi_g(t)\ln\frac{\varphi_g(t)}{\varphi_{e(k+1)}(t)}\mathrm{d}t \right)^{\mathrm{T}} \\
&\quad + U^{\mathrm{T}}(k)R(k)U(k) \qquad\qquad (5.3.3) \\
&= J_0 + U^{\mathrm{T}}(k)R(k)U(k)
\end{aligned}
$$

式中，$K(t) \in \mathbb{R}^{n \times 1}$ 为加权函数向量。待选取的 $K(t)$ 是为了保证 $J_0 = [J_0(i,j)]$ 是实值且是有界的。下面将给出 $K(t)$ 的选取过程。

由式（5.3.1）可知，J 是一个矩阵形式的性能指标，这时保证 $J_0 = [J_0(i,j)]$ 有界，即保证 $J_0(i,j)(i,j = 1,2,\cdots,n)$ 有界。

令加权函数向量：

$$
K(t) = [K_1(t), K_2(t), \cdots, K_n(t)]^{\mathrm{T}}
$$

与相应的积分为

$$
\kappa_i = \int_\Omega K_i(t)\varphi_g(t)\ln\frac{\varphi_g(t)}{\varphi_{e(k+1)}(t)}\mathrm{d}t, \quad i = 1,2,\cdots,n
$$

可得

$$
\begin{aligned}
J_0 &= \left(\int_\Omega K(t)\varphi_g(t)\ln\frac{\varphi_g(t)}{\varphi_{e(k+1)}(t)}\mathrm{d}t \right)\left(\int_\Omega K(t)\varphi_g(t)\ln\frac{\varphi_g(t)}{\varphi_{e(k+1)}(t)}\mathrm{d}t \right)^{\mathrm{T}} \\
&= \begin{bmatrix} \kappa_1 \\ \vdots \\ \kappa_i \\ \vdots \\ \kappa_n \end{bmatrix} \begin{bmatrix} \kappa_1 & \cdots & \kappa_i & \cdots & \kappa_n \end{bmatrix} = \begin{bmatrix} \kappa_1\kappa_1 & \cdots & \kappa_1\kappa_i & \cdots & \kappa_1\kappa_n \\ \vdots & & \vdots & & \vdots \\ \kappa_i\kappa_1 & \cdots & \kappa_i\kappa_i & \cdots & \kappa_i\kappa_n \\ \vdots & & \vdots & & \vdots \\ \kappa_n\kappa_1 & \cdots & \kappa_n\kappa_i & \cdots & \kappa_n\kappa_n \end{bmatrix} \qquad (5.3.4)
\end{aligned}
$$

由式（5.3.4）可以看出

$$
J_0(i,j) = \kappa_i\kappa_j, \quad i,j = 1,2,\cdots,n
$$

因此，保证 J_0 有界的问题转化为对任意的 i,j，有 $\kappa_i\kappa_j < +\infty$。

利用特征函数性质，$|\varphi(t)| \leqslant 1$，可得

$$\int_\Omega K_i(t)\ln\frac{\varphi_g(t)}{\varphi_{e(k+1)}(t)}\,dt \leqslant \int_\Omega \left| K_i(t)\ln\frac{\varphi_g(t)}{\varphi_{e(k+1)}(t)}\right|\,dt$$

$$\leqslant \int_\Omega |K_i(t)|\sqrt{\ln^2\frac{\varphi_g(t)}{\varphi_{e(k+1)}(t)}+\frac{\pi^2}{4}}\,dt \tag{5.3.5}$$

因此，为保证 J_0 一致有界，选择加权函数 $K_i(t)$ 满足如下条件：

$$2|K_i(t)|\sqrt{\ln^2\frac{\varphi_g(t)}{\varphi_{e(k+1)}(t)}+\frac{\pi^2}{4}}\leqslant p_i\exp(-tM_it^{\mathrm{T}}),\quad i=1,2,\cdots,n \tag{5.3.6}$$

式中，$t^{\mathrm{T}}\in\mathbb{R}^{n\times1}, p_i>0$，$M_i=M_i^{\mathrm{T}}\in\mathbb{R}^{n\times n}$，是预先设定的数值和正定矩阵。

因此，式（5.3.6）可进一步转化为

$$0<|K_i(t)|<\bar{p}_i\exp(-tM_{2,i}t^{\mathrm{T}}),\quad \bar{p}_i\leqslant\frac{1}{\pi}p_i,\quad i=1,2,\cdots,n \tag{5.3.7}$$

类似地，可得加权函数 $K_j(t)$ 满足如下条件：

$$0<|K_j(t)|<\bar{p}_j\exp(-tM_jt^{\mathrm{T}}),\quad \bar{p}_j\leqslant\frac{1}{\pi}p_j,\quad j=1,2,\cdots,n \tag{5.3.8}$$

定理 5.3.1　假如加权函数向量 $K(t)$ 满足不等式（5.3.7）和式（5.3.8），那么 J_0 为一个实矩阵；若记 $M_i=[\xi_{k,l}^{(i)}]$，则又有

$$J_0(i,j)\leqslant\frac{p_i\cdot p_j\cdot\pi^n}{\displaystyle\prod_{k=1}^n[\xi_{k,k}^{(i)}]^{1/2}\cdot\prod_{l=1}^n[\xi_{l,l}^{(j)}]^{1/2}},\quad i,j=1,2,\cdots,n \tag{5.3.9}$$

证明　由加权函数向量 $K(t)$ 满足的约束式（5.3.7）和式（5.3.8），可得

$$J_0(i,j)\leqslant\int_\Omega|K_i(t)|\sqrt{\ln^2\frac{\varphi_g(t)}{\varphi_{e(k+1)}(t)}+\frac{\pi^2}{4}}\,dt\cdot\int_\Omega|K_j(t)|\sqrt{\ln^2\frac{\varphi_g(t)}{\varphi_{e(k+1)}(t)}+\frac{\pi^2}{4}}\,dt$$

$$\leqslant\int_\Omega M_{1,i}\exp(-tM_{2,i}t^{\mathrm{T}})\,dt\cdot\int_\Omega M_{1,j}\exp(-tM_{2,j}t^{\mathrm{T}})\,dt$$

$$=p_i\int\exp(-\xi_{1,i}t_1^2)\,dt_1\int\exp(-\xi_{2,i}t_2^2)\,dt_2\times\cdots\times\int\exp(-\xi_{n,i}t_n^2)\,dt_n$$

$$\times p_j\int\exp(-\xi_{1,j}t_1^2)\,dt_1\int\exp(-\xi_{2,j}t_2^2)\,dt_2\times\cdots\times\int\exp(-\xi_{n,j}t_n^2)\,dt_n$$

$$=\frac{M_{1,i}\cdot M_{2,i}}{\displaystyle\prod_{k=1}^n[\xi_{k,k}^{(i)}]^{1/2}\cdot\prod_{l=1}^n[\xi_{l,l}^{(j)}]^{1/2}}\pi^n$$

上述给出了加权函数向量的选取范围，下面给出滤波增益矩阵的求解过程。

$$J=\left(\int_\Omega K(t)\varphi_g(t)\ln\frac{\varphi_g(t)}{\varphi_{e(k+1)}(t)}\,dt\right)\times\left(\int_\Omega K(t)\varphi_g(t)\ln\frac{\varphi_g(t)}{\varphi_{e(k+1)}(t)}\,dt\right)^{\mathrm{T}}$$

$$+U^{\mathrm{T}}(k)R(k)U(k)$$

$$=(a(k)+c(k)U(k)(y(k)-\hat{y}(k)))(a(k)+c(k)U(k)(y(k)-\hat{y}(k)))^{\mathrm{T}}$$

$$+U^{\mathrm{T}}(k)R(k)U(k)$$
$$= (a(k)+c(k)U(k)(y(k)-\hat{y}(k)))(a^{\mathrm{T}}(k)+(y(k)-\hat{y}(k))^{\mathrm{T}}U^{\mathrm{T}}(k)c^{\mathrm{T}}(k))$$
$$+U^{\mathrm{T}}(k)R(k)U(k)$$
$$= a(k)a^{\mathrm{T}}(k)+a(k)(y(k)-\hat{y}(k))^{\mathrm{T}}U^{\mathrm{T}}(k)c^{\mathrm{T}}(k)+c(k)U(k)(y(k)-\hat{y}(k))a^{\mathrm{T}}(k)$$
$$+c(k)U(k)(y(k)-\hat{y}(k))(y(k)-\hat{y}(k))^{\mathrm{T}}U^{\mathrm{T}}(k)c^{\mathrm{T}}(k)+U^{\mathrm{T}}(k)R(k)U(k)$$

$$(5.3.10)$$

式中

$$a(k)=\int_{\Omega}K(t)\varphi_g(t)\ln\varphi_g(t)\mathrm{d}t-\int_{\Omega}K(t)\varphi_g(t)\ln\varphi_{s(k)}(t)\mathrm{d}t$$
$$-\int_{\Omega}K(t)\varphi_g(t)\ln\varphi_{q(k+1)}(t)\mathrm{d}t \qquad(5.3.11)$$

$$c(k)=\int_{\Omega}K(t)\varphi_g(t)\mathrm{j}t\mathrm{d}t \qquad(5.3.12)$$

为了选择保证最小化 J 的 $U(k)$，对 J 基于变量 $U(k)$ 求一阶偏导，可得

$$\frac{\partial J}{\partial U(k)}=c^{\mathrm{T}}(k)a(k)(y(k)-\hat{y}(k))^{\mathrm{T}}+c^{\mathrm{T}}(k)a(k)(y(k)-\hat{y}(k))^{\mathrm{T}}$$
$$+2c^{\mathrm{T}}(k)a(k)U(k)(y(k)-\hat{y}(k))(y(k)-\hat{y}(k))^{\mathrm{T}}+2R(k)U(k) \qquad(5.3.13)$$
$$=2c^{\mathrm{T}}(k)a(k)(y(k)-\hat{y}(k))^{\mathrm{T}}$$
$$+2c^{\mathrm{T}}(k)c(k)U(k)(y(k)-\hat{y}(k))(y(k)-\hat{y}(k))^{\mathrm{T}}+2R(k)U(k)$$

将式（5.3.13）表示为

$$\frac{\partial J}{\partial U(k)}=0$$

可得

$$\frac{\partial J}{\partial U(k)}=c^{\mathrm{T}}(k)a(k)(y(k)-\hat{y}(k))^{\mathrm{T}}+c^{\mathrm{T}}(k)c(k)U(k)$$
$$\times(y(k)-\hat{y}(k))((y(k)-\hat{y}(k))^{\mathrm{T}}+R(k)U(k) \qquad(5.3.14)$$
$$=0$$

又由于

$$\frac{\partial^2 J}{\partial U^2(k)}=c^{\mathrm{T}}(k)c(k)(y(k)-\hat{y}(k))(y(k)-\hat{y}(k))^{\mathrm{T}}+R(k)>0 \qquad(5.3.15)$$

因此，基于式（5.3.14）的解，就是待设计滤波器的解析解。

为了说明解的一般性，当测量值 $y(k)\in\mathbb{R}^{1\times1}$，即 $m=1$ 时，则式（5.3.14）可简化为

$$b^{\mathrm{T}}(k)a(k)+b^{\mathrm{T}}(k)b(k)U(k)+R(k)U(k)=0 \qquad(5.3.16)$$

式中，$b(k) = c(k)(y(k) - \hat{y}(k))$。即可解得增益矩阵 $U(k)$ 为

$$U(k) = -(b^{\mathrm{T}}(k)b(k) + R(k))^{-1}(a(k)b^{\mathrm{T}}(k)) \qquad （5.3.17）$$

这与一维观测器下的增益矩阵是相同的，因此文献[9]中一维感测器是此滤波器的一种特殊形式。

5.3.2　仿真实验

1. 仿真一

考虑经典匀速直线运动（CV）模型，具体系统模型为

$$\begin{bmatrix} x_1(k) \\ x_2(k) \end{bmatrix} = \begin{bmatrix} 1 & T \\ 0 & 1 \end{bmatrix} \begin{bmatrix} x_1(k-1) \\ x_2(k-1) \end{bmatrix} + \begin{bmatrix} \dfrac{T^2}{2} & 0 \\ 0 & T \end{bmatrix} w(k)$$

$$\begin{bmatrix} y_1(k) \\ y_2(k) \end{bmatrix} = \begin{bmatrix} 1 & 0 \\ 0 & 1 \end{bmatrix} \begin{bmatrix} x_1(k) \\ x_2(k) \end{bmatrix} + v(k)$$

式中，过程噪声 $w(k)$ 是相互独立的白噪声，且它的均值为 0，方差为

$$Q_w = [0.1266 \quad 0.3375 ; 0.3375 \quad 0.9001]$$

观测噪声 $v(k)$ 是相互独立白噪声，且它的均值为 0，方差为 $Q_v = [0.1 \quad 0 ; 0 \quad 0.1]$；目标状态的特征函数为

$$\varphi_g(t) = \exp\left(-\frac{tBt^{\mathrm{T}}}{2000} \right)$$

式中，$B = 1.1 I_2$。权重函数为

$$K(t) = \left[\frac{1}{15}\exp(jt\mu - tM_2 t), \frac{1}{20}\exp(jt\mu - tM_2 t) \right]^{\mathrm{T}}$$

$$\mu = [0.0001, 0.001]^{\mathrm{T}}, \quad M_2 = 0.0005 I_2$$

权重矩阵和初始条件分别设置为

$$R(k) = \mathrm{diag}\{6\times10^{-5}, 2\times10^{-5}\}, \quad x(0) = [10, 0.6]^{\mathrm{T}}$$

并且，$w(k)$、$v(k)$ 和 $x(0)$ 相互独立，$T = 1\mathrm{s}$。

仿真中所得的数据及图像均是 50 次蒙特卡罗统计结果。

跟踪结果如图 5.3.1 和图 5.3.2 所示。估计误差对比如表 5.3.1 所示。

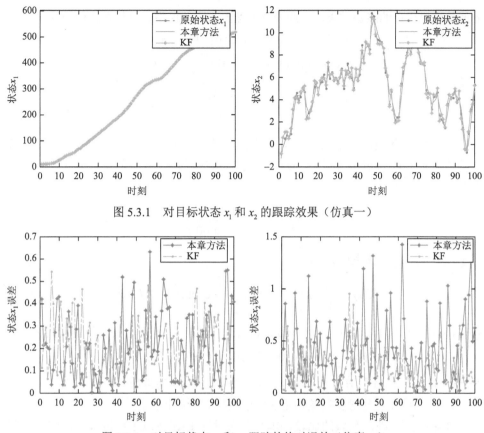

图 5.3.1　对目标状态 x_1 和 x_2 的跟踪效果（仿真一）

图 5.3.2　对目标状态 x_1 和 x_2 跟踪的绝对误差（仿真一）

表 5.3.1　估计误差对比（仿真一）

绝对平均估计误差	基于 KF 的滤波方法	基于特征函数的滤波方法
状态 x_1 估计误差	0.183	0.210
状态 x_2 估计误差	0.239	0.410

　　从图 5.3.1、图 5.3.2 和表 5.3.1 可以看出，针对此类系统模型为线性且过程噪声和测量噪声均服从高斯分布的系统，Kalman 滤波方法为最优滤波器，其估计效果达到最好，比本章所设计的滤波跟踪效果要好。但是，本章所设计的基于特征函数的滤波方法也能对目标状态进行有效的跟踪，并且估计误差在可接受范围内，从而验证了所设计滤波方法在线性高斯系统中的有效性。

2. 仿真二

　　下面针对噪声为非高斯的非线性系统，验证基于多元随机变量混合特征函数的

滤波算法对目标的跟踪效果。考虑经典匀速直线运动模型，具体系统模型为

$$\begin{bmatrix} x_1(k) \\ x_2(k) \end{bmatrix} = \begin{bmatrix} 1 & T \\ 0 & 1 \end{bmatrix} \begin{bmatrix} x_1(k-1) \\ x_2(k-1) \end{bmatrix} + \begin{bmatrix} T^2/2 \\ T \end{bmatrix} w(k)$$

$$\begin{bmatrix} y_1(k) \\ y_2(k) \end{bmatrix} = \begin{bmatrix} x_1(k) - \alpha x_1^2(k) \\ x_2(k) - \beta x_2^2(k) \end{bmatrix} + \begin{bmatrix} 1 \\ 1 \end{bmatrix} v(k)$$

式中，过程噪声 $w(k)$ 是相互独立的白噪声，其均值为 0，方差为 0.98，对应的特征函数为 $\varphi_w(t) = \exp(-0.49t^2)$；假设观测噪声 $v(k)$ 服从 $[-1,1]$ 的均匀分布，目标状态的特征函数为

$$\varphi_g(t) = \exp\left(-\frac{tBt^{\mathrm{T}}}{2000} \right)$$

式中，$B = 1.1I_2$。权重函数为

$$K(t) = \left[\frac{1}{15} \exp(\mathrm{j}t\mu - tM_2t), \frac{1}{20} \exp(\mathrm{j}t\mu - tM_2t) \right]^{\mathrm{T}}$$

式中，$\mu = [0.0001, 0.001]^{\mathrm{T}}$；$M_2 = 0.0005I_2$。权重矩阵和初始条件分别设置为

$$R(k) = \mathrm{diag}\{6 \times 10^{-5}, 2 \times 10^{-5}\}, \quad x(0) = [10, 0.6]^{\mathrm{T}}$$

并且，$w(k)$、$v(k)$ 和 $x(0)$ 相互独立，$T = 1\mathrm{s}$，α、β 为常数。

仿真中所得的数据及图像均是 50 次蒙特卡罗统计结果。

注意：为了进行有效的比较，本小节在设计 EKF 和 UKF 仿真中，假设观测噪声 $v(k)$ 为均值为 0，方差为 1 的高斯白噪声。

取常数 $\alpha = 0.0001$，$\beta = 0.0001$，跟踪结果如图 5.3.3 和图 5.3.4 所示。估计误差对比如表 5.3.2 所示。

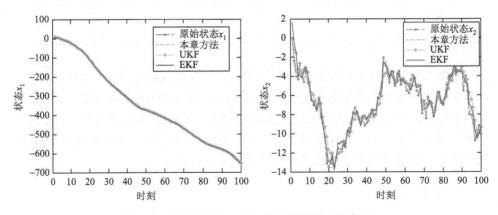

图 5.3.3　对目标状态 x_1 和 x_2 的跟踪效果（仿真二）

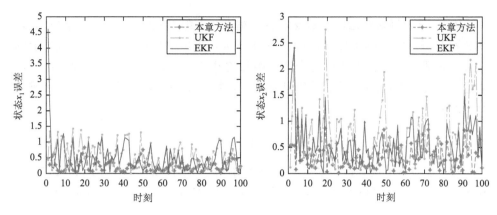

图 5.3.4　对目标状态 x_1 和 x_2 跟踪的绝对误差（仿真二）

表 5.3.2　估计误差对比（仿真二）

绝对平均估计误差	EKF	UKF	本章方法
状态 x_1 估计误差	1.021	1.130	0.486
状态 x_2 估计误差	1.085	1.507	0.646

　　从图 5.3.3 可以看出所运用的三种滤波方法均能对目标的真实状态进行有效的跟踪，估计跟踪的效果较好，说明了本章设计的基于特征函数的滤波方法在多维观测系统中是有效的。从图 5.3.4 与表 5.3.3 的对比可以看出基于 UKF 方法、EKF 方法及基于多元随机变量混合特征函数的滤波方法都能对目标进行较好的跟踪，而且基于多元随机变量混合特征函数的滤波方法跟踪效果更好一些。

　　当非线性方程的非线性增强时，即 α 和 β 增大，比较 EKF、UKF 和本章所设计的滤波方法对目标跟踪的效果。

表 5.3.3　参数变化时状态估计误差对比

α	β	状态误差	EKF	UKF	本章方法
0.0001	0.0001	x_1 误差	1.021	1.130	0.486
		x_2 误差	1.085	1.507	0.646
0.001	0.001	x_1 误差	1.773	3.113	0.461
		x_2 误差	1.047	1.183	0.632
0.01	0.01	x_1 误差	1.091	1.085	0.501
		x_2 误差	0.981	1.406	0.618
0.1	0.1	x_1 误差	3.098	0.681	0.525
		x_2 误差	0.806	1.523	0.634

从表 5.3.3 容易看出，随着 α 和 β 的增大，即随着系统方程的非线性增强，EKF 和 UKF 对于目标的跟踪误差整体上增大，EKF 滤波方法甚至会出现发散的现象，而基于多元随机变量混合特征函数的滤波方法跟踪误差基本保持不变，且随着非线性的增强基于多元随机变量混合特征函数的滤波方法的优势会进一步增大。

3. 工业器件消磨系统中滤波方法的应用

为验证本章所设计针对多维测量模型的滤波方法在工业电子中的应用效果，考虑工业中一种器件的测量模型，具体如图 5.3.5 所示（为方便将基于特征函数滤波方法记为 CFF）。

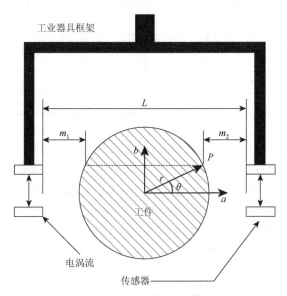

图 5.3.5 工件的测量模型

针对该系统，建立如下非线性系统：

$$\begin{bmatrix} x_1(k+1) \\ x_2(k+1) \\ x_3(k+1) \end{bmatrix} = \begin{bmatrix} 1 & 0 & 0 \\ 0 & 1 & \Delta T \\ 0 & 0 & 1 \end{bmatrix} \begin{bmatrix} x_1(k) \\ x_2(k) \\ x_3(k) \end{bmatrix} + \begin{bmatrix} \Delta T^2/2 \\ \Delta T \\ 1 \end{bmatrix} w(k+1)$$

$$\begin{bmatrix} y_1(k+1) \\ y_2(k+1) \end{bmatrix} = \begin{bmatrix} x_1(k+1)\cos(\alpha x_2(k+1)) \\ x_1(k+1)\cos(\beta x_2(k+1)) \end{bmatrix} + v(k+1)$$

式中，目标状态的特征函数设定为

$$\varphi_g(t) = \exp\left(-\frac{tBt^{\mathrm{T}}}{2000}\right), \quad B = 1.1I_2$$

权重函数设定为

$$K(t) = [0.65\exp(jt\mu - tM_1t), 0.05\exp(jt\mu - tM_2t), 0.05\exp(jt\mu - tM_3t)]^T$$

式中

$$\mu = [0.0001, 0.001]^T, \quad M_1 = 0.0005I_3, \quad M_2 = 0.0003I_3, \quad M_3 = 0.0001I_3$$

权重矩阵和初始条件分别设置为

$$R(k) = \mathrm{diag}\{6\times10^{-5}, 2\times10^{-5}, 1\times10^{-5}\}, \quad x(0) = [5, 0.2, 0.0003]^T$$

并且 $w(k)$、$v(k)$ 和 $x(0)$ 相互独立，$T = 1s$，α、β 为系统参数，用于描述系统测量模型的非线性程度仿真中所得的数据及图像，均是 50 次蒙特卡罗统计结果。

仿真一：为了将本节的滤波方法与 EKF 和 UKF 进行有效的对比，在本仿真中假设 $\{w(k)\}$ 和 $\{v(k)\}$ 为零均值高斯白噪声，其协方差分别为 1，$\mathrm{diag}\{6\times10^{-2}, 2\times10^{-3}\}$。

仿真二：为了验证噪声为非高斯分布时，在该系统中的滤波效果，假设 $\{w(k)\}$ 和 $\{v(k)\}$ 满足如下。

（1）在[−1, 1]上的均匀分布（UD）：

$$\varphi_w(t) = \frac{(\exp(-jt) - \exp(jt))}{2jt}$$

（2）自由度为 1 的卡方分布（CSD）：

$$\varphi_w(t) = \frac{1}{(1 - 2jt)^{1/2}}$$

针对工业电子中工件消磨加工的测量系统，在本节中运用仿真实验验证了基于特征函数滤波方法在该系统中的估计效果，如图 5.3.6 所示，以及表 5.3.4 和表 5.3.5 所示。当 $\alpha = \beta = 1$ 时，图 5.3.6 显示了半径 r 和角度 θ 的估计误差。随着 α 和 β 的不断增大，表 5.3.4 和表 5.3.5 显示了滤波器的 RMSE 随系统观测模型非线性程度增加的情况。

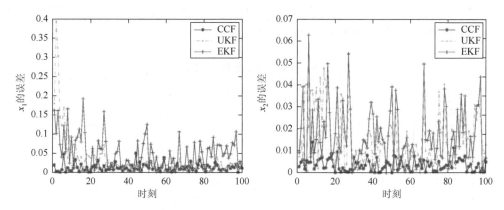

图 5.3.6　对目标状态 x_1 和 x_2 跟踪的绝对误差

表 5.3.4 各种方法的性能比较（一）

系统参数	高斯系统					
α 和 β	RMSE	EKF	UKF	CFF	VS EKF	VS UKF
1.0	x_1	0.068	0.042	0.039	39.0%	9.1%
	x_2	0.030	0.028	0.025	7.6%	8.3%
1.5	x_1	0.063	0.060	0.039	39.7%	36.2%
	x_2	0.025	0.020	0.020	4.6%	1.6%
2.0	x_1	0.076	0.049	0.038	57.3%	26.1%
	x_2	0.023	0.025	0.022	9.6%	13.9%
2.5	x_1	0.087	0.047	0.045	52.8%	14.3%
	x_2	0.029	0.026	0.025	26.6%	18.0%
3.0	x_1	0.110	0.055	0.039	69.7%	37.7%
	x_2	0.048	0.030	0.026	52.9%	12.4%
3.5	x_1	0.113	0.066	0.039	69.7%	49.1%
	x_2	0.059	0.030	0.027	62.2%	31.2%
4.0	x_1	0.186	0.097	0.046	77.9%	51.2%
	x_2	0.109	0.038	0.025	81.3%	44.3%
5.0	x_1	0.261	0.124	0.040	86.6%	72.2%
	x_2	0.172	0.050	0.026	88.3%	49.1%
20.0	x_1	16.573	0.178	0.040	99.8%	78.3%
	x_2	129.708	0.861	0.025	99.98%	97.1%

注：VS EKF 表示 EKF-CFF；VS UKF 表示 UKF-CFF。

表 5.3.5 各种方法的性能比较（二）

系统参数	非高斯系统				
α 和 β	RMSE	EKF	UKF	CFF（UD）	CFF（CSD）
1.0	x_1	×	×	0.046	0.043
	x_2	×	×	0.023	0.028
1.5	x_1	×	×	0.036	0.045
	x_2	×	×	0.022	0.028

续表

系统参数	非高斯系统				
α 和 β	RMSE	EKF	UKF	CFF（UD）	CFF（CSD）
2.0	x_1	×	×	0.042	0.046
	x_2	×	×	0.024	0.030
2.5	x_1	×	×	0.045	0.045
	x_2	×	×	0.028	0.028
3.0	x_1	×	×	0.048	0.043
	x_2	×	×	0.025	0.027
3.5	x_1	×	×	0.041	0.049
	x_2	×	×	0.024	0.028
4.0	x_1	×	×	0.043	0.044
	x_2	×	×	0.026	0.031
5.0	x_1	×	×	0.031	0.048
	x_2	×	×	0.024	0.029
20.0	x_1	×	×	0.041	0.049
	x_2	×	×	0.021	0.030

（1）在高斯系统中，假设 $\{w(k)\}$ 和 $\{w(k)\}$ 为高斯白噪声，均值和方差能够完全描述噪声的分布特性。图 5.3.6 显示的系统状态的估计误差能够看出，相对于 EKF、UKF 具有较好的估计效果，而相对于 UKF、CFF 具有较好的估计效果。

（2）表 5.3.4 显示，EKF 估计状态的 RMSE 范围 x_1：0.063～16.573，x_2：0.023～129.708；UKF 估计状态的 RMSE 范围 x_1：0.042～0.178，x_2：0.02～0.861；CFF 估计状态的 RMSE 范围 x_1：0.03～0.05，x_2：0.019～0.027。CFF 相对于 EKF 提高的精度 x_1：39%～99.8%，x_2：4.6%～99.98%；CFF 相对于 UKF 提高的精度 x_1：9.1%～78.3%，x_2：1.6%～97.1%。当 α 和 β 较小时，系统观测模型非线性较弱，三种滤波方法均能有效地对目标状态进行跟踪，但是当 α 和 β 增加到一定程度时，EKF 无法适用于较强的非线性系统，出现发散现象；此时 UKF 的估计误差也有所增加，无法对目标状态进行有效的跟踪；而 CFF 的估计误差虽也有所增加，但仍能对目标状态进行有效的跟踪。从而证明了在高斯系统中（非高斯系统的一种特殊形式），CFF 的滤波效果的优异性。

（3）在非高斯系统中，在 $\{w(k)\}$ 和 $\{v(k)\}$ 均服从均匀分布和卡方分布的两种情况下验证滤波效果。由于在该假设条件下均值和方差不足以描述系统噪声的分布特性，无法运用 EKF 和 UKF。仿真图像和仿真数据表明，在非高斯系统中，当系统观测方程的非线性较弱时，系统的估计误差较小。随着非线性的增加，虽然估计误差有所增加，但是 CFF 仍能对目标进行跟踪，从而证明了在非高斯系统中，CFF 的滤波效果的有效性。

本节分析了现有基于特征函数滤波方法的局限性：仅适用于观测模型为一维的非高斯系统，并根据该局限性提出能够解决这些问题的思路。然后基于特征函数重新设计了矩阵形式的性能指标，给出了权重函数取值范围用以保证所设计性能指标的有界性，并通过优化处理得到滤波器的增益矩阵，进而完成了滤波器的设计。通过设计新的性能指标使得基于特征函数的滤波方法能够具有更广泛的应用领域，并通过仿真实验验证了滤波方法的有效性和优越性。

5.3.3　非线性系统中基于特征函数的滤波方法

本节将介绍一种针对非高斯系统所设计的滤波方法——基于特征函数的滤波方法。并通过分析现有文献中该方法存在的局限性，重新设计了举证形式的性能指标，使得该滤波方法能够应用于多维观测系统中。但是不难发现，该滤波方法仅适用于系统状态方程为线性的非高斯系统中，针对非线性的状态方程在滤波方法的推导过程中存在一些难点。然而，随着目标系统对象越来越复杂，对其动态特性建模常常需用非线性方程来描述。因此，针对状态模型和观测模型均为多维非线性非高斯的动态系统，如何建立起相应的滤波方法便是亟须解决的问题。

为此，受非线性函数线性化及 EKF 的启发，并进一步参照基于特征函数滤波方法的思想，在本节中针对一类状态模型和测量模型均为多维非线性非高斯的动态系统，拟建立一种基于特征函数的滤波方法。首先，为获取滤波器估计误差的递推形式，仿照 EKF 方法对系统状态方程进行线性化处理，以建立滤波估计误差的递推表达式；然后针对线性化得到的线性状态模型，并结合系统给出的多维非线性观测模型，基于特征函数设计矩阵形式的性能指标，并给出加权函数向量的选取范围来保证性能指标的一致有界性；最后通过最小化新的性能指标，求解出滤波方法所需设计的增益矩阵的解，从而得到这类系统可在线实现的滤波器；并通过 MATLAB 仿真实验验证该滤波方法的有效性。

1. 系统描述及问题描述

考虑如下多维非线性非高斯的动态系统：

$$x(k+1) = \Phi(x(k),k) + \Gamma(k+1)w(k+1) \tag{5.3.18}$$

$$y(k+1) = H(x(k+1),k+1) + v(k+1) \tag{5.3.19}$$

式中，$x(k) = [x_1(k), x_2(k), \cdots, x_n(k)]^{\mathrm{T}} \in \mathbb{R}^{n \times 1}$ 为系统的状态向量；$y(k) = [y_1(k),$ $y_2(k), \cdots, y_m(k)]^{\mathrm{T}} \in \mathbb{R}^{m \times 1}$ 为系统的观测向量；$w(k)$ 为系统过程噪声；$v(k)$ 为系统观测噪声；$\Phi(\cdot): \mathbb{R}^n \to \mathbb{R}^n$ 和 $H(\cdot): \mathbb{R}^n \to \mathbb{R}^m$ 都为相应维的非线性函数；$\Gamma(k+1)$ 为合适维的矩阵。

假设 5.3.3　非高斯噪声序列 $\{w(k)\}$ 与 $\{v(k)\}$ 为有界的平稳随机过程，满足 $\{w(k)\}$ 与 $\{v(k)\}$ 及 $x(0)$ 相互独立，并且有 $E\{w(i)w^{\mathrm{T}}(j)\} = E\{w(i)\}E\{w^{\mathrm{T}}(j)\}(i \neq j)$。

假设 5.3.4　$\Phi(\cdot)$ 为一阶导数连续且二阶导数存在的 n 维非线性函数；$H(\cdot)$ 是已知且光滑的 m 维波尔可测非线性函数。

针对多维非线性非高斯的动态系统（5.3.18）和式（5.3.19），设计如下非线性滤波器：

$$\hat{x}(k+1) = \Phi(\hat{x}(k),k) + K(k)\tilde{y}(k+1) \tag{5.3.20}$$

$$\hat{y}(k+1) = H(\Phi(\hat{x}(k),k)) + E\{v(k+1)\} \tag{5.3.21}$$

式中，$K(k) \in \mathbb{R}^{n \times m}$ 为待设计的增益矩阵；$\tilde{y}(k+1) = y(k+1) - \hat{y}(k+1)$。

根据式（5.3.18）和式（5.3.19），令

$$\begin{aligned} e(k+1) &= x(k+1) - \hat{x}(k+1) \\ &= \Phi(x(k),k) + \Gamma(k+1)w(k+1) - \Phi(\hat{x}(k),k) - K(k)\tilde{y}(k+1) \end{aligned} \tag{5.3.22}$$

在设计滤波器（5.3.20）和式（5.3.21）时，相对于第 4 章设计滤波器（目标系统为状态模型为线性），在设计滤波器的过程中，存在一个难以克服的瓶颈：由于式（5.3.18）中 $\Phi(\cdot)$ 为非线性函数，进而基于式（5.3.22）难以直接得到估计误差的如下形式的递推表达式 $e(k+1) = F(e(k), w(k+1), \tilde{y}(k+1))$，进而无法得到估计误差特征函数的递推表达式。

2. 非线性状态模型的线性化

考虑到多维非线性非高斯动态系统估计误差特征函数的地推表达式难以获得，受 EKF 方法的启发，将运用两种不同的方法对系统状态方程进行线性化以适应不同形式的需要，并进而获得 $e(k+1)$ 近似递推表达式。

1）方法一：围绕标称轨道线性化方法

对于一些按固定轨道运动或受弹道限制的运动目标，都有系统本身的标称轨道。因此围绕标称轨道线性化状态方程，以方便此类系统的滤波设计。

标称轨道是指不考虑系统噪声的情况下，系统状态方程为

$$x^*(k+1) = \Phi(x^*(k),k), \quad x_0^* = E(x_0) = m_0 \tag{5.3.23}$$

式中，$x^*(k)$ 为标称状态变量。

真实状态与标称状态 $x^*(k)$ 之差

$$\delta x(k) = x(k) - x^*(k) \tag{5.3.24}$$

为状态偏差。

把式（5.3.20）中非线性函数 $\Phi(\cdot)$ 围绕标称状态 $x^*(k)$ 泰勒级数展开，略去二次及以上项，得

$$
\begin{aligned}
x(k+1) &\approx \Phi(x^*(k),k) + \frac{\partial \Phi}{\partial x^*}(x(k)-x^*(k)) + \Gamma(k+1)w(k+1) \\
&= x^*(k+1) + A_1(k)(x(k)-x^*(k)) + \Gamma(k+1)w(k+1)
\end{aligned} \tag{5.3.25}
$$

式（5.3.20）运用类似的方法进行线性化为

$$
\begin{aligned}
\hat{x}(k+1) &\approx \Phi(x^*(k),k) + \frac{\partial \Phi}{\partial x^*}(\hat{x}(k)-x^*(k)) + K(k)\tilde{y}(k+1) \\
&= x^*(k+1) + A_1(k)(\hat{x}(k)-x^*(k)) + K(k)\tilde{y}(k+1)
\end{aligned} \tag{5.3.26}
$$

式中

$$
A_1(k) = \frac{\partial \Phi(x(k),k)}{\partial x(k)}\bigg|_{x(k)=x^*(k)} = \begin{bmatrix} \dfrac{\partial \Phi^{(1)}}{\partial x^{(1)}(k)} & \cdots & \dfrac{\partial \Phi^{(1)}}{\partial x^{(n)}(k)} \\ \vdots & & \vdots \\ \dfrac{\partial \Phi^{(n)}}{\partial x^{(1)}(k)} & \cdots & \dfrac{\partial \Phi^{(n)}}{\partial x^{(n)}(k)} \end{bmatrix}_{x(k)=x^*(k)}
$$

为函数 $\Phi(\cdot)$ 围绕标称状态 $x^*(k)$ 的雅可比矩阵。

基于式（5.3.25）和式（5.3.26），可得 $e(k+1)$ 的近似递推表达式为

$$
\begin{aligned}
e(k+1) &= x(k+1) - \hat{x}(k+1) \\
&= x^*(k+1) + A_1(k)(x(k)-x^*(k)) + \Gamma(k+1)w(k+1) \\
&\quad - \{x^*(k+1) + A_1(k)(\hat{x}(k)-x^*(k)) + K(k)\tilde{y}(k+1)\} \\
&= A_1(k)(x(k)-\hat{x}(k)) + \Gamma(k+1)w(k+1) - K(k)\tilde{y}(k+1) \\
&= A_1(k)e(k) + \Gamma(k+1)w(k+1) - K(k)\tilde{y}(k+1)
\end{aligned} \tag{5.3.27}
$$

2）方法二：围绕滤波估计值局部线性化方法

对于那些运动目标无固定轨迹、无弹道限制的需要在线实时估计的目标系统，可采用围绕滤波估计值局部线性化的策略。

围绕滤波值 $\hat{x}(k)$ 对状态方程（5.3.18）线性化，可得

$$x(k+1) \approx \Phi(\hat{x}(k),k) + A_2(k)(x(k)-\hat{x}(k)) + \Gamma(k+1)w(k+1) \quad (5.3.28)$$

令

$$f(k) = \Phi(\hat{x}(k),k) - A_2(k)\hat{x}(k)$$

则线性化后的状态方程为

$$x(k+1) = A_2(k)x(k) + \Gamma(k+1)w(k+1) + f(k) \quad (5.3.29)$$

对式（5.3.20），用类似的方法进行线性化：

$$\hat{x}(k+1) = A_2(k)\hat{x}(k) + K(k)\tilde{y}(k+1) + f(k) \quad (5.3.30)$$

式中

$$A_2(k) = \left.\frac{\partial \Phi}{\partial x}\right|_{x(k)=\hat{x}(k)} = \begin{bmatrix} \dfrac{\partial \Phi^{(1)}}{\partial x^{(1)}(k)} & \cdots & \dfrac{\partial \Phi^{(1)}}{\partial x^{(n)}(k)} \\ & \vdots & \\ \dfrac{\partial \Phi^{(n)}}{\partial x^{(1)}(k)} & \cdots & \dfrac{\partial \Phi^{(n)}}{\partial x^{(n)}(k)} \end{bmatrix}_{x(k)=\hat{x}(k)}$$

为函数 $\Phi(\cdot)$ 围绕标称状态 $\hat{x}(k)$ 的雅可比矩阵。

类似于式（5.3.27），得到 $e(k+1)$ 的另一种近似递推表达式：

$$\begin{aligned} e(k+1) &= x(k+1) - \hat{x}(k+1) \\ &= (A_2(k)x(k) + \Gamma(k+1)w(k+1) + f(k)) \\ &\quad - (A_2(k)\hat{x}(k) + K(k)\tilde{y}(k+1) + f(k)) \\ &= A_2(k)(x(k)-\hat{x}(k)) + \Gamma(k+1)w(k+1) - K(k)\tilde{y}(k+1) \\ &= A_2(k)e(k) + \Gamma(k+1)w(k+1) - K(k)\tilde{y}(k+1) \end{aligned} \quad (5.3.31)$$

将方法一和方法二获取的估计误差的递推表达式归纳为如下形式：

$$\begin{aligned} e(k+1) &= x(k+1) - \hat{x}(k+1) \\ &= A(k)e(k) + \Gamma(k+1)w(k+1) - K(k)\tilde{y}(k+1) \end{aligned} \quad (5.3.32)$$

式中，$A(k) = A_1(k)$ 时，式（5.3.32）是围绕标称轨道线性化获得的估计误差的递推表达式；$A(k) = A_2(k)$ 时，式（5.3.32）是围绕滤波估计值局部线性化获得的估计误差的递推表达式。

类似于线性系统中的直接求解估计误差特征函数的方法，对于同样满足假

设 5.3.3 和假设 5.3.4 条件的系统（5.3.18）～（5.3.32），通过对式（5.3.32）两边同时取其对应特征函数，可得

$$\sum_{k=1}^{\infty}(\exp(\mathrm{j}t\sigma_k)p_{e(k+1)}) = \left(\sum_{k=1}^{\infty}(\exp(\mathrm{j}t\sigma_k)p_{A(k)e(k)})\right)\left(\sum_{k=1}^{\infty}(\exp(\mathrm{j}t\sigma_k)p_{\varGamma(k+1)w(k+1)})\right) \quad (5.3.33)$$
$$\times \exp(-\mathrm{j}tK^{\mathrm{T}}(k)\tilde{y}(k+1))$$

简化式（5.3.33）可得

$$\varphi_{e(k+1)}(t) = \exp(-\mathrm{j}tK^{\mathrm{T}}(k)\tilde{y}(k+1))\varphi_{s(k)}(t)\varphi_{q(k+1)}(t) \quad (5.3.34)$$

式中，$t^{\mathrm{T}} \in \mathbb{R}^{n\times 1}$，$s(k) = A(k)e(k)$ 的特征函数为 $\varphi_{s(k)}(t)$，$q(k+1) = \varGamma(k+1)w(k+1)$ 的特征函数为 $\varphi_{q(k+1)}(t)$。在本节运用两种不同的方法对非线性系统（5.3.18）和式（5.3.19）线性化，然后对应得到了 $e(k+1)$ 的两种不同的近似递推形式，最后得到 $e(k+1)$ 的特征函数 $\varphi_{e(k+1)}(t)$ 的近似递推表示形式（5.3.30）。

5.3.4　滤波方法的设计

参考从 KF 推广到 EKF 的思想，针对已获取估计误差 $e(k+1)$ 的特征函数 $\varphi_{e(k+1)}(t)$ 的递推表达式，套用 5.3.3 节设计的基于特征函数的滤波方法，能够运用类似的推导过程获取权重函数的范围，并求解得出滤波器增益矩阵进而得到滤波器。

类似地，设计性能指标：

$$J = \left(\int_{\Omega}K(t)\varphi_g(t)\ln\frac{\varphi_g(t)}{\varphi_{e(k+1)}(t)}\mathrm{d}t\right)\left(\int_{\Omega}K(t)\varphi_g(t)\ln\frac{\varphi_g(t)}{\varphi_{e(k+1)}(t)}\mathrm{d}t\right)^{\mathrm{T}}$$
$$+ K^{\mathrm{T}}(k)R(k)K(k) \quad (5.3.35)$$
$$= J_0 + K^{\mathrm{T}}(k)R(k)K(k)$$

通过对该性能指标优化处理，即可得到关于增益矩阵的方程：

$$c^{\mathrm{T}}(k)a(k)(y(k)-\hat{y}(k))^{\mathrm{T}} + c^{\mathrm{T}}(k)c(k)K(k)(y(k)-\hat{y}(k))(y(k)-\hat{y}(k))^{\mathrm{T}} + R(k)K(k) = 0$$
$$(5.3.36)$$

式中

$$a(k) = \int_{\Omega}K(t)\varphi_g(t)\ln\varphi_g(t)\mathrm{d}t - \int_{\Omega}K(t)\varphi_g(t)\ln\varphi_{s(k)}(t)\mathrm{d}t$$
$$- \int_{\Omega}K(t)\varphi_g(t)\ln\varphi_{q(k+1)}(t)\mathrm{d}t \quad (5.3.37)$$

$$c(k) = \int_{\Omega}K(t)\varphi_g(t)\mathrm{j}t\mathrm{d}t \quad (5.3.38)$$

进而能够获取如下所设计的滤波器：

$$\hat{x}(k+1) = \varPhi(\hat{x}(k),k) + K(k)\tilde{y}(k+1)$$

$$\hat{y}(k+1) = H(\varPhi(\hat{x}(k),k)) + E\{v(k+1)\}$$

在本小节中考虑非高斯系统退化为状态模型为线性、观测模型为多维非线性非高斯的动态系统，论述所设计滤波算法的普适性。

若非线性系统（5.3.18）和式（5.3.19）退化为如下线性方程，

$$x(k+1) = A(k)x(k) + \varGamma(k+1)w(k+1) \tag{5.3.39}$$

$$y(k+1) = H(x(k+1),k+1) + v(k+1) \tag{5.3.40}$$

则滤波器（5.3.20）和式（5.3.21）退化为

$$\hat{x}(k+1) = A(k)\hat{x}(k) + K(k)\tilde{y}(k+1) \tag{5.3.41}$$

$$\tilde{y}(k+1) = H(\varPhi(\hat{x}(k),k)) + E\{v(k+1)\} \tag{5.3.42}$$

在此类情况下，通过式（5.3.39）和式（5.3.41）可以直接获取 $e(k+1)$ 的递推表达式，式（5.3.39）中的状态转移矩阵，即为估计误差递推表达式（5.3.32）中的 $A(k)$。因此滤波器（5.3.41）和式（5.3.42）为滤波器（5.3.20）和式（5.3.21）的一种退化形式。

针对一种退化后的系统模型所设计的滤波方法，均可以应用到本章节中，针对状态模型和测量模型均为多维非线性非高斯的动态系统设计的滤波方法。因此本节所设计的滤波器（5.3.20）和式（5.3.21）具有普适性，文献[9]所设计的基于特征函数的滤波方法，以及第 4 章中所改进的基于特征函数的滤波方法，均是滤波器（5.3.20）和式（5.3.21）的一种特殊形式。

5.3.5　仿真实验

本节将分别针对系统噪声为高斯和非高斯的非线性系统，验证本章所建立的针对系统状态模型和观测模型均为多维非线性的滤波器性能。考虑如下系统模型：

$$\begin{bmatrix} x_1(k) \\ x_2(k) \end{bmatrix} = \begin{bmatrix} 5\sin(\alpha x_1(k-1)) + 5\cos(\beta x_2(k-1)) \\ x_1(k-1) + x_2(k-1) \end{bmatrix} + \begin{bmatrix} 0.5 \\ 0.4 \end{bmatrix} w(k)$$

$$\begin{bmatrix} y_1(k) \\ y_2(k) \end{bmatrix} = \begin{bmatrix} \gamma x_1^2(k) + x_2(k) \\ x_1(k) \end{bmatrix} + v(k)$$

式中，权重函数 $\eta(t) = 2\exp(120jt\mu - 2.1tM_2t^{\mathrm{T}})$；$\mu = [0.0001,0.001]^{\mathrm{T}}$；$M_2 = 0.0005I_2$。权重矩阵设定为 $R(k) = \mathrm{diag}\{6\times10^{-5}, 2\times10^{-5}\}$，状态初始值设定为 $x_0 = [10,0.6]^{\mathrm{T}}$，且 $w(k)$、$v(k)$ 和 x_0 符合假设 5.3.1，状态函数和测量函数符合假设 5.3.4，$T = 1\mathrm{s}$，α、β 和 γ 为待定的系统参数，分别刻画系统的状态方程和测量方程的非线性程度。

为了便于标记，将围绕标称轨道线性化设计的滤波器标记为 CFF1，围绕估计值线性化设计的滤波器标记为 CFF2。

1. 围绕标称轨迹线性化滤波器（CFF1）仿真

1）过程噪声和观测噪声为高斯情况

在本小节中，假设 $w(k)$ 和 $v(k)$ 为方差分别为 0.008 和 diag$\{0.005, 0.002\}$ 的零均值高斯白噪声。

图 5.3.7、图 5.3.8 和表 5.3.6 是在状态方程和测量方程均为多维非线性高斯系统中，围绕标称轨道线性化状态方程设计的滤波方法的验证结果。由图 5.3.7 可以直观看出，在 $\alpha = \beta = 0.05$、$\gamma = 1$ 时，本章所设计的滤波器 CFF1、EKF 和 UKF 拥有性能相近的跟踪效果，均能够及时有效地对目标状态进行估计和跟踪。但是从图 5.3.8 容易看出三种滤波器跟踪性能的绝对误差，与 EKF 和 UKF 相比，CFF1 对于目标状态的滤波误差要小一些。表 5.3.6 为 EKF、UKF 和 CFF1 在 α、β 和 γ 取不同值时得到的平均绝对误差的对比数据，第 4 列为 EKF 的平均绝对误差，第 5 列

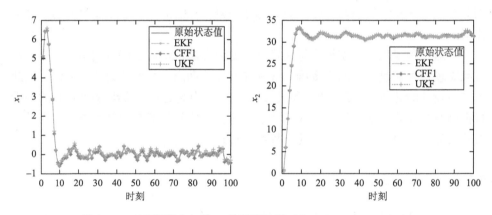

图 5.3.7　对目标状态 x_1 和 x_2 的跟踪效果（$\alpha = \beta = 0.05$、$\gamma = 1$）

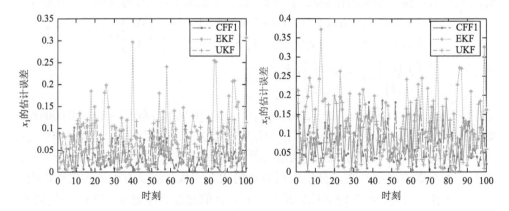

图 5.3.8　对目标状态 x_1 和 x_2 跟踪的绝对误差（$\alpha = \beta = 0.05$、$\gamma = 1$）

和第 6 列为 UKF 的平均绝对误差及相对于 EKF 提高的精度，第 7～9 列为 CFF1 的绝对误差及相对于 EKF、UKF 提高的精度。容易看出，UKF 的误差相对于 EKF 要小一些，并且精度有所提高，而 CFF1 的误差比 UKF 还要小，精度还要高。这也验证了 UKF 相对于 EKF，更能适用于较强的非线性系统中，而本章所设计的滤波器 CFF1 相对于 UKF 对系统的非线性适应程度更强。

表 5.3.6　估计误差对比（一）

系统参数		绝对平均估计误差	EKF	UKF-EKF		CFF1-EKF		CFF1-UKF
α 和 β	γ							
0.01	0.5	x_1	0.062	0.060	3.69%	0.057	8.17%	4.66%
		x_2	0.106	0.095	10.03%	0.092	12.96%	3.26%
0.02	0.6	x_1	0.088	0.070	20.32%	0.060	32.24%	14.96%
		x_2	0.117	0.103	12.08%	0.091	21.48%	10.92%
0.03	0.7	x_1	0.091	0.068	25.63%	0.053	41.62%	21.50%
		x_2	0.133	0.111	16.74%	0.096	27.78%	13.26%
0.04	0.8	x_1	0.091	0.071	21.22%	0.060	33.26%	15.29%
		x_2	0.146	0.121	17.17%	0.098	33.11%	19.24%
0.05	1.0	x_1	0.092	0.078	14.64%	0.062	32.79%	21.25%
		x_2	0.153	0.112	26.94%	0.081	47.42%	28.04%
0.1	2.0	x_1	0.094	0.063	32.70%	0.062	34.18%	2.21%
		x_2	0.197	0.118	40.31%	0.106	45.45%	10.28%

2）过程噪声和测量噪声为非高斯情况

在本小节中：①假设 $w(k)$ 和 $v(k)$ 均为服从 [-1, 1] 的均匀分布（UD）的非高斯噪声；②假设 $w(k)$ 和 $v(k)$ 均为服从自由度 $n=1$ 的卡方分布（CSD）的非高斯噪声，由于此情况不符合 EKF、UKF 的适用条件，仅能验证 CFF1 的估计效果。

图 5.3.9、图 5.3.10 和表 5.3.7 是针对非高斯系统，验证所设计的滤波器 CFF2 的性能效果。图 5.3.9 直观地展示出 CFF1 对于目标状态的跟踪效果，当 $\alpha = \beta = 0.05$、$\gamma = 1$ 时，CFF1 能够及时有效地跟踪目标状态，并且从图 5.3.10 可以看出状态 x_1 和 x_2 的跟踪误差均保持在可接受的范围。从表 5.3.7 可以看出，在两种不同的非高斯系统中，随着 α、β 和 γ 逐渐增大，系统的非线性程度逐渐增强，

关于状态 x_1 和 x_2 滤波器的估计误差逐渐增大。因此验证了针对非高斯动态系统，CFF1 在非线性较弱的情况下有很好的跟踪效果，但随着系统的非线性增加，CFF1 滤波器的性能也在逐渐衰退。

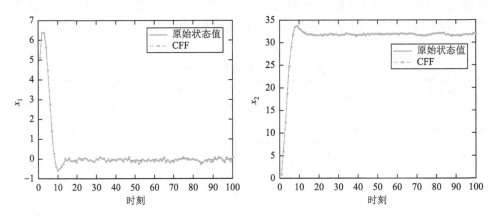

图 5.3.9　对目标状态 x_1 和 x_2 的跟踪效果（均匀分布 $\alpha = \beta = 0.05$ 、 $\gamma = 1$ ）

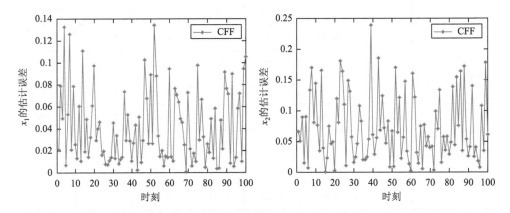

图 5.3.10　对目标状态 x_1 和 x_2 跟踪的绝对误差（均匀分布 $\alpha = \beta = 0.05$ 、 $\gamma = 1$ ）

表 5.3.7　估计误差对比（二）

系统参数		绝对平均估计误差	EKF	UKF	CFF1（UD）	CFF1（CSD）
α 和 β	γ					
0.01	0.5	x_1	×	×	0.048	0.049
		x_2	×	×	0.077	0.076
0.02	0.6	x_1	×	×	0.040	0.049
		x_2	×	×	0.084	0.072

续表

系统参数		绝对平均估计误差	EKF	UKF	CFF1（UD）	CFF1（CSD）
α和β	γ					
0.03	0.7	x_1	×	×	0.054	0.058
		x_2	×	×	0.085	0.084
0.04	0.8	x_1	×	×	0.064	0.066
		x_2	×	×	0.077	0.071
0.05	1.0	x_1	×	×	0.059	0.070
		x_2	×	×	0.078	0.090
0.1	2.0	x_1	×	×	0.106	0.089
		x_2	×	×	0.104	0.103

注：符号"×"表示此滤波器不能产生结果。

2. 围绕估计值线性化滤波器（CFF2）仿真

1）过程噪声和观测噪声为高斯情况

在本小节中，假设 $w(k)$ 和 $v(k)$ 为方差分别为 0.008 和 diag{0.005,0.002} 的零均值高斯白噪声。

图 5.3.11、图 5.3.12 和表 5.3.8 是在状态方程和测量方程均为多维非线性高斯系统中，围绕估计值局部线性化状态方程设计的滤波方法的验证结果。由图 5.3.11 可以直观看出，在 $\alpha = \beta = 0.05$、$\gamma = 1$ 时，本章所设计的滤波器 CFF2 和 EKF、UKF 拥有性能相近的跟踪效果，均能够及时有效地对目标状态进行估计和跟踪。但是从图 5.3.12 容易看出三种滤波器跟踪性能的绝对误差，与 EKF 和 UKF 相比，

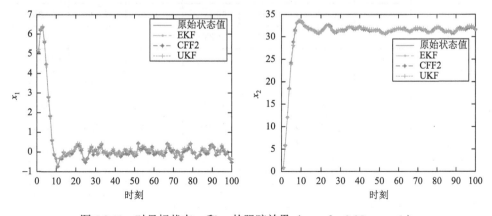

图 5.3.11　对目标状态 x_1 和 x_2 的跟踪效果（$\alpha = \beta = 0.05$、$\gamma = 1$）

CFF2 对于目标状态的滤波误差要小一些。表 5.3.8 为 EKF、UKF 和 CFF2 在 α、β 和 γ 取不同值时得到的平均绝对误差的对比数据，第 4 列为 EKF 的平均绝对误差，第 5～6 列为 UKF 的平均绝对误差及相对于 EKF 提高的精度，第 7～9 列为 CFF2 的绝对误差及相对于 EKF、UKF 提高的精度。容易看出，UKF 的误差相对于 EKF 要小一些，并且精度有所提高，而相对于 EKF 和 UKF，CFF2 的误差还要小，精度还要高。这也验证了 UKF 相对于 EKF，更能适用于较强的非线性系统中，而本章所设计的滤波器 CFF2 相对于 UKF 对系统的非线性适应程度更强。

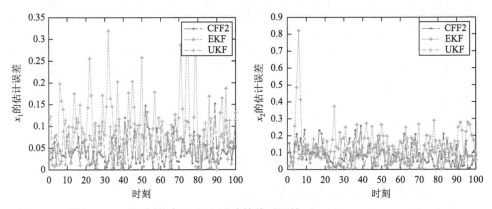

图 5.3.12　对目标状态 x_1 和 x_2 跟踪的绝对误差（$\alpha = \beta = 0.05$、$\gamma = 1$）

表 5.3.8　估计误差对比（三）

系统参数		绝对平均估计误差	EKF	UKF-EKF		CFF2-EKF		CFF2-UKF
α 和 β	γ							
0.01	0.5	x_1	0.074	0.059	20.32%	0.0445	40.11%	24.83%
		x_2	0.107	0.104	2.61%	0.0814	24.07%	22.03%
0.02	0.6	x_1	0.098	0.068	30.36%	0.0500	48.72%	26.36%
		x_2	0.132	0.098	25.83%	0.0873	33.86%	10.83%
0.03	0.7	x_1	0.083	0.063	24.25%	0.0449	46.10%	28.84%
		x_2	0.145	0.091	37.11%	0.0720	50.24%	20.88%
0.04	0.8	x_1	0.097	0.064	33.57%	0.0428	55.78%	33.44%
		x_2	0.171	0.094	44.73%	0.0741	56.62%	21.50%
0.05	1.0	x_1	0.096	0.089	7.58%	0.0698	28.45%	21.57%
		x_2	0.149	0.109	26.90%	0.0763	48.69%	29.81%
0.10	2.0	x_1	0.093	0.091	2.68%	0.0750	19.61%	17.40%
		x_2	0.210	0.121	42.25%	0.1052	49.95%	13.34%

2）过程噪声和测量噪声为非高斯情况

在本小节中：①假设 $w(k)$ 和 $v(k)$ 均为服从[–1, 1]的均匀分布的非高斯噪声；②假设 $w(k)$ 和 $v(k)$ 均为服从自由度 $n=1$ 的卡方分布的非高斯噪声，由于此情况不符合 EKF、UKF 的适用条件，仅能验证 CFF2 的估计效果。

图 5.3.13、图 5.3.14 和表 5.3.9 是针对非高斯系统，验证所设计的滤波器 CFF2 的性能效果。图 5.3.13 直观地展示出 CFF2 对于目标状态的跟踪效果，当 $\alpha=\beta=0.05$、$\gamma=1$ 时，CFF2 能够及时有效地跟踪目标状态，并且从图 5.3.14 可以看出状态 x_1 和 x_2 的跟踪误差均保持在可接受的范围。从表 5.3.9 可以看出，在两种不同的非高斯系统中，随着 α、β 和 γ 逐渐增大，系统的非线性程度逐渐增强，关于状态 x_1 和 x_2 滤波器的估计误差逐渐增大。因此验证了针对非高斯动态系统，CFF2 在非线性较弱的情况下有很好的跟踪效果，但随着系统的非线性增加，CFF2 滤波器的性能也在逐渐衰退。

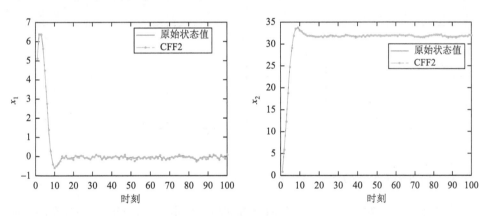

图 5.3.13　对目标状态 x_1 和 x_2 的跟踪效果（均匀分布 $\alpha=\beta=0.05$、$\gamma=1$）

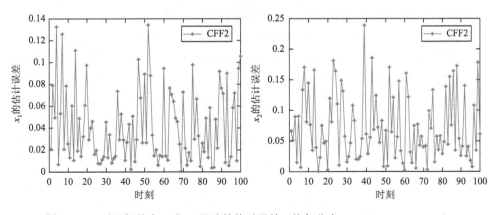

图 5.3.14　对目标状态 x_1 和 x_2 跟踪的绝对误差（均匀分布 $\alpha=\beta=0.05$、$\gamma=1$）

表 5.3.9　估计误差对比（四）

系统参数		绝对平均估计误差	EKF	UKF	CFF2（UD）	CFF2（CSD）
α和β	γ					
0.01	0.5	x_1	×	×	0.035	0.045
		x_2	×	×	0.077	0.066
0.02	0.6	x_1	×	×	0.047	0.045
		x_2	×	×	0.076	0.086
0.03	0.7	x_1	×	×	0.048	0.049
		x_2	×	×	0.075	0.076
0.04	0.8	x_1	×	×	0.043	0.053
		x_2	×	×	0.087	0.073
0.05	1.0	x_1	×	×	0.050	0.068
		x_2	×	×	0.098	0.084
0.1	2.0	x_1	×	×	0.054	0.071
		x_2	×	×	0.091	0.087

3. CFF1 和 CFF2 的滤波性能对比

在本小节仿真实验中：①假设 $w(k)$ 和 $v(k)$ 均为服从[-1, 1]的均匀分布的非高斯噪声；②假设 $w(k)$ 和 $v(k)$ 均为服从自由度 $n = 1$ 的卡方分布的非高斯噪声，针对此类非高斯系统比较两种滤波方法的跟踪效果。

由于标称轨道是在不考虑噪声情况下的目标状态，而估计值是通过滤波方法对于真实目标状态的估计，所以与标称轨道相比，估计值的误差要小一些。因此，对于非线性方程的线性化，CFF1 比 CFF2 要好一些。在本小节仿真实验中，针对噪声分别服从均匀分布、卡方分布的非高斯系统和噪声为白噪声的高斯系统，仿真结果证明了这一结论。仿真跟踪图 5.3.15～图 5.3.20 表明，本章所设计的两种滤波器 CFF1 和 CFF2 在 $\alpha = \beta = 0.05$、$\gamma = 1$时均能及时有效地对目标状态进行估计；从表 5.3.10 容易看出，在三种不同的系统中，随着状态方程的非线性程度的增强，本节所设计的两种滤波方法的估计误差都有所增大，而 CFF2 的平均绝对误差要比 CFF1 小一些。因此得出结论，在基于特征函数的非线性滤波方法的设计过程中，CFF2 相对于 CFF1 更能够适用于非线性较强的非高斯动态系统。

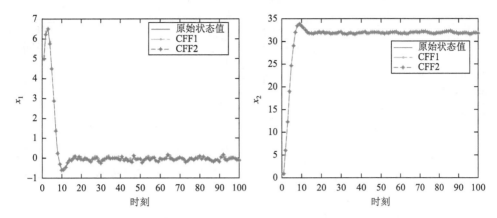

图 5.3.15　对目标状态 x_1 和 x_2 的跟踪效果（均匀分布 $\alpha = \beta = 0.05$、$\gamma = 1$）

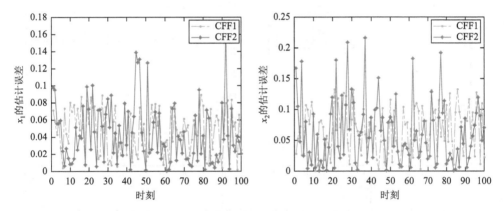

图 5.3.16　对目标状态 x_1 和 x_2 跟踪的绝对误差（均匀分布 $\alpha = \beta = 0.05$、$\gamma = 1$）

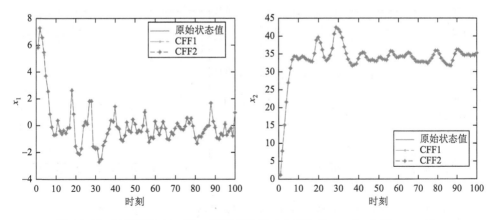

图 5.3.17　对目标状态 x_1 和 x_2 的跟踪效果（卡方分布 $\alpha = \beta = 0.05$、$\gamma = 1$）

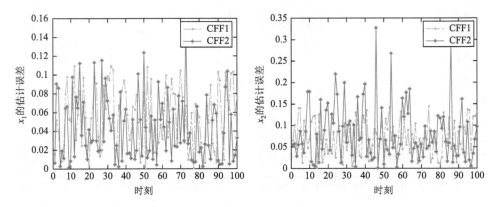

图 5.3.18　对目标状态 x_1 和 x_2 跟踪的绝对误差（卡方分布 $\alpha = \beta = 0.05$、$\gamma = 1$）

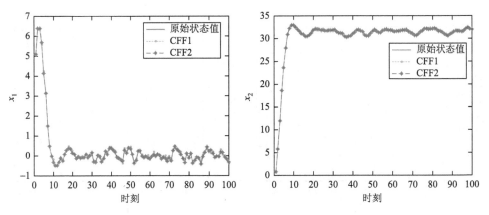

图 5.3.19　对目标状态 x_1 和 x_2 的跟踪效果（高斯分布 $\alpha = \beta = 0.05$、$\gamma = 1$）

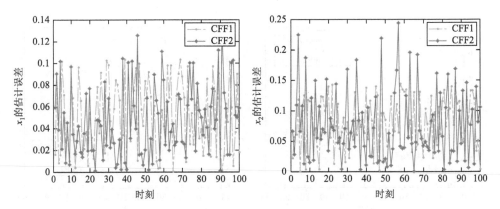

图 5.3.20　对目标状态 x_1 和 x_2 跟踪的绝对误差（高斯分布 $\alpha = \beta = 0.05$、$\gamma = 1$）

表 5.3.10　两种设计的滤波方法误差对比

系统参数		绝对平均估计误差	均匀分布		卡方分布		高斯分布	
α和β	γ		CFF1	CFF2	CFF1	CFF2	CFF1	CFF2
0.01	0.5	x_1	0.044	0.039	0.049	0.045	0.052	0.039
		x_2	0.065	0.059	0.076	0.066	0.075	0.074
0.02	0.6	x_1	0.045	0.042	0.049	0.045	0.056	0.042
		x_2	0.090	0.065	0.072	0.086	0.072	0.073
0.03	0.7	x_1	0.054	0.046	0.058	0.049	0.062	0.044
		x_2	0.080	0.077	0.084	0.076	0.080	0.076
0.04	0.8	x_1	0.059	0.048	0.066	0.053	0.062	0.054
		x_2	0.071	0.068	0.071	0.073	0.083	0.079
0.05	1.0	x_1	0.063	0.066	0.070	0.068	0.068	0.059
		x_2	0.094	0.072	0.090	0.084	0.085	0.084
0.10	2.0	x_1	0.077	0.072	0.089	0.071	0.089	0.064
		x_2	0.106	0.084	0.103	0.087	0.131	0.101

　　围绕标称轨道线性化滤波方法已能够结合 Kalman 滤波得以应用，针对复杂的轨道系统存在的计算量大、算法时间较长的问题，CFF1 能够将目标状态离散化，提高计算的实时性，而 CFF2 仅能在线进行。

5.3.6　本节小结

　　为了扩展基于特征函数滤波方法的应用范围，本节针对状态模型和测量模型均为多维非线性的非高斯的动态系统，进行了滤波方法的设计。在滤波器设计过程中，参考了从 KF 到 EKF 滤波方法的思想，分别运用两种方法对状态模型进行了线性化，得出了估计误差特征函数的递推表达式，并据此设计出新的性能指标并得出较为通用的非线性滤波方法，通过计算机 MATLAB 仿真实验验证了所设计滤波方法的有效性。从而克服了第 4 章中所设计滤波器仅适用于状态模型为线性的局限，使新方法更具有普适性。

5.4　线性系统噪声有限采样下状态估计的最大相关熵滤波器设计

　　最大熵原理是在 1957 年由 Jaynes 提出的，这种原理主要是针对外界存在不确定性条件时，通过已掌握的部分知识，选择出最符合现有知识但熵值最大的概率分布。因此，熵的定义实际上是基于随机变量的不确定性，当熵值越大时，说明当前时刻随机变量的不稳定性越大，对其行为做出精准的预判越困难。

最大熵原理通过对随机变量的特性进行统计分析，总结出最符合客观事实的准则，也被称为最大信息原理。由于随机变量本身存在着不确定性，因此其概率分布往往会很难测定，一般情况下只能获得各种均值信息，如数学期望和方差等，或者能得到某些限定条件下的峰值及其取值个数等；虽然这些值的分布在理论上会存在无穷多种可能性，但常会存在一种使得熵值最大化的统计分布。选用这种具有最大熵的分布作为随机变量的分布，往往都是一种非常有效的处理方式。

传统的 Kalman 滤波算法是在线性高斯条件下实现的，并能够在 MMSE 准则下，获得最优的估计结果；但在非高斯条件下，尤其是当运行系统的观测受到脉冲噪声时，其性能必然显著降低。出现这种情况的原因主要是 Kalman 滤波算法是基于 MMSE 标准开发的，由于符合高斯分布的随机变量仅需要一阶矩和二阶矩的统计特性，就是可以对其进行完全刻画；但当被估计随机变量包含有需要三阶及其以上统计矩信息时，这对于仅考虑了被估计高斯型随机变量的一阶矩和二阶矩统计特性的 MMSE 准则，就难以完全刻画其动态特性了，因此，就造成 Kalman 滤波算法对于被估计变量中包含的诸如离群点等非高斯特性的现象很敏感。为了解决这个问题，相关研究使用了最大熵准则去衍生出一个新的卡尔曼滤波算法，这种算法能够在观测噪声为非高斯的环境下也有着较高的估计精度，主要是由于熵包含了二阶和更高阶的误差信息。

5.4.1　最大熵原理

最大熵原理是一个被定义为两个一维随机变量之间的相似性度量，给定两个随机变量 $X, Y \in \mathbb{R}^1$，它们的联合分布函数为 $F_{XY}(x, y)$，则它们的最大相关熵就定义为[10, 11]

$$V(X, Y) = E\{\kappa(X, Y)\} = \int \kappa(x, y)\mathrm{d}F_{XY}(x, y) \qquad (5.4.1)$$

式中，E 表示期望运算符；$\kappa(\cdot, \cdot)$ 是一个平移不变的 Mercer 内核；(x, y) 是随机变量 (X, Y) 对的实现。如果没有被特别强调，这个核函数就是高斯核，通常是由式（5.4.2）定义：

$$\kappa(x, y) = G_\sigma(e) = \exp\left(-\frac{e^2}{2\sigma^2}\right) \qquad (5.4.2)$$

式中，$e = x - y$；$\sigma > 0$ 表示核带宽。

对式（5.4.2）进行泰勒级数展开，可以得到

$$\kappa(x,y) = G_\sigma(e) = \exp\left(-\frac{e^2}{2\sigma^2}\right) = \sum_{k=0}^{\infty} \frac{(-1)^k}{2^n \sigma^{2n} k!} E\{(x-y)^{2k}\} \tag{5.4.3}$$

则如式（5.4.1）的最大相关熵可有表达式：

$$
\begin{aligned}
V(X,Y) = E\{\kappa(X,Y)\} &= \int \sum_{k=0}^{\infty} \frac{(-1)^k}{2^n \sigma^{2n} k!} (x-y)^{2k} \, \mathrm{d}F_{XY}(x,y) \\
&= \sum_{k=0}^{\infty} \frac{(-1)^k}{2^k \sigma^{2k} k!} \int (x-y)^{2k} \, \mathrm{d}F_{XY}(x,y) \\
&= \sum_{k=0}^{\infty} \frac{(-1)^k}{2^k \sigma^{2k} k!} E\{(X-Y)^{2k}\}
\end{aligned}
\tag{5.4.4}
$$

式中

$$E\{(X-Y)^{2k}\} = \int (x-y)^{2k} \, \mathrm{d}F_{XY}(x,y) \tag{5.4.5}$$

为两个随机变量 $X, Y \in \mathbb{R}^1$ 的 $2k$ 阶矩统计量。

然而，在大多数实际情况下，联合分布 F_{XY} 通常是未知的，常存在有针对随机变量对 (X,Y) 的有限实现，$(x^{(i)}, y^{(i)})$, $i=1,2,\cdots,N$；在这些情况下，可以使用样本均值估计器估计各向异性。

$$E\{(X-Y)^{2k}\} = \frac{1}{N}\left(\sum_{i=1}^{N} (x^{(i)} - y^{(i)})^{2k}\right) \tag{5.4.6}$$

结合式（5.4.4），我们有在有限数据驱动下随机变量变量对 (X,Y) 的最大相关熵表达式：

$$
\begin{aligned}
\hat{V}(X,Y) = E\{\kappa(X,Y)\} &= \int \sum_{k=0}^{\infty} \frac{(-1)^k}{2^k \sigma^{2k} k!} (x-y)^{2k} \, \mathrm{d}F_{XY}(x,y) \\
&= \sum_{k=0}^{\infty} \frac{(-1)^k}{2^k \sigma^{2k} k!} \frac{1}{N}\left(\sum_{i=1}^{N} (x^{(i)} - y^{(i)})^{2k}\right) \\
&= \frac{1}{N}\left(\sum_{k=0}^{\infty} \frac{(-1)^k}{2^k \sigma^{2n} k!} \sum_{i=1}^{N} (x^{(i)} - y^{(i)})^{2k}\right) \\
&= \frac{1}{N}\left(\sum_{k=0}^{\infty} \frac{(-1)^k}{2^k \sigma^{2k} k!} \sum_{i=1}^{N} (e^{(i)})^{2k}\right) \\
&= \frac{1}{N}\sum_{i=0}^{\infty} G_\sigma(e^{(i)})
\end{aligned}
\tag{5.4.7}
$$

如式（5.4.7）所示，可以看到最大熵是一个所有随机变量 $X-Y$ 的偶次矩的加权总和，这个核带宽表现为随机变量的二阶统计矩，伴随着一个非常大的 σ（相比于动态数据范围）的高阶偶数阶矩，因此，最大熵将主要是由二阶矩提供。

注释 5.4.1 （1）两个多维随机变量 $X, Y \in \mathbb{R}^{n \times 1}$ 之间的互信息熵表示为各分量之和，因为不同分量之间也有相关性。

$$E\{\{(X-Y)^{\mathrm{T}}(X-Y)\}^k\} = \frac{1}{N}[(x^{(i)} - y^{(i)})^{\mathrm{T}}(x^{(i)} - y^{(i)})]^k$$

（2）若我们有能力评估不同阶矩的重要性，并且仅考虑有限阶矩，这样我们有

$$\hat{V}(X,Y) = \sum_{k=0}^{L} \alpha_k \frac{1}{N} \left(\sum_{i=1}^{N} (x^{(i)} - y^{(i)})^{2k} \right) \tag{5.4.8}$$

那么可以讨论式（5.4.8）中的系数 α_k 是否可以依照不同阶矩的重要性而确定。

5.4.2 经典 Kalman 滤波器

考虑一个如下的线性系统：

$$x(k+1) = A(k+1,k)x(k) + w(k) \tag{5.4.9}$$

$$y(k+1) = H(k+1)x(k+1) + v(k+1) \tag{5.4.10}$$

式中，$x(k) \in \mathbb{R}^n$ 表示 n 维的状态向量；$y(k) \in \mathbb{R}^m$ 表示 m 维的测量向量；A、H 分别为状态转移矩阵和观测矩阵；$w(k)$ 和 $v(k)$ 是互不相关的过程噪声和测量噪声，过程噪声符合下面的等式：

$$\begin{cases} E\{w(k)\} = E\{v(k)\} = 0 \\ E\{w(k)w^{\mathrm{T}}(k)\} = Q(k) \\ E\{v(k+1)v^{\mathrm{T}}(k+1)\} = R(k+1) \end{cases} \tag{5.4.11}$$

且观测噪声为非高斯白噪声。

$$\hat{x}(k \mid k) = E\{x(k) \mid \hat{x}_0, y(1), y(2), \cdots, y(k)\} \tag{5.4.12}$$

$$P(k \mid k) = E\{[x(k) - \hat{x}(k \mid k)][x(k) - \hat{x}(k \mid k)]^{\mathrm{T}}\} \tag{5.4.13}$$

1. 时间更新过程

（1）根据系统的初始状态估计值 $\hat{x}(k \mid k)$ 和状态转移矩阵 $A(k+1,k)$ 初步得到系统的一步预测值 $\hat{x}(k+1 \mid k)$：

$$\hat{x}(k+1 \mid k) = A(k+1,k)\hat{x}(k \mid k) \tag{5.4.14}$$

（2）根据系统的初始误差的协方差矩阵 $P(k \mid k)$ 和过程噪声的方差 $Q(k)$，得到系统的预测误差的协方差矩阵 $P(k+1 \mid k)$：

$$P(k+1 \mid k) = A(k+1,k)P(k \mid k)A^{\mathrm{T}}(k+1,k) + Q(k) \tag{5.4.15}$$

2. 测量更新过程

（1）根据系统的预测误差的协方差矩阵 $P(k+1|k)$ 以及测量值的相关信息，可计算得到 KF 的增益矩阵 $K(k+1)$：

$$K(k+1) = P(k+1|k)H^{\mathrm{T}}(k+1)[H(k+1)P(k+1|k)H^{\mathrm{T}}(k+1)+R(k)]^{-1} \qquad (5.4.16)$$

（2）根据第（1）步中得到的系统的状态预测值 $\hat{x}(k+1|k)$，滤波增益 $K(k+1)$ 以及观测器的真实观测值与预测观测值之间的误差，得到系统的状态估计值 $\hat{x}(k+1|k+1)$：

$$\hat{x}(k+1|k+1) = \hat{x}(k+1|k) + K(k+1)(y(k+1)-C(k+1)\hat{x}(k+1|k)) \qquad (5.4.17)$$

（3）计算得到系统误差的协方差矩阵 $P(k+1|k+1)$：

$$P(k+1|k+1) = (I-K(k+1)C(k+1))P(k+1|k) \qquad (5.4.18)$$

5.4.3　基于最大相关熵准则的 Kalman 滤波器设计

传统的 Kalman 滤波器在高斯噪声下工作良好，但在非高斯噪声下，特别是在底层系统受到脉冲噪声干扰时，其性能会明显下降。主要原因是 KF 是基于 MMSE 准则开发的，MMSE 准则只捕获误差信号的二阶统计量，并且对较大的异常值很敏感。为了解决这一问题，我们利用最大向性准则（MCC）推导出一种新的 Kalman 滤波器，该滤波器在非高斯噪声环境下有更好的表现，因为向性包含了二阶和更高阶的误差矩。

对于 5.4.2 节描述的线性模型，我们有

$$\hat{x}(k+1|k) = x(k+1)-\tilde{x}(k+1|k) \qquad (5.4.19)$$

将式（5.4.19）视为状态变量 $x(k+1)$ 新的观测值，再结合式（5.4.10），我们有针对状态 $x(k+1)$ 组合观测方程组：

$$\begin{bmatrix} \hat{x}(k+1|k) \\ y(k) \end{bmatrix} = \begin{bmatrix} I \\ H(k+1) \end{bmatrix} x(k+1) + \begin{bmatrix} -\tilde{x}(k+1|k)) \\ v(k+1) \end{bmatrix} \qquad (5.4.20)$$

$$\hat{x}(k+1|k) = x(k+1)+(-x(k+1)+\hat{x}(k+1|k)) = x(k+1)+(-\tilde{x}(k+1|k)$$

$$y(k) = H(k)x(k)+v(k+1)$$

假设 5.4.1　预测估计误差 $\tilde{x}(k+1|k)$ 与观测噪声 $v(k+1)$ 之间是统计独立的，即 $E\{\tilde{x}(k+1|k)v^{\mathrm{T}}(k+1)\} = 0$

注释 5.4.2　若它们之间不是统计独立的，则有

$$E\left\{\begin{bmatrix} -\tilde{x}(k+1\,|\,k)) \\ v(k+1) \end{bmatrix}\begin{bmatrix} -\tilde{x}(k+1\,|\,k)) \\ v(k+1) \end{bmatrix}^{\mathrm{T}}\right\} = \begin{bmatrix} P(k+1\,|\,k) & 0 \\ 0 & R(k+1) \end{bmatrix}$$

$$= \begin{bmatrix} B_p(k+1\,|\,k)B_p^{\mathrm{T}}(k+1\,|\,k) & 0 \\ 0 & B_r(k+1)B_r^{\mathrm{T}}(k+1) \end{bmatrix}$$

$$= B(k+1)B^{\mathrm{T}}(k+1)$$

$$(5.4.21)$$

若 $E\{\tilde{x}(k+1\,|\,k)v^{\mathrm{T}}(k+1)\} = S_{\tilde{x}v}(k+1)$，那么式（5.4.21）会有所变化。

式（5.4.20）两边同时乘 $B^{-1}(k+1)$，得

$$d(k+1) = M(k+1)x(k+1) + e(k+1) \tag{5.4.22}$$

式中

$$d(k+1) = B^{-1}(k+1)\begin{bmatrix} \hat{x}(k+1\,|\,k) \\ y(k+1) \end{bmatrix} \tag{5.4.23}$$

$$M(k+1) = B^{-1}\begin{bmatrix} I \\ H(k) \end{bmatrix} \tag{5.4.24}$$

$$e(k+1) = B^{-1}(k+1)\begin{bmatrix} -\tilde{x}(k+1\,|\,k)) \\ v(k+1) \end{bmatrix} \tag{5.4.25}$$

由于

$$E\{e(k+1)e^{\mathrm{T}}(k+1)\}$$

$$= B^{-1}(k+1)E\left\{\begin{bmatrix} -\tilde{x}(k+1\,|\,k)) \\ v(k+1) \end{bmatrix}\begin{bmatrix} -\tilde{x}(k+1\,|\,k)) \\ v(k+1) \end{bmatrix}^{\mathrm{T}}\right\}(B^{-1}(k+1))^{\mathrm{T}} \tag{5.4.26}$$

$$= B^{-1}(k+1)B(k+1)B^{\mathrm{T}}(k+1)(B^{-1}(k+1))^{\mathrm{T}}$$

$$= I$$

因此，式（5.4.21）～式（5.4.25）实现了对预测估计误差向量 $\tilde{x}(k+1\,|\,k)$、观测噪声向量 $v(k+1)$ 以及它们之间的解耦统计独立。

令

$$e_j^{(i)}(k+1) = d_j^{(i)}(k+1) - m_i(k+1)x(k+1), \quad i=1,2,\cdots,N; j=1,2,\cdots \tag{5.4.27}$$

式中，下标 j 表示对应向量 $e(k+1)$ 和 $d(k+1)$ 的第 j 个分量；上标 i 表示对相应随机变量的第 i 次实现。

5.4.4　基于采样样本均值估计器的滤波器设计

现在提出以下基于最大相关熵的代价函数：

$$J_L^{(i)}(x(k)) = \frac{1}{L}\sum_{j=1}^{L} G_\sigma(e_j^{(i)}(k)), \quad i = 1, 2, \cdots, N; \ j = 1, 2, \cdots; \ L = n + m \qquad (5.4.28)$$

注释 5.4.3　式（5.4.28）中的 $L = n + m$，是基于式（5.4.20）对状态 $x(k+1)$ 的观测向量数目，与式（5.4.7）表示的不一致。若要式（5.4.28）满足要求，需将其修改如下：

$$J = \frac{1}{N}\sum_{i=1}^{N} J_L^{(i)}(x(k)) = \frac{1}{N}\frac{1}{L}\sum_{i=1}^{N}\sum_{j=1}^{L} G_\sigma(e_j^{(i)}(k))$$

则有

$$\hat{x}^{(i)}(k+1) = \arg\max_{x(k+1)} J_L^{(i)}(x(k+1)) = \arg\max_{x(k+1)}\sum_{j=1}^{L} G_\sigma(e_j^{(i)}(k+1)) \qquad (5.4.29)$$

$$\hat{x}(k+1) = \frac{1}{N}\sum_{i=1}^{N}\hat{x}^{(i)}(k+1) \qquad (5.4.30)$$

令

$$\frac{\partial J_L^{(i)}(x^{(i)}(k+1))}{\partial x^{(i)}(k+1)} = 0, \quad i = 1, 2, \cdots, N \qquad (5.4.31)$$

$$\sum_{j=1}^{L} G_\sigma(e_j^{(i)}(k))m_j^{\mathrm{T}}(k)d_j(k) = \sum_{j=1}^{L} G_\sigma(e_j^{(i)}(k))m_j^{\mathrm{T}}(k)m_j(k)x^{(i)}(k)) \qquad (5.4.32)$$

由此可得

$$x^{(i)}(k+1) = \left(\sum_{j=1}^{L}(G_\sigma(e_j^{(i)}(k+1))m_j^{\mathrm{T}}(k+1)m_j(k+1))\right)^{-1}$$
$$\cdot \left(\sum_{j=1}^{L}(G_\sigma(e_j^{(i)}(k+1))m_j^{\mathrm{T}}(k+1)d_j(k+1))\right) \qquad (5.4.33)$$

因为在式（5.4.33）的误差项中

$$e_j^{(i)}(k+1) = d_j(k+1) - w_j(k+1)x^{(i)}(k+1)$$

也含有 $x^{(i)}(k+1)$，式（5.4.33）实际上是 $x(k)$ 的不动点方程，可以重写为 $x^{(i)}(k+1) = f(x^{(i)}(k+1))$，且

$$f(x^{(i)}(k+1)) = \left(\sum_{j=1}^{L}(G_\sigma(e_j^{(i)}(k+1))m_j^{\mathrm{T}}(k+1)m_j(k+1))\right)^{-1}$$
$$\cdot \left(\sum_{j=1}^{L}(G_\sigma(e_j^{(i)}(k+1))m_j^{\mathrm{T}}(k+1)d_j(k+1))\right) \qquad (5.4.34)$$

$$\sum_{j=1}^{L} G_{\sigma}(e_j^{(i)}(k+1)) m_j^{\mathrm{T}}(k+1) m_j(k+1)$$

$$= \sum_{j=1}^{L} m_j^{\mathrm{T}}(k+1) G_{\sigma}(e_j^{(i)}(k+1)) m_j(k+1)$$

$$= [m_1^{\mathrm{T}}(k+1), \cdots, m_n^{\mathrm{T}}(k+1), m_{n+1}^{\mathrm{T}}(k+1), \cdots, m_{n+m}^{\mathrm{T}}(k+1)]$$

$$\times \mathrm{diag}\{C_x(e_1^{(i)}(k+1)), \cdots, C_x(e_n^{(i)}(k+1)), C_y(e_{n+1}^{(i)}(k+1)), \cdots, C_y(e_{n+n}^{(i)}(k+1))\}$$

$$\times [m_1^{\mathrm{T}}(k+1), \cdots, m_n^{\mathrm{T}}(k+1), m_{n+1}^{\mathrm{T}}(k+1), \cdots, m_{n+m}^{\mathrm{T}}(k+1)]^{\mathrm{T}}$$

$$= M^{\mathrm{T}}(k+1) C(k+1) M(k+1) \tag{5.4.35}$$

式中

$$C(k+1) = \begin{bmatrix} C_x(k+1) & 0 \\ 0 & C_y(k+1) \end{bmatrix}$$

$$C_x(k+1) = \mathrm{diag}\{G_{\sigma}(e_1(k+1)), \cdots, G_{\sigma}(e_n(k+1))\} \tag{5.4.36}$$

注释 5.4.4　基于多采样数据序列信息，对状态预测误差协方差矩阵序列更新权重系数矩阵：

$$C_y(k+1) = \mathrm{diag}\{G_{\sigma}(e_{n+1}(k+1)), \cdots, G_{\sigma}(e_{n+m}(k+1))\} \tag{5.4.37}$$

式（5.4.34）可以进一步表示如下：

$$f(x^{(i)}(k+1)) = (M^{\mathrm{T}}(k+1) C(k+1) M(k+1))^{-1}$$
$$\cdot (M^{\mathrm{T}}(k+1) C(k+1) d(k+1)) \tag{5.4.38}$$

$$M(k+1) = B^{-1}(k+1) \begin{bmatrix} I \\ H(k+1) \end{bmatrix}$$

$$= \begin{bmatrix} B_p^{-1}(k+1|k) & 0 \\ 0 & B_r^{-1}(k+1) \end{bmatrix} \begin{bmatrix} I \\ H(k) \end{bmatrix}$$

$$= \begin{bmatrix} B_p^{-1}(k+1|k) \\ B_r^{-1}(k+1) H(k+1) \end{bmatrix} \tag{5.4.39}$$

$$d(k+1) = B^{-1}(k+1) \begin{bmatrix} \hat{x}(k+1|k) \\ y(k+1) \end{bmatrix}$$

$$= \begin{bmatrix} B_p^{-1}(k+1|k) \hat{x}(k+1|k) \\ B_r^{-1}(k+1) y(k+1) \end{bmatrix} \tag{5.4.40}$$

$$M^{\mathrm{T}}(k+1)C(k+1)M(k+1)$$

$$=[(B_p^{-1}(k+1\,|\,k))^{\mathrm{T}}, H^{\mathrm{T}}(k+1))(B_r^{-1}(k+1))^{\mathrm{T}}]$$

$$\times\begin{bmatrix} C_x(k+1) & 0 \\ 0 & C_y(k+1) \end{bmatrix}\begin{bmatrix} B_p^{-1}(k+1\,|\,k) \\ B_r^{-1}(k+1)H(k+1) \end{bmatrix}$$

$$=[(B_p^{-1}(k+1\,|\,k))^{\mathrm{T}}C_x(k+1),\ H^{\mathrm{T}}(k+1))(B_r^{-1}(k+1))^{\mathrm{T}}C_y(k+1)]$$

$$\times\begin{bmatrix} B_p^{-1}(k+1\,|\,k) \\ B_r^{-1}(k+1)H(k+1) \end{bmatrix}$$

$$=[(B_p^{-1}(k+1\,|\,k))^{\mathrm{T}}C_x(k+1)B_p^{-1}(k+1\,|\,k),$$

$$H^{\mathrm{T}}(k+1))(B_r^{-1}(k+1))^{\mathrm{T}}C_y(k+1)B_r^{-1}(k+1)H(k+1)] \qquad (5.4.41)$$

可以通过 B_p 得到 $B_p(k\,|\,k-1)$，由 B_r 得到 $B_r(k+1)$，由 C_x 得到 $C_x(k+1)$，由 C_y 得到 $C_y(k+1)$，为了便于描述，我们利用矩阵求逆引理的符号：

$$A:=(B_p^{-1})^{\mathrm{T}}C_x B_p^{-1},\quad B:=H^t,\quad C:=H,\quad D:=(B_r^{-1})^{\mathrm{T}}C_y B_r^{-1} \qquad (5.4.42)$$

矩阵求逆引理：设 A 是任一非奇异的 $n\times n$ 的矩阵，B 和 C 是两个 $n\times m$ 的矩阵，矩阵 $(A+BC^{\mathrm{T}})$ 与 $(I+C^{\mathrm{T}}A^{-1}B)$ 非奇异。则下列矩阵恒等式成立：

$$(A+BC^{\mathrm{T}})^{-1}=A^{-1}-A^{-1}B(I+C^{\mathrm{T}}A^{-1}+B)^{-1}C^{\mathrm{T}}A^{-1} \qquad (5.4.43)$$

可得将矩阵求逆引理与标识一起使用：

$$(W^{\mathrm{T}}(K)C(K)W(K))^{-1}=\{B_p C_x^{-1} B_p^{\mathrm{T}}-B_p C_x^{-1} B_p^{\mathrm{T}} H^{\mathrm{T}}(B_r C_y^{-1} B_r^{\mathrm{T}}+HB_p C_x^{-1} B_p^{\mathrm{T}} H^{\mathrm{T}})^{-1}HB_p C_x^{-1} B_p^{\mathrm{T}}\}$$

$$(5.4.44)$$

$$W^{\mathrm{T}}(k)C(k)D(k)=(B_p^{-1})^{\mathrm{T}}C_x B_p^{-1}\hat{x}(k\,|\,k-1)+H^{\mathrm{T}}(B_r^{-1})^{\mathrm{T}}C_y B_r^{-1}y(k) \qquad (5.4.45)$$

结合式（5.4.30）和 Kalman 滤波器，式（5.4.17）等价改写成 Kalman 滤波器形式：

$$\hat{x}(k+1\,|\,k+1)=\hat{x}(k+1\,|\,k)+\bar{K}(k+1)(y(k+1)-H(k+1)\hat{x}(k+1\,|\,k)) \qquad (5.4.46)$$

式中

$$\begin{cases} \bar{K}(k+1)=\bar{P}(k+1\,|\,k)H^{\mathrm{T}}(k+1)[H(k+1)\bar{P}(k+1\,|\,k)\bar{H}(k+1)+\bar{R}(k+1)]^{-1} \\ \bar{P}(k+1\,|\,k)=B_p(k+1\,|\,k)C_x^{-1}(k+1)B_p^{\mathrm{T}}(k+1\,|\,k) \\ \bar{R}(k+1)=B_r(k+1)C_y^{-1}(k+1)B_r^{\mathrm{T}}(k+1) \end{cases} \qquad (5.4.47)$$

另外有

$$P(k+1\,|\,k)=B_p(k+1\,|\,k)B_p^{\mathrm{T}}(k+1\,|\,k),\quad R(k+1)=B_r(k+1)B_r^{\mathrm{T}}(k+1) \qquad (5.4.48)$$

注释 5.4.5　在式（5.4.47）中，$C_x^{-1}(k+1)$ 和 $C_y^{-1}(k+1)$ 是分别因建模误差的非高斯特性造成 Kalman 滤波器性能下降的调节矩阵因子。

注释 5.4.6　当然，式（5.4.46）也是 $x(k+1)$ 的一个定点方程，因为 $\bar{K}(k+1)$ 依赖于 $\bar{P}(k+1\,|\,k)$ 和 $\bar{R}(k+1)$，两者分别通过 $C_x(k+1)$ 和 $C_y(k+1)$ 与 $x(k+1)$ 相关联。方程（5.4.47）也依赖于预测最优估计值 $\hat{x}(k+1\,|\,k)$，$\hat{x}(k+1\,|\,k)$ 通过式（5.4.30）计算得到。

算法流程如下。

（1）选择合适的核带宽 σ 和小的正整数 ε，设置初始估计值 $\hat{x}(0|0)$ 和初始协方差阵 $P(0|0)$，设 $k=1$。

（2）由 Kalman 滤波可得 $\hat{x}(k+1|k)$ 和 $P(k+1|k)$，使用 Cholesky 分解来获得 $B_p(k+1|k)$。

（3）设 $t=1$，$\hat{x}(k|k)_0 = \hat{x}(k|k-1)$。

（4）使用式（5.4.49）～式（5.4.56）来计算 $\hat{x}(k|k)_t$，$\hat{x}(k|k)_t$ 表示定点迭代 t 的估计状态：

$$\hat{x}(k+1|k+1)_t = \hat{x}(k+1|k+1)_{t-1}$$
$$+ \bar{K}(k+1)_t (y(k+1) - H(k+1)\hat{x}(k+1|k+1)_{t-1}), \quad t=1,2,\cdots,T$$
（5.4.49）

$$\hat{x}(k+1|k+1)_0 = \hat{x}(k+1|k)$$

$$\bar{K}(k+1)_t = P(k|k-1)_t H^{\mathrm{T}}(k+1)(H(k+1)P(k|k-1)_t H^{\mathrm{T}}(k+1) + R(k|k-1)_t)^{-1}$$
（5.4.50）

$$\bar{P}(k|k-1)_t = B_p(k|k-1)_t \bar{C}_x^{-1}(\hat{x}(k+1|k+1)_t) B_p^{\mathrm{T}}(k|k-1)_t \quad (5.4.51)$$

$$\bar{R}(k+1) = B_r(k+1)_t \tilde{C}_{y^{(i)}(k+1)}^{-1}(\hat{x}(k+1|k+1)_t) B_r^{\mathrm{T}}(k|k-1)_t \quad (5.4.52)$$

$$\bar{C}_x(k+1)_t = \mathrm{diag}\{G_\sigma(\tilde{e}_1(\hat{x}(k+1|k+1)_t)),\cdots,G_\sigma(\tilde{e}_1(\hat{x}(k+1|k+1)_t)\} \quad (5.4.53)$$

$$\bar{C}_y(k+1) = \mathrm{diag}\{G_\sigma(\tilde{e}_{n+1}(\hat{x}(k+1|k+1)_t)),\cdots,G_\sigma(\tilde{e}_{n+m}(\hat{x}(k+1|k+1)_t))\} \quad (5.4.54)$$

$$\bar{e}_i(k+1) = d_i(k+1) - m_i(k+1)\hat{x}(k+1|k+1)_{t-1} \quad (5.4.55)$$

（5）对比当前步骤的估计值和最后一步的估计值，若

$$\frac{\| \hat{x}(k+1|k+1)_t - \hat{x}(k+1|k+1)_{t-1} \|}{\| \hat{x}(k+1|k+1)_{t-1} \|} \leq \varepsilon \quad (5.4.56)$$

成立，就令 $\hat{x}(k+1|k+1) = \hat{x}(k+1|k+1)_T$，并继续到 $y^{(i)}(k+1) = H(k+1)x(k+1) + v^{(i)}(k+1)$，否则，$t+1 \to t$，并返回到步骤（4）。

（6）通过式（5.4.57）更新后的协方差矩阵，令 $k+1 \to k$ 并返回至步骤（2）：

$$P(k+1|k+1) = (I - \bar{K}(k+1)H(k+1))\bar{P}(k+1|k)_T (I - \bar{K}(k+1)_T H(k+1))^{\mathrm{T}}$$
$$+ \bar{K}(k+1)_T \bar{R}(k+1)\bar{K}(k+1)_T \bar{K}^{\mathrm{T}}(k+1)_T \quad (5.4.57)$$

注释 5.4.7　最大相关熵滤波算法中核带宽 σ 的设置和将来要逼近的噪声的统计特性相关，例如，对于一个白噪声而言，核带宽就相当于白噪声的方差 R，方差就表示了相应的取值范围，其数值 σ 取值越大，表示取值范围越大，相应的波形就越平滑，σ 数值越小，就表示取值范围越小，波形就越集中。假设我们现在获得了一定的统计分布和数据，并得到了状态之间的点点测量值，且状态本身是不变的，基于这种假设的前提下，或者对每一个点进行多次采样，并将采样值进行平均，获得相应的均值，将均值与每个采样点的数值进行比较，得到相应的

残差数据，统计后即可获得相应的误差统计特性。若噪声是由几个均值为 0，方差 R 不同的白噪声进行叠加组合，为了便于描述，这里用两个白噪声进行模拟，即

$$r(k) \sim \alpha N(0, R_1) + \beta N(0, R_2) \qquad (5.4.58)$$

在这里两组白噪声可以被称为两个随机生成器，将随机生成器加入测量方程中，每加入一次随机生成器，即可得到一组测量方程，获得一组测量数据，将测量值进行平均，将每一次观测的残差进行叠加，即可得到相应的均值，式（5.4.58）也可以理解为

$$r(k) \sim N(0, \alpha R_1) + N(0, \beta R_2) \qquad (5.4.59)$$

只要噪声符合标准的正态分布，由相关统计特性通过辨识得到 α 和 β。

对于小的正整数 ε 而言，决定了迭代的终止条件，若 ε 设置得越小，那么迭代的终止条件就越苛刻，因此迭代所需时间越长；若 ε 设置得越大，那么迭代的终止条件就越宽松，因此迭代所需时间越短。

5.4.5　仿真实验

考虑如下经典的匀速直线运动模型系统：

$$x(k+1) = \begin{bmatrix} 1 & T \\ 0 & 1 \end{bmatrix} x(k) + \begin{bmatrix} \dfrac{T^2}{2} & 0 \\ 0 & T \end{bmatrix} w(k) \qquad (5.4.60)$$

$$y(k+1) = \begin{bmatrix} 1 & 0 \\ 0 & 1 \end{bmatrix} x(k+1) + v(k+1) \qquad (5.4.61)$$

模型描述：$x(k)$ 表示一个 2 维的状态向量，分别表示位置和速度；并且

$$w_1(k-1) \sim N(0, 0.01), \quad w_2(k-1) \sim N(0, 0.01)$$
$$v(k+1) \sim 0.9N(0, 0.01) + 0.1N(0, 100)$$

为了便于描述，我们在仿真图中将最大相关熵滤波算法简记为 MCKF，将基于采样样本均值估计器的最大相关熵滤波算法简记为 MMKF，算法的下角标 n 表示对应的第 n 个状态变量。

表 5.4.1 是在此基础上的多次实现，图 5.4.1 和图 5.4.2 仅表示第一次仿真实现的状态跟踪曲线和误差分布曲线。

表 5.4.1　均方误差对比表

滤波算法参数设置	RMSE-x_1	RMSE-x_2
MCKF（$\sigma = 1.0, \varepsilon = 10^{-1}$）	0.232419	0.284127
MMKF（$\sigma = 1.0, \varepsilon = 10^{-1}$）	0.225675	0.278792

滤波算法参数设置	RMSE- x_1	RMSE- x_2
MCKF（ $\sigma = 1.0, \varepsilon = 10^{-2}$ ）	0.226785	0.284486
MMKF（ $\sigma = 1.0, \varepsilon = 10^{-2}$ ）	0.219762	0.279427
MCKF（ $\sigma = 1.0, \varepsilon = 10^{-6}$ ）	0.226483	0.283481
MMKF（ $\sigma = 1.0, \varepsilon = 10^{-6}$ ）	0.218742	0.278412

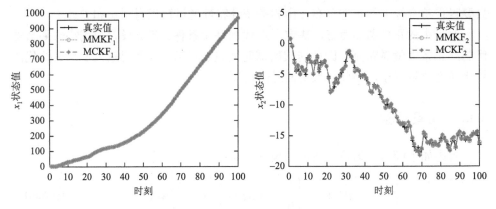

图 5.4.1　状态跟踪图

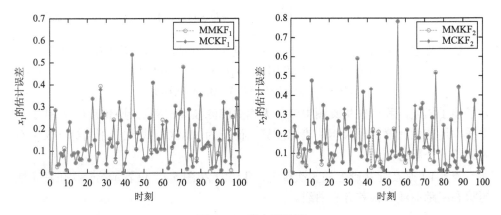

图 5.4.2　状态误差图

从仿真结果可以看出，这两种滤波算法都有着很好的跟踪效果，对于状态变量的估计精度都很高，这也就证明了基于采样样本均值估计的最大相关熵滤波算法是可行的。通过对比两者的均方误差对比表后，可以发现，当极小值 ε 数值逐渐减小时，两种滤波算法的均方误差均有所下降，这也就证实了 ε 作为迭代终止条件能很好地控制滤波器迭代算法的运行，当然，ε 并不是越小越好，因为随着 ε 数值的减小，需要迭代的次数必然增多，这在一定程度上会影响滤波算法的在线计算时间。

5.4.6　本节小结

本节主要研究的内容为最大相关熵滤波，其中一个核心思想就是最大熵原理，主要是通过对随机变量的特性进行统计分析，总结出最符合客观事实的准则。在原最大相关熵滤波算法中已说明观测噪声为非高斯噪声，但是在算法实现过程中，仅对系统进行了一次随机实现，显然，通过这种方式无法获得关于观测噪声的统计特性。为此，本节首先从原最大相关熵滤波算法中样本均值估计器的思想出发，对观测方程进行多次实现，用以更好地统计当前观测噪声的统计特性，并在此基础上重新构建了基于原测量系统的扩维系统；其次，基于对测量的重采样建立测量误差协方差矩阵，并结合预测误差协方差矩阵，建立预测估计值和测量值扩维向量的相互独立分解方法，在这个过程中，由于原最大相关熵滤波算法仅实现了一次，因此对系统进行相互独立分解的时候得到的数据存在置信度不高的问题，而本节通过统计的方式，使得独立分解过程呈现出真正意义上的样本均值估计器的思想；再次，建立用于估计系统状态的目标函数，原算法仅是对一次随机实现过程建立起的目标函数，存在的随机性过大，为此，本节将每一时刻多次实现得到的目标函数进行统计，与样本均值估计器的核心公式相对应，从而能更好地匹配原样本均值估计器的思想；然后，将增益矩阵建模为一个不动点方程，进行在线迭代优化求解，最后，通过设置不同的系数，实现在不同条件下获得的状态估计精度。

参 考 文 献

[1]　Rao B S，Durrant-Whyte H F. Fully decentralized algorithm for multisensor Kalman filtering[J]. IEEE Proceedings-D，1991，138（5）：413-420.

[2]　Vershinin Y A. A data fusion algorithm for multisensor systems[C]. ISIF，2002：341-345.

[3]　邓自立，毛琳，高媛. 多传感器最优信息融合稳态 Kalman 滤波器[J]. 科学技术与工程，2004，4（9）：744-748.

[4]　Alouai A T，Rice T R. Asynchronous track fusion revisited[C]. 29th Southeastern Symposium on System Theory，Tennessee，1997：118-122.

[5]　陆耿虹，冯冬芹. 基于粒子滤波的工业控制网络态势感知建模[J]. 自动化学报，2018，44（8）：1405-1412.

[6]　Liu Y，Wang Z，He X，et al. Filtering and fault detection for nonlinear systems with polynomial approximation[J]. Automatica，2015，（54）：348-359.

[7]　Deng X，Lu J，Yue R，et al. A strong tracking particle filter for state estimation[J]. International Conference on Natural Computation，2011，（1）：56-60.

[8]　Guo L，Wang H. Minimum entropy filtering for multivariate stochastic systems with non-Gaussian noises[J]. IEEE

Transactions on Automatic Control，2006，51（4）：695-700.

[9]　　Wen C L，Cheng X S，Xu D X，et al. Multi-dimensional observation systems filter design based on multiple characteristic function[C]. 2014 Multisensor Fusion and Information Integration，Beijing，2014.

[10]　李森，王基福，林彬. 脉冲噪声环境下基于相关熵的多径 TDOA 估计算法[J]. 电子与信息学报，2021，43（2）：289-295

[11]　Liu W，Pokharel P P，Principe J C. Correntropy: Properties and applications in non-Gaussian signal processing[J]. IEEE Transactions on Signal Processing，2007，55（11）：5286-5298.

第6章 一类可加型非线性动态系统状态估计的高阶 Kalman 滤波器设计

6.1 引 言

滤波器的设计和应用研究在国内外各个领域都占据很重要的位置。滤波器的发展与进步在国家建设中发挥重点作用，尤其是在国防建设，如状态的实时估计和目标跟踪[1-4]。1942年，维纳（Wiener）基于最小方差准则提出了维纳滤波[5]。然而，由于维纳滤波的不可递归性及仅能在平稳随机过程中应用的特性，使其难以得到广泛应用。

1960年，卡尔曼提出了 Kalman 滤波（Kalman filter，KF），其优良的特性，如递归性和最小方差准则下的最优性，使其成功应用在各个领域，尤其是军事领域[6]。但是 KF 在实际过程中难以应用在非线性非高斯系统状态估计问题的求解。为此，Sunahara 针对非线性状态估计求解问题，利用泰勒级数展开，提出一种非线性滤波器——扩展 Kalman 滤波器（extended Kalman filter，EKF）[7]。但是泰勒级数展开中的高阶项都被舍弃，因此 EKF 在求解非线性问题时会面临滤波性能下降甚至发散的问题[8]。为了求解 EKF 面临的难题，Julier 等结合 UT 提出了无迹 Kalman 滤波器（unscented Kalman filter，UKF）[9]。UKF 为确定性采样，因此对于一个 n 维系统，仅能获得 $2n+1$ 个样本点，无论维度大还是小，都因样本数量过于稀疏，难以形成对目标特性的覆盖性。此外，UKF 的权重选择问题，在算法运行过程中可能会导致算法失效。UKF 不可避免地面临与 EKF 同样的不足：随着模型的非线性逐渐增强，滤波算法会逐渐失效。加拿大学者于 2009 年提出基于另一种采样方式的非线性滤波器——容积 Kalman 滤波器（cubature Kalman filter，CKF）[10]。CKF 利用球形积分和径向积分，值得指出的是，该方法可优化 UKF 中的采样方式及权重选择机制，从而有助于算法稳定性的进一步提高。大量实例验证表示，无论 UKF 或 CKF 最多可达到对非线性系统二阶多项式近似，仍会因高阶信息大量丢失，而造成滤波性能下降，甚至因滤波估计算法发散而导致跟踪目标丢失。

之后，为了建立适应于强非线性动态系统的 Kalman 滤波形式的滤波器，研究人员开展了多种尝试，其主要代表是多项式 Kalman 滤波器的设计及其应用。

最近具有代表性的是文献[11]中所分析的，多项式扩展 Kalman 滤波器（PEKF）是 EKF 的扩展，旨在使用多项式逼近来解决固有的非线性。传统的 EKF 仅仅关注了线性项，忽略了线性化误差对滤波器性能的影响，而 PEKF 考虑给定 μ 阶非线性系统的 Carleman 逼近[12]。因而，机理上可达到比 EKF 更优的滤波效果，因此引起了很多研究者的关注，文献[13]～[16]中也报道了许多相应的结果。当 $\mu = 1$ 时，PEKF 退化至传统 EKF。然而，PEKF 方法仍然忽略了 Carleman 近似误差，尤其是在非线性严重的情况下。文献[11]针对一类非线性系统，通过引入给定阶数的 Carleman 逼近来近似表达非线性函数，并研究了基于多项式滤波的故障诊断问题。与文献[12]相比，文献[11]明确考虑了余项误差的应用，但又引入比问题本身更复杂的数学工具与运算。

上述两种方法虽然在估计准确度上都得到了有效的提高，但形式上，包括推导过程过于复杂，如复杂的形式、复杂的运算过程、复杂的数学工具等，因此对一般读者来说难以理解，例如：①克罗内克积会产生更复杂的非线性函数项，如 $(f(x(k)), w(k))^{(l)} \Rightarrow f^{(l)}(x(k)) \otimes w^{(r-l)}(k)$；②过程烦琐：泰勒级数展开式中的所有高阶二项式都要经过进一步的展开和合并，以拟合标准多项式形式；③截断误差是一个具有较小价值的高阶无穷小项，但截断误差的引入会带来几个更复杂的问题，如截断误差的重新表示，不确定项的引入等。此外，无论文献[11]还是文献[12]都试图通过复杂的方法，把问题转化到线性 KF 框架下，这种复杂性会随着展开阶数的增大而逐渐呈膨胀式增大；同时，文献[12]中所解决的高阶误差的展开，已经是高阶无穷小了，其舍入对状态估计精度的提高影响不大。

为了克服 EKF、UKF 和 PEKF 的上述问题，本章针对一类有若干非线性函数累加表示的动态系统，提出了一种高阶 Kalman 滤波器。在 6.2 节中，首先给出本章及后面章节可能用到的预备知识。在 6.3 节中，介绍了强非线性动态系统模型，并给出一个简单的案例进行说明。在 6.4 节中，将状态模型中的所有非线性函数都定义为隐变量，给出基于隐变量的强非线性系统伪线性化表示方法。在 6.5 节中，建立隐变量与所有变量之间的线性动态模型，给出基于高阶隐变量的扩维动态系统的线性化表示方法。在 6.6 节中，给出高阶 Kalman 滤波器的设计方法。在 6.7 节中，通过仿真示例验证所提方法的有效性。在 6.8 节中，对本章内容做出总结。

6.2　预备知识

多维泰勒网（multi-dimensional Taylor network，MTN）是由东南大学严洪森教授提出的，可以用输入变量的各阶多项式表示的一类非线性回归模型，与神经网络结构类似，多维泰勒网络结构由输入层、中间层和输出层组成[17-19]。假设输

入层有 n 个变量，输出为 $\hat{z}(k+1)$，则在中间层实现各变量的幂次乘积项的加权求和，其中的权重向量用 ω 表示。多维泰勒网络结构如图 6.2.1 所示。

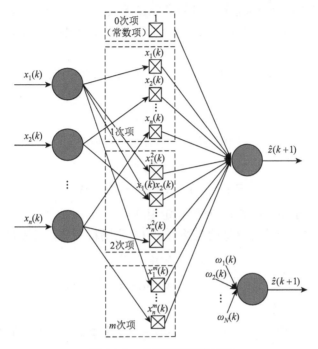

图 6.2.1　多维泰勒网络结构

引理 6.2.1[20]　对于给定闭区间内的任意连续函数，都可以用 $\mu; \mu = 1, 2, \cdots$ 阶多项式对其进行任意逼近。

假设多维泰勒网输入为 $x(k)$，输出为 $z(k+1)$，则 MTN 的动力学方程为

$$\hat{z}(k+1) = \sum_{\tau=1}^{N} \left(\omega_{\tau}(k) \prod_{i=1}^{n} x_i^{\alpha_{\tau,i}}(k) \right) \qquad (6.2.1)$$

式中

$$x(k) = [x_1(k), \cdots, x_i(k), \cdots, x_n(k)]^{\mathrm{T}}$$

$$\omega(k) = [\omega_1(k), \cdots, \omega_{\tau}(k), \cdots, \omega_N(k)]^{\mathrm{T}}$$

$\omega_{\tau}(k)$ 为第 τ 个乘积项的权重；$\alpha_{\tau,i}$ 为第 i 个输入变量的幂次；N 为乘积项的个数。

6.3　可加型强非线性动态系统描述

给定强非线性动态系统的可加型描述：

$$x^{(1)}(k+1) = f(x^{(1)}(k)) + w^{(1)}(k) \qquad (6.3.1)$$

$$y(k+1) = h(x^{(1)}(k+1)) + v(k+1) \tag{6.3.2}$$

式中，$x^{(1)}(k+1) \in \mathbb{R}^n$ 为状态向量；$y(k+1) \in \mathbb{R}^m$ 为测量向量；$f(x^{(1)}(k)) \in \mathbb{R}^n$ 和 $h(x^{(1)}(k+1)) \in \mathbb{R}^m$ 分别为状态转移函数和测量函数；$w^{(1)}(k) \in \mathbb{R}^n$ 和 $v(k+1) \in \mathbb{R}^m$ 分别为状态建模误差和测量误差；上标"（1）"表示原始状态变量，目的是区分后续引入的隐变量。

假设 6.3.1　建模误差 $w^{(1)}(k)$ 和 $v(k+1)$ 为高斯白噪声向量序列，且有如下统计特性：

$$E\{w^{(1)}(k)\} = 0 \tag{6.3.3}$$

$$E\{w^{(1)}(k)(w^{(1)}(k))^{\mathrm{T}}\} = Q^{(1)}(k) \tag{6.3.4}$$

$$E\{v(k+1)\} = 0 \tag{6.3.5}$$

$$E\{v(k+1)v^{\mathrm{T}}(k+1)\} = R(k+1) \tag{6.3.6}$$

且 $Q^{(1)}(k)$ 为半正定矩阵；$R(k+1)$ 为正定矩阵。

假设 6.3.2　系统状态变量的初始值 $x^{(1)}(0)$ 为随机变量，且满足

$$E\{x^{(1)}(0)\} = \hat{x}_0^{(1)} \tag{6.3.7}$$

$$E\{(x^{(1)}(0) - \hat{x}_0^{(1)})(x^{(1)}(0) - \hat{x}_0^{(1)})^{\mathrm{T}}\} = P_0^{(1)} \tag{6.3.8}$$

式中，$P_0^{(1)}$ 为正定矩阵。

假设 6.3.3　建模误差 $w^{(1)}(k)$、$v(k+1)$ 和状态初始值 $x^{(1)}(0)$ 之间是相互统计独立的，即

$$E\{w^{(1)}(k)v^{\mathrm{T}}(k+1)\} = 0 \tag{6.3.9}$$

$$E\{x^{(1)}(0)w^{\mathrm{T}}(k)\} = 0 \tag{6.3.10}$$

$$E\{x^{(1)}(0)v^{\mathrm{T}}(k+1)\} = 0 \tag{6.3.11}$$

6.4　可加型强非线性动态系统的伪线性化表示

针对式（6.3.1）和式（6.3.2）所示的非线性动态系统，本节给出由若干非线性函数累加表示的动态系统，为了便于描述，首先给出如式（6.4.1）和式（6.4.2）所示的以高阶多项式描述的非线性状态方程和测量方程的标量形式：

$$\begin{aligned}
x_i^{(1)}(k+1) = {}& a_{i,0} + (a_{i,1,0}x_1^{(1)}(k) + a_{i,0,1}x_2^{(1)}(k)) + \cdots \\
& + \sum_{\substack{l_1+l_2=l \\ l_1,l_2 \leqslant l}} a_{i,l_1,l_2} x_1^{l_1}(k)x_2^{l_2}(k) + \cdots \\
& + \sum_{\substack{r_1+r_2=r \\ r_1,r_2 \leqslant r}} a_{i,r_1,r_2} x_1^{r_1}(k)x_2^{r_2}(k) + w_i^{(1)}(k)
\end{aligned} \tag{6.4.1}$$

$$y_i(k+1)) = h_{i,0} + (h_{i,1,0}x_1^{(1)}(k+1) + h_{i,0,1}x_2^{(1)}(k+1)) + \cdots$$

$$+ \sum_{\substack{l_1+l_2=l \\ l_1,l_2 \leqslant l}} h_{i,l_1,l_2}x_1^{l_1}(k+1)x_2^{l_2}(k+1) + \cdots$$

$$+ \sum_{\substack{r_1+r_2=r \\ r_1,r_2 \leqslant r}} h_{i,r_1,r_2}x_1^{r_1}(k+1)x_2^{r_2}(k+1) + v_i(k+1) \qquad (6.4.2)$$

式中，$a_{i,0}$ 和 $h_{i,0}$ 为已知参数。为便于理解，本章首先给出如式（6.4.3）所示的案例来加深直观印象：

$$\begin{cases} x_1(k+1) = x_1(k) - x_2(k) - \dfrac{1}{6}x_1^3(k) - \dfrac{1}{6}x_2^3(k) + \dfrac{1}{120}x_1^5(k) + \dfrac{1}{120}x_2^5(k) + w_1(k) \\[2mm] x_2(k+1) = 1 - \dfrac{1}{2}x_1^2(k) - \dfrac{1}{2}x_2^2(k) + \dfrac{1}{24}x_1^4(k) + \dfrac{1}{24}x_2^4(k) + w_2(k) \\[2mm] y(k+1) = x_1(k+1) + x_2(k+1) - \dfrac{1}{6}x_1^3(k+1) - \dfrac{1}{6}x_2^3(k+1) \\[2mm] \qquad\qquad - \dfrac{1}{2}x_1^2(k+1)x_2(k+1) - \dfrac{1}{2}x_1(k+1)x_2^2(k+1) + v(k+1) \end{cases} \qquad (6.4.3)$$

式中，状态方程和测量方程由若干非线性函数累加组成。

注释 6.4.1　可加型包括自然可加型，如式（6.4.3）所示，通过 MTN 在标称点展开的形式及非线性函数本身为 $f_1(\cdot) + \cdots + f_n(\cdot)$ 的形式。

6.4.1　非线性状态模型的伪线性化表示

记

$$\sum_{\substack{l_1+l_2=l \\ l_1,l_2 \leqslant l}} a_{i,l_1,l_2}x_1^{l_1}(k)x_2^{l_2}(k), \quad 0 \leqslant l_1, l_2 \leqslant l; l = 1, 2, \cdots, r \qquad (6.4.4)$$

为全体 l 阶乘积张量项加权之和，其中，$x_1^{l_1}(k)x_2^{l_2}(k)$ 为 l 阶乘积张量多项式，a_{i,l_1,l_2} 为对应的系数。

定义 6.4.1　将式（6.4.1）中的高阶乘积张量全体项：

$$x^{(l)}(k) := x_1^{l_1}(k)x_2^{l_2}(k), \quad l_1 + l_2 = l, \quad 0 \leqslant l_j \leqslant l, \quad l = 1, 2, \cdots, r \qquad (6.4.5)$$

定义为相应于原始系统变量 $x^{(1)}(k)$ 的高阶隐变量。

定义 6.4.2　l 阶隐变量向量 $x^{(l)}(k)$ 的权重向量为

$$a_i^{(l)} := [a_{i;1}^{(l)}, a_{i;2}^{(l)}, \cdots, a_{i;n_l}^{(l)}] = [a_{i;l,0}, a_{i;l-1,1}, \cdots, a_{i;0,l}], \quad i = 1, 2 \qquad (6.4.6)$$

根据定义 6.4.1 和定义 6.4.2，如式（6.4.1）所示的状态模型的伪线性化如下所示：

$$
\begin{bmatrix} x_1^{(1)}(k+1) \\ x_2^{(1)}(k+1) \end{bmatrix} = \begin{bmatrix} a_1^{(1)} & \cdots & a_1^{(l)} & \cdots & a_1^{(r)} \\ a_2^{(1)} & \cdots & a_2^{(l)} & \cdots & a_2^{(r)} \end{bmatrix} \begin{bmatrix} x^{(1)}(k) \\ \vdots \\ x^{(l)}(k) \\ \vdots \\ x^{(r)}(k) \end{bmatrix} + \begin{bmatrix} w_1^{(1)}(k) \\ w_2^{(1)}(k) \end{bmatrix} \tag{6.4.7}
$$

若记

$$
x(k) := x^{(1)}(k) = \begin{bmatrix} x_1^{(1)}(k) \\ x_2^{(1)}(k) \end{bmatrix}, \quad A^{(l)} := \begin{bmatrix} a_1^{(l)} \\ a_2^{(l)} \end{bmatrix}, \quad w(k) := w^{(1)}(k) = \begin{bmatrix} w_1^{(1)}(k) \\ w_2^{(1)}(k) \end{bmatrix}
$$

则式（6.4.7）的伪线性化矩阵表示形式如式（6.4.8）所示：

$$
x^{(1)}(k+1) = [A^{(1)}, \cdots, A^{(l)}, \cdots, A^{(r)}] \begin{bmatrix} x^{(1)}(k) \\ \vdots \\ x^{(l)}(k) \\ \vdots \\ x^{(r)}(k) \end{bmatrix} + w^{(1)}(k)
$$

$$
= A^{(1)} x^{(1)}(k) + \sum_{l=2}^{r} A^{(l)} x^{(l)}(k) + w^{(1)}(k) \tag{6.4.8}
$$

注释 6.4.2　式（6.4.8）虽然已经是伪线性形式，但相对原始状态变量 $x^{(1)}(k) = [x_1(k)\ x_2(k)]^{\mathrm{T}}$，引入的高阶隐变量 $x^{(l)}(k)$, $l=2,3,\cdots,r$，仍是依赖于 $x^{(1)}(k)$ 随时间变化的，对原始状态模型仅是表示形式上的变化，并没有本质上的区别，因此称为"伪线性化"，即形式线性，实际非线性。

6.4.2　强非线性测量函数的伪线性化表示

与状态模型的伪线性化过程类似，记

$$
\sum_{\substack{l_1+l_2=l \\ l_1,l_2 \leqslant l}} h_{i,l_1,l_2} x_1^{l_1}(k+1) x_2^{l_2}(k+1), \quad l_1,l_2 \leqslant l;\ l=1,2,\cdots,r \tag{6.4.9}
$$

为全体 l 阶乘积张量项加权之和；

$$
h_{l_1,l_2}, \quad l_1+l_2=l;\ l_1,l_2 \leqslant l;\ l=1,2,\cdots,r \tag{6.4.10}
$$

为对应权重。

定义 6.4.3　对应的 l 阶隐变量向量 $x^{(l)}(k+1)$ 展开的权重向量如式（6.4.11）所示：

$$
h_i^{(l)} := [h_{i;1}^{(l)}, h_{i;2}^{(l)}, \cdots, h_{i;n_l}^{(l)}] = [h_{i;l,0}, h_{i;l-1,1}, \cdots, h_{i;0,l}], \quad i=1,2 \tag{6.4.11}
$$

根据定义 6.4.1 和定义 6.4.3，测量模型的伪线性化形式为

$$\begin{bmatrix} y_1(k+1) \\ y_2(k+1) \end{bmatrix} = \begin{bmatrix} h_1^{(1)} & \cdots & h_1^{(l)} & \cdots & h_1^{(r)} \\ h_2^{(1)} & \cdots & h_2^{(l)} & \cdots & h_2^{(r)} \end{bmatrix} \begin{bmatrix} x^{(1)}(k+1) \\ \vdots \\ x^{(l)}(k+1) \\ \vdots \\ x^{(r)}(k+1) \end{bmatrix} + \begin{bmatrix} v_1(k+1) \\ v_2(k+1) \end{bmatrix} \quad (6.4.12)$$

若记

$$y(k+1) = \begin{bmatrix} y_1(k+1) \\ y_2(k+1) \end{bmatrix}, \quad H^{(l)} := \begin{bmatrix} h_1^{(l)} \\ h_2^{(l)} \end{bmatrix}, \quad v(k+1) = \begin{bmatrix} v_1(k+1) \\ v_2(k+1) \end{bmatrix}$$

则式（6.4.12）的伪线性化矩阵形式为

$$y(k+1) = [H^{(1)}, \cdots, H^{(l)}, \cdots, H^{(r)}] \begin{bmatrix} x^{(1)}(k+1) \\ \vdots \\ x^{(l)}(k+1) \\ \vdots \\ x^{(r)}(k+1) \end{bmatrix} + v(k+1)$$

$$= H^{(1)} x^{(1)}(k+1) + \sum_{l=2}^{r} H^{(l)} x^{(l)}(k+1) + v(k+1) \quad (6.4.13)$$

注释 6.4.3　与注释 6.4.2 类似，式（6.4.13）仍然是伪线性的。

6.5　基于扩维空间非线性系统的线性化表示

为了将 6.4 节中建立的状态模型伪线性化形式和测量模型伪线性化形式，转化成真正的线性化形式，需要通过将高阶隐变量视为系统的新变量，将原始变量和高阶隐变量进行扩维，在扩维空间中实现式（6.4.8）和式（6.4.13）的线性化表示。

6.5.1　基于扩维状态空间非线性状态模型的线性化表示

为了解决注释 6.4.2 的问题，首先将 $x^{(l)}(k)$ 视为状态模型中的时变参数，并基于先验信息，建立 $k+1$ 时刻的 l 阶隐变量 $x^{(l)}(k+1)$ 与 k 时刻的所有变量 $x^{(u)}(k)$ 之间的线性耦合关系：

$$x^{(l)}(k+1) = \sum_{u=1}^{r} A_l^{(u)}(k) x^{(u)}(k), \quad u = 1, 2, \cdots, r \quad (6.5.1)$$

再将隐变量作为原始状态向量 $x^{(1)}(k)$ 的扩展变量，以实现状态模型的线性化表示。

注释 6.5.1　线性形式的耦合矩阵 $A_l^{(u)}(k)$，可依据 6.2 节中介绍的多维泰勒网，并结合原始状态模型的输入信息进行辨识；在没有任何先验信息的情况下，可将隐变量 $x^{(l)}(k+1)$ 的运动模型视为随机游走过程，并对其设置如下：

$$A_l^{(u)}(k) = \begin{cases} I, & l = u \\ 0, & l \neq u \end{cases} \tag{6.5.2}$$

依据式（6.5.1）和式（6.5.2），式（6.4.8）可改写为如下线性化向量形式：

$$\begin{bmatrix} x^{(1)}(k+1) \\ \vdots \\ x^{(l)}(k+1) \\ \vdots \\ x^{(r)}(k+1) \end{bmatrix} = \begin{bmatrix} A_1^{(1)} & \cdots & A_1^{(l)} & \cdots & A_1^{(r)} \\ \vdots & & \vdots & & \vdots \\ A_l^{(1)} & \cdots & A_l^{(l)} & \cdots & A_l^{(r)} \\ \vdots & & \vdots & & \vdots \\ A_r^{(1)} & \cdots & A_r^{(l)} & \cdots & A_r^{(r)} \end{bmatrix} + \begin{bmatrix} w^{(1)}(k) \\ \vdots \\ w^{(l)}(k) \\ \vdots \\ w^{(r)}(k) \end{bmatrix} \tag{6.5.3}$$

式中，$w^{(l)}(k)$，$l = 2,3,\cdots,r$ 是引入的高阶隐变量动态模型待确定的建模误差随机向量。

若记

$$X(k) = [(x^{(1)}(k))^{\mathrm{T}}, \cdots, (x^{(l)}(k))^{\mathrm{T}}, \cdots, (x^{(r)}(k))^{\mathrm{T}}]^{\mathrm{T}}$$

$$\overline{A}(k+1,k) = \begin{bmatrix} A_1^{(1)}(k) & \cdots & A_1^{(l)}(k) & \cdots & A_1^{(r)}(k) \\ \vdots & & \vdots & & \vdots \\ A_l^{(1)}(k) & \cdots & A_l^{(l)}(k) & \cdots & A_l^{(r)}(k) \\ \vdots & & \vdots & & \vdots \\ A_r^{(1)}(k) & \cdots & A_r^{(l)}(k) & \cdots & A_r^{(r)}(k) \end{bmatrix}$$

$$W(k) = [(w^{(1)}(k))^{\mathrm{T}}, \cdots, (w^{(l)}(k))^{\mathrm{T}}, \cdots, (w^{(r)}(k))^{\mathrm{T}}]^{\mathrm{T}}$$

则根据式（6.5.3），式（6.3.1）的线性化描述如下所示：

$$X(k+1) = \overline{A}(k+1,k)X(k) + W(k) \tag{6.5.4}$$

6.5.2 基于扩维空间非线性测量模型的线性化表示

基于上述扩维状态变量 $X(k+1)$，为了实现测量模型的线性化表示，将扩维后的状态变量视为观测模型中的被测状态变量，则测量模型的线性化形式如下所示：

$$\begin{bmatrix} y_1(k+1) \\ y_2(k+1) \end{bmatrix} = \begin{bmatrix} h_1^{(1)} & \cdots & h_1^{(l)} & \cdots & h_1^{(r)} \\ h_2^{(1)} & \cdots & h_2^{(l)} & \cdots & h_2^{(r)} \end{bmatrix} \begin{bmatrix} x^{(1)}(k+1) \\ \vdots \\ x^{(l)}(k+1) \\ \vdots \\ x^{(r)}(k+1) \end{bmatrix} + \begin{bmatrix} v_1(k+1) \\ v_2(k+1) \end{bmatrix} \tag{6.5.5}$$

若记

$$X(k+1) = [(x^{(1)}(k+1))^{\mathrm{T}}, \cdots, (x^{(l)}(k+1))^{\mathrm{T}}, \cdots, (x^{(r)}(k+1))^{\mathrm{T}}]^{\mathrm{T}}$$

$$\bar{H}(k+1) = \begin{bmatrix} h_1^{(1)} & \cdots & h_1^{(l)} & \cdots & h_1^{(r)} \\ h_2^{(1)} & \cdots & h_2^{(l)} & \cdots & h_2^{(r)} \end{bmatrix} = [H^{(1)} \quad \cdots \quad H^{(l)} \quad \cdots \quad H^{(r)}]$$

$$H^{(l)} = \begin{bmatrix} h_1^{(l)} \\ h_2^{(l)} \end{bmatrix}, \quad v(k+1) = \begin{bmatrix} v_1(k+1) \\ v_2(k+1) \end{bmatrix}$$

则式（6.3.2）的线性化形式表示如下：

$$y(k+1) = \bar{H}(k+1)X(k+1) + v(k+1) \tag{6.5.6}$$

6.6　基于高阶扩维空间的 Kalman 滤波器设计

基于式（6.5.6），可参照传统的 Kalman 滤波器方法，设计相应的高阶 Kalman 滤波器。

6.6.1　高阶扩维状态的线性系统描述

高阶扩维状态的线性动态系统重新描述如下：

$$X(k+1) = \bar{A}(k+1,k)X(k) + W(k) \tag{6.6.1}$$

$$y(k+1) = \bar{H}(k+1)X(k+1) + v(k+1) \tag{6.6.2}$$

式中，$\bar{A}(k+1,k)$ 和 $\bar{H}(k+1)$ 分别为由式（6.6.1）和式（6.6.2）建立的扩维状态 $X(k+1)$ 的状态转移矩阵和测量矩阵；$W(k)$ 为扩维状态系统的状态建模误差，依据对 $w^{(l)}(k)$ 的不同假设，假设其满足如下统计特性。

假设 6.6.1

$$E\{W(k)W^{\mathrm{T}}(k)\} = Q_W(k) \tag{6.6.3}$$

$$E\{W(k)v^{\mathrm{T}}(k+1)\} = 0 \tag{6.6.4}$$

假设 6.6.2　依据假设 6.3.2，系统（6.6.1）和式（6.6.2）的初始状态值 $X(0)$ 满足

$$E\{X(0)\} = \hat{X}_0 \tag{6.6.5}$$

$$E\{(X(0) - \hat{X}_0)(X(0) - \hat{X}_0)^{\mathrm{T}}\} = \bar{P}_0 \tag{6.6.6}$$

式中，$\bar{P}_0 \geqslant 0$ 为扩维状态初始估计误差协方差矩阵，为半正定矩阵。

6.6.2　高阶扩维状态估计的 Kalman 滤波器设计

1. 第一步：新系统初始值设置

依据原始系统的初始值 $x(0)$，满足

$$E\{x(0)\} = \hat{x}_0 = [\hat{x}_{1,0}, \hat{x}_{2,0}]^{\mathrm{T}} \tag{6.6.7}$$

$$P_0 = E\{(x(0) - \hat{x}_0)(x(0) - \hat{x}_0)^{\mathrm{T}}\} = \mathrm{diag}\{p_{1,0}, p_{2,0}\} \tag{6.6.8}$$

则结合非线性状态模型的扩维过程，新系统的初始值为

$$X(0) = [(x^{(1)}(0))^{\mathrm{T}}, \cdots, (x^{(l)}(0))^{\mathrm{T}}, \cdots, (x^{(r)}(0))^{\mathrm{T}}]^{\mathrm{T}} \tag{6.6.9}$$

扩维系统的初始状态估计值为

$$E\{X(0)\} = \hat{X}_0 = [(\hat{x}_0^{(1)})^{\mathrm{T}}, \cdots, (\hat{x}_0^{(l)})^{\mathrm{T}}, \cdots, (\hat{x}_0^{(r)})^{\mathrm{T}}]^{\mathrm{T}} \tag{6.6.10}$$

式中

$$\hat{x}_0^{(l)} := \hat{x}_{1,0}^{l_1} \hat{x}_{2,0}^{l_2}, \quad l_1 + l_2 = l; \ 0 \leqslant l_j \leqslant l; \ l = 2, \cdots, r \tag{6.6.11}$$

扩维系统的初始估计误差协方差为

$$\bar{P}_0 = E\{(X(0) - \hat{X}_0)(X(0) - \hat{X}_0)^{\mathrm{T}}\} \tag{6.6.12}$$

式中

$$\bar{P}_0 = \mathrm{diag}\{P_0^{(1)}, \cdots, P_0^{(l)}, \cdots, P_0^{(r)}\} \tag{6.6.13}$$

2. 第二步：高阶扩维状态的 Kalman 滤波器设计目标

假设已获得观测值 $y(1), y(2), \cdots, y(k)$，且已知扩维系统（6.6.1）和式（6.6.2）在 k 时刻的估计值 $\hat{X}(k|k)$ 和估计误差协方差矩阵 $\bar{P}(k|k)$，本节目标是 $\hat{X}(k|k) \xrightarrow{y(k+1)} \hat{X}(k+1|k+1)$，则 $k \to k+1$ 时刻的高阶扩维状态的 Kalman 滤波如式（6.6.14）所示：

$$\begin{aligned} \hat{X}(k+1|k+1) &:= E\{X(k+1) | \hat{X}_0, y(1), y(2), \cdots, y(k), y(k+1)\} \\ &= E\{X(k+1) | \hat{X}(k|k), y(k+1)\} \end{aligned} \tag{6.6.14}$$

对应的估计误差协方差为

$$\bar{P}(k+1|k+1) = E\{(X(k+1) - \hat{X}(k+1|k+1))(X(k+1) - \hat{X}(k+1|k+1))^{\mathrm{T}}\} \tag{6.6.15}$$

3. 第三步：新型滤波器具体设计过程

1）时间更新

根据系统的状态估计值 $\hat{X}(k|k)$ 和状态转移矩阵 $\bar{A}(k+1,k)$，初步得到系统的一步预测值 $\hat{X}(k+1|k)$：

$$\hat{X}(k+1|k) = \bar{A}(k+1,k)\hat{X}(k|k) \tag{6.6.16}$$

根据式（6.6.1）和式（6.6.16），可得到状态一步预测误差 $\tilde{X}(k+1|k)$：

$$\begin{aligned} \tilde{X}(k+1|k) &= X(k+1|k) - \hat{X}(k+1|k) \\ &= \bar{A}(k+1,k)X(k) - \bar{A}(k+1,k)\hat{X}(k|k) + W(k) \\ &= \bar{A}(k+1,k)\tilde{X}(k|k) + W(k) \end{aligned} \tag{6.6.17}$$

进一步地，根据式（6.6.17），可得到状态预测误差协方差矩阵 $\bar{P}(k+1|k)$：

$$
\begin{aligned}
\bar{P}(k+1|k) &= E\{(X(k+1)-\hat{X}(k+1|k))(X(k+1)-\hat{X}(k+1|k))^{\mathrm{T}}\} \\
&= E\{\tilde{X}(k+1|k)\tilde{X}^{\mathrm{T}}(k+1|k)\} \\
&= E\{(\bar{A}(k+1,k)\tilde{X}(k|k)+W(k))(\bar{A}(k+1,k)\tilde{X}(k|k)+W(k))^{\mathrm{T}}\} \\
&= \bar{A}(k+1,k)E\{\tilde{X}(k|k)\tilde{X}^{\mathrm{T}}(k|k)\}\bar{A}^{\mathrm{T}}(k+1,k)+E\{W(k)W^{\mathrm{T}}(k)\} \\
&= \bar{A}(k+1,k)\bar{P}(k|k)\bar{A}^{\mathrm{T}}(k+1,k)+Q_W(k)
\end{aligned}
\tag{6.6.18}
$$

2）测量更新

（1）根据式（6.6.16）和式（6.6.2），可得到测量预测值 $\hat{y}(k+1|k)$：

$$
\hat{y}(k+1|k) = \bar{H}(k+1)\hat{X}(k+1|k) \tag{6.6.19}
$$

则测量预测误差 $\tilde{y}(k+1|k)$ 如式（6.6.20）所示：

$$
\begin{aligned}
\tilde{y}(k+1|k) &= y(k+1|k)-\hat{y}(k+1|k) \\
&= \bar{H}(k+1)X(k+1)-\bar{H}(k+1)\hat{X}(k+1|k)+v(k+1) \\
&= \bar{H}(k+1)\tilde{X}(k+1|k)+v(k+1)
\end{aligned}
\tag{6.6.20}
$$

（2）高阶 Kalman 滤波器设计：

$$
\begin{aligned}
\hat{X}(k+1|k+1) &:= E\{X(k+1)|\hat{X}_0,y(1),y(2),\cdots,y(k),y(k+1)\} \\
&= E\{X(k+1)|\hat{X}(k|k),y(k+1)\} \\
&= \hat{X}(k+1|k)+K(k+1)(\bar{H}(k+1)\tilde{X}(k+1|k)+v(k+1))
\end{aligned}
\tag{6.6.21}
$$

结合式（6.6.20），相应的估计误差为

$$
\begin{aligned}
\tilde{X}(k+1|k+1) &= X(k+1)-\hat{X}(k+1|k+1) \\
&= \tilde{X}(k+1|k)-K(k+1)(\bar{H}(k+1)\tilde{X}(k+1|k)+v(k+1))
\end{aligned}
\tag{6.6.22}
$$

式中，$K(k+1)$ 为扩维系统的滤波器增益矩阵。

（3）增益矩阵 $K(k+1)$ 的求取。

根据正交性原理[21]：

$$
E\{\tilde{X}(k+1|k+1)y^{\mathrm{T}}(k+1)\} = 0 \tag{6.6.23}
$$

结合式（6.6.20）和式（6.6.22），可得到增益矩阵 $K(k+1)$：

$$
K(k+1) = \bar{P}(k+1|k)H^{\mathrm{T}}(k+1)(H(k+1)\bar{P}(k+1|k)H^{\mathrm{T}}(k+1)+R(k))^{-1} \tag{6.6.24}
$$

（4）计算系统误差协方差矩阵 $\bar{P}(k+1|k+1)$：

$$
\begin{aligned}
\bar{P}(k+1|k+1) &= E\{\tilde{X}(k+1|k+1)\tilde{X}^{\mathrm{T}}(k+1|k+1)\} \\
&= (I-K(k+1)\bar{H}(k+1))\bar{P}(k+1|k)
\end{aligned}
\tag{6.6.25}
$$

（5）原始状态变量重构。

根据式（6.6.21）和式（6.6.25）可得到原始状态变量的估计值 $\hat{x}^{(1)}(k+1|k+1)$ 和估计误差协方差矩阵 $P^{(1)}(k+1|k+1)$：

$$\hat{x}^{(1)}(k+1\,|\,k+1) = \Gamma \hat{X}(k+1\,|\,k+1) \tag{6.6.26}$$

$$P^{(1)}(k+1\,|\,k+1) = \Gamma \overline{P}(k+1\,|\,k+1)\Gamma^{\mathrm{T}} \tag{6.6.27}$$

式中，Γ 为选择投影矩阵，且有

$$\Gamma = [I_{n\times n} \quad O \quad \cdots \quad O]$$

6.7　数值仿真验证

在本节中，给出几个案例说明所提方法的有效性。

6.7.1　案例一

考虑如下状态方程为高阶多项式，测量方程为线性的非线性系统：

$$x_1(k+1) = x_1(k) - x_2(k) - \frac{1}{6}x_1^3(k) - \frac{1}{6}x_2^3(k) + \frac{1}{120}x_1^5(k) + \frac{1}{120}x_2^5(k) + w_1(k)$$

$$x_2(k+1) = 1 - \frac{1}{2}x_1^2(k) - \frac{1}{2}x_2^2(k) + \frac{1}{24}x_1^4(k) + \frac{1}{24}x_2^4(k) + w_2(k)$$

$$y_1(k+1) = x_1(k+1) + v_1(k+1)$$

$$y_2(k+1) = x_2(k+1) + v_2(k+1)$$

式中，过程噪声和测量噪声为高斯白噪声序列，有特性 $w^{(1)}(k) \sim N[0, Q^{(1)}]$，$v(k+1) \sim N[0, R]$，$Q^{(1)} = \mathrm{diag}\{0.01, 0.01\}$，$R = \mathrm{diag}\{0.01, 0.01\}$。原始系统初始估计值为 $\hat{x}_0^{(1)} = [0 \ \ 0]^{\mathrm{T}}$，初始估计误差协方差为 $P_0^{(1)} = I_{2\times 2}$。根据初始状态估计值可得扩维变量的初始值和估计误差协方差矩阵。

图 6.7.1 和图 6.7.2 分别表示在两种滤波方法下，状态变量 x_1 和 x_2 的估计值；图 6.7.3 和图 6.7.4 为估计误差曲线；表 6.7.1 为经过 100 次蒙特卡罗仿真后，估计变量 x_1 和 x_2 的平均均方误差。HEKF 表示高阶 Kalman 滤波方法，EKF 表示扩展 Kalman 滤波方法。本章以均方误差为误差指标，其具体表示形式如下：

$$\mathrm{MSE} = \frac{1}{nN}\sum_{j=1}^{N}\sum_{i=1}^{n}(x_{ij}(k) - \hat{x}_{ij}(k\,|\,k))^2$$

式中，i 表示第 i 个状态分量；j 为迭代次数。

通过图 6.7.1～图 6.7.4 及表 6.7.1 可以看出，与 EKF 相比，所提出的 HEKF 算法可使待估状态变量 x_1 和 x_2 的准确率分别提高 5.56% 和 1.37%，变量整体提高 3.58%。与 EKF 相比，所提出的滤波方法利用了很多高阶项信息，减少了截断误差的舍入，因此滤波性能优于 EKF 是理所应当的。由于本章仅为示意性描述，因此相应的滤波性能分析会在第 9 章中给出。

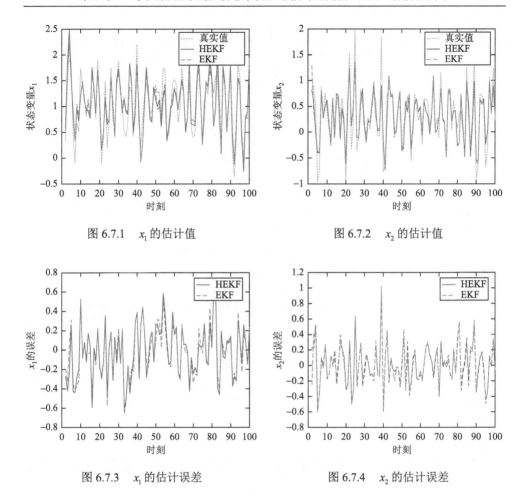

图 6.7.1　x_1 的估计值　　　　　　　　　　图 6.7.2　x_2 的估计值

图 6.7.3　x_1 的估计误差　　　　　　　　　图 6.7.4　x_2 的估计误差

表 6.7.1　误差比较

滤波方法	MSE-x_1	MSE-x_2	MSE
EKF	0.0683	0.0655	0.0669
HEKF	0.0645	0.0646	0.0645
提高	5.56%	1.37%	3.58%

6.7.2　案例二

考虑如下一类状态和测量方程都为高阶多项式的非线性系统：

$$x_1(k+1) = x_1(k) - x_2(k) - \frac{1}{6}x_1^3(k) - \frac{1}{6}x_2^3(k) + \frac{1}{120}x_1^5(k) + \frac{1}{120}x_2^5(k) + w_1(k)$$

$$x_2(k+1) = 1 - \frac{1}{2}x_1^2(k) - \frac{1}{2}x_2^2(k) + \frac{1}{24}x_1^4(k) + \frac{1}{24}x_2^4(k) + w_2(k)$$

$$y(k+1) = x_1(k+1) + x_2(k+1) - \frac{1}{6}x_1^3(k+1) - \frac{1}{6}x_2^3(k+1)$$

$$- \frac{1}{2}x_1^2(k+1)x_2(k+1) - \frac{1}{2}x_1(k+1)x_2^2(k+1) + v(k+1)$$

式中，过程噪声和测量噪声均为高斯白噪声序列，有特性 $w^{(1)}(k) \sim N[0, Q^{(1)}]$，$v(k+1) \sim N[0, R]$，其中 $Q^{(1)} = \mathrm{diag}\{0.01, 0.01\}$，$R = 0.01$。原始系统的初始状态估计值为 $\hat{x}_0 = [0 \quad 0]^T$，初始估计误差协方差矩阵为 $P_0 = I_{2\times2}$。图 6.7.5 和图 6.7.6 分别表示在两种滤波方法下，状态变量 x_1 和 x_2 的估计值，图 6.7.7 和图 6.7.8 为估计误差图，表 6.7.2 为经过 100 次蒙特卡罗仿真后，估计变量 x_1 和 x_2 的平均均方误差。

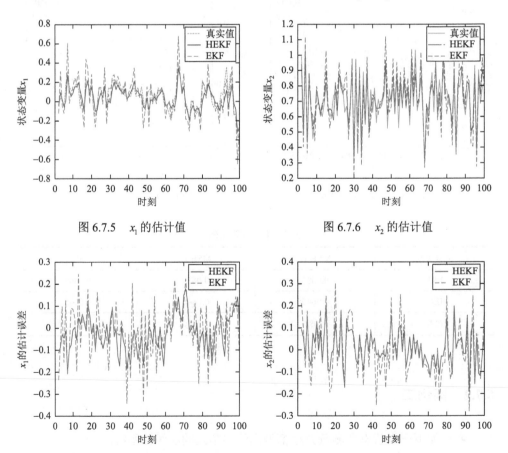

图 6.7.5　x_1 的估计值　　　　　　图 6.7.6　x_2 的估计值

图 6.7.7　x_1 的估计误差　　　　　图 6.7.8　x_2 的估计误差

表 6.7.2 均方误差比较

滤波方法	MSE-x_1	MSE-x_2	MSE-x
EKF	0.0139	0.0154	0.0146
HEKF	0.0062	0.0116	0.0089
提高	55.4%	24.7%	39.0%

通过图 6.7.5～图 6.7.8 及表 6.7.2 可以看出，与 EKF 相比，所提出的 HEKF 算法可使待估变量 x_1 和 x_2 的准确率分别提高 55.4% 和 24.7%，变量整体提高 39.0%，进一步说明了所提方法的有效性。

本节通过给出两个案例，将新设计的滤波器与 EKF 进行比较，从仿真图和估计误差可以看出，所提出的新方法的估计精度明显优于传统的 EKF。这说明，舍弃的信息越少，理论上所设计的滤波器性能就越优，仿真实验也验证了这点。

6.8 本 章 小 结

本章基于一类由多项式表示的非线性动态系统，设计了一种新型的高阶扩维状态的 Kalman 滤波器。首先，将非线性状态和测量模型中诸高阶多项式项定义为系统相应阶次的隐性变量；其次，将原系统的状态模型和测量模型改写成相应的伪线性形式；然后，通过对各阶隐变量之间进行动态建模，并联合原始变量与各隐变量，建立起状态与隐变量相结合的扩维线性状态模型，并将测量模型等价改写成相应的线性模型；最后，借助经典的 Kalman 滤波器设计思想，给出了新型高阶扩维状态的 Kalman 滤波器详细设计过程，并通过数字仿真验证其有效性。不同于 EKF 的一阶泰勒级数展开思想，本章方法通过引入隐变量，从而充分利用高阶项信息，因此达到较好的滤波效果。从本章的仿真实验也可以明显看出，虽然所设计的高阶 Kalman 滤波器（HEKF）和传统的 EKF 对非线性模型都有很好的估计效果，但是明显地，HEKF 具有更突出的估计精度。

为更好地表述以便于理解，本章以示意性描述的形式给出高阶 Kalman 滤波器的设计思想，该思想可推广到一般非线性函数累加的形式，并非高阶多项式。本章是将隐变量视为加性参数，并将其与原始变量相结合，将原系统建模为线性系统，最终转化在 Kalman 滤波框架下进行。在本章方法的基础上，已将其推广到高阶最大相关熵滤波器（MCKF）、高阶扩维强跟踪滤波器（STF）和高阶扩维特征函数滤波（CFF）[22-24]。当隐变量为乘性变量时，如何设计相应的高阶 Kalman 滤波器是第 7 章将要研究的内容。

参 考 文 献

[1]　Li Z，Ning L，Xu S. Nonlinear non-Gaussian system filtering based on Gaussian sum and divided difference filter[J]. Control and Decision，2012，（1）：129-134.

[2]　毛艳慧，韩崇昭. 非线性系统中目标跟踪性能评估的新度量[J]. 自动化学报，2014，40（11）：2650-2653.

[3]　齐国元，陈增强，袁著祉. 非线性系统智能状态估计研究进展与展望[J]. 控制理论与应用，2003，20（6）：813-818.

[4]　谢磊，冯皓，张建明. 一种基于初始闭环系统的性能评估方法[J]. 自动化学报，2013，39（5）：649-653.

[5]　Wiener N. The Extrapolation，Interpolation and Smooth of Stationary Time Series[M]. New York：MIT，1942.

[6]　Kalman R E. A new approach to linear filter and prediction problem[J]. IEEE Transactions of the ASME Journal of Basic Engineering，1960，82（2）：35-45.

[7]　Sunahara Y. An approximate method of state estimation for nonlinear dynamical systems[C]. Joint Automatic Control Conference，1970，92（2）：439-452.

[8]　Meinhold R J，Singpurwalla N D. Robustification of Kalman filter models[J]. Journal of the American Statistical Association，1989，84（406）：479-486.

[9]　Julier S J，Uhlmann J K. Unscented filtering and nonlinear estimation[J]. Proceedings of the IEEE，2004，92（3）：401-422.

[10]　Arasaratnam I，Haykin S. Cubature Kalman filters[J]. IEEE Transactions on Automatic Control，2009，54（6）：1254-1269.

[11]　Yang L，Wang Z，He X，et al. Filtering and fault detection for nonlinear systems with polynomial approximation[J]. Automatica，2015，（54）：348-359.

[12]　Kowalski K，Steeb W H. Nonlinear Dynamical Systems and Carleman Linearization[M]. Singapore：World Scientific，1991.

[13]　Germani A，Manes C，Palumbo P. Polynomial extended Kalman filtering for discrete-time nonlinear stochastic systems[C]. Proceedings of the 42nd IEEE Conference on Decision and Control，Maui，2003：886-891.

[14]　Germani A，Manes C，Palumbo P. Filtering of stochastic nonlinear differential systems via a Carleman approximation approach[J]. IEEE Transactions on Automatic Control，2007，52（11）：2166-2172.

[15]　Germani A，Manes C，Palumbo P. State estimation of stochastic systems with switching measurements：A polynomial approach[J]. International Journal of Robust and Nonlinear Control，2009，19（14）：1632-1655.

[16]　Mavelli G，Palumbo P. The Carleman approximation approach to solve a stochastic nonlinear control problem[J]. IEEE Transactions on Automatic Control，2010，55（4）：976-982.

[17]　李晨龙，严洪森. 基于多维泰勒网的超前 d 步预测模型[J]. 控制与决策，2021，36（2）：345-354.

[18]　林屹，严洪森，周博. 基于多维泰勒网的非线性时间序列预测方法及其应用[J]. 控制与决策，2014，29（5）：795-801.

[19]　张超，严洪森. 基于最优结构多维泰勒网的含噪声非线性时变系统辨识[J]. 东南大学学报（自然科学版），2017，47（6）：1086-1093.

[20]　Klambauer G. Mathematical Analysis[M]. NewYork：Marcel Dekker Inc.，1975：236-237.

[21]　陈志杰. 高等代数与解析几何[M]. 2 版. 北京：高等教育出版社，2008.

[22]　Sun X，Wen T，Wen C，et al. High-order extended strong tracking filter[J]. Chinese Journal of Electronics，2021，

30（6）：1152-1158.

[23]　Sun X，Wen C，Wen T. Maximum correntropy high-order extended Kalman filter[J]. Chinese Journal of Electronics，Chinese Journal of Electronics，2022，31（1）：190-198.

[24]　孙晓辉. 一类强非线性动态系统的高阶 Kalman 滤波器设计[D]. 杭州：杭州电子科技大学，2022.

第7章 一类可乘型强非线性系统的逐步线性化 Kalman 滤波器设计

7.1 引 言

在第 6 章中针对一类可加型非线性系统，为了避免 EKF 方法中截断误差对滤波器性能的影响，设计了高阶 Kalman 滤波器。本章将针对一类由若干非线性函数累乘表示的强非线性模型，提出一种新型的逐步线性化的高阶 Kalman 滤波器设计思想。

本章剩余部分组织如下所述。在 7.2 节中，给出可乘型非线性动态系统的描述，并给出相应的样例来加以说明。7.3 节中，将状态和测量模型中各乘性因子视为原始变量的隐变量，从而实现所有变量的线性表示并给出具体的推导过程。7.4 节中，建立每个未来隐变量状态与所有变量当前状态之间的线性耦合关系。7.5 节为逐级线性化高阶 Kalman 滤波器的设计过程。针对每个待估隐变量，建立原始强非线性测量模型基于该变量的线性形式，基于此，建立该隐变量基于传统 Kalman 滤波的一组顺序滤波估计方法；进一步地，基于所有隐变量的估计值，建立原始状态和测量模型基于系统变量的符合线性 Kalman 滤波的线性化形式，其中，状态转移矩阵和测量矩阵都是依赖于其他变量的函数矩阵，从而建立状态变量基于原始强非线性测量模型线性化的 Kalman 滤波方法。在 7.6 节中，对滤波器的设计过程中产生的近似误差进行分析。7.7 节给出仿真验证示例来说明所提方法的有效性，并在 7.8 节中对本章内容进行总结。

7.2 问 题 描 述

给定一类如式（6.3.1）和式（6.3.2）的强非线性动态系统，它们其中的非线性函数有如下表示形式：

$$f_i(k+1) = \left(\sum_{j=1}^{n} a_{ij}(k) x_j(k) \right) * \prod_{l=1}^{r} f_i^{(l)}(x(k)) \qquad (7.2.1)$$

$$h_i(k+1) = \left(\sum_{j=1}^{n} h_{ij}(k+1) x_j(k+1) \right) * \prod_{l=1}^{r} g_i^{(l)}(f^{(l)}(x(k+1))) \qquad (7.2.2)$$

式中

$$g_i^{(l)}(f^{(l)}(x(k+1))) = \sum_{j=1}^{n} h_{ij}^{(l)}(k+1) f_j^{(l)}(x(k+1)) \qquad (7.2.3)$$

$f_i^{(l)}(x(k))$ 为描述状态 $x_i(k+1)$ 的第 l 个非线性函数；a_{ij} 为相应的系数；$g_j^{(l)}(\cdot)$ 为 $f^{(l)}(k+1)$ 的第 i 个线性观测分量；h_{ij} 为相应的系数，并假定系统建模误差和初始值的统计特性如式（6.3.3）～式（6.3.6）所示。

为了便于描述本章所示的状态方程和测量方程，给出如式（7.2.4）所示的样例：

$$\begin{cases} x_1(k+1) = 0.5x_2(k)\sin(x_1(k)) + w_1(k) \\ x_2(k+1) = -0.5x_1(k)\sin(x_2(k)) + w_2(k) \\ y_1(k+1) = x_2(k+1) + v_1(k+1) \\ y_2(k+1) = x_1(k+1)e^{x_1(k+1)} + v_2(k+1) \end{cases} \qquad (7.2.4)$$

式中，非线性状态方程和测量方程由若干基本函数的累乘形式组成。

7.3　强非线性动态系统的线性化描述

本节的主要目标是将式（7.2.1）和式（7.2.2）表示成线性形式。

7.3.1　状态模型的线性化表示建模

为了对状态模型（7.2.1）进行线性化描述，视其中的非线性函数 $f_i^{(l)}(x(k))$ 为原始系统变量的隐变量函数，即

$$\alpha_i^{(l)}(k) = f_i^{(l)}(x(k)) \qquad (7.3.1)$$

则原始变量与各隐变量分量的标量乘积形式如下：

$$x_i(k+1) = \left(\sum_{j=1}^{n} a_{ij}(k)x_j(k)\right) \times \left(\prod_{l=1}^{r} \alpha_i^{(l)}(k)\right) + w_i(k) \qquad (7.3.2)$$

式（7.3.2）中，各元素之间是标量相乘的形式，因此满足乘法的交换律。式（7.3.2）为建立原始变量 $x(k)$ 或隐变量 $\alpha^{(l)}(k)$ 基于其他所有余下变量为参数的线性化描述奠定了基础。为此，式（7.3.2）可进一步等价改写如下：

$$x_i(k+1) = \bar{a}_i(k)x(k) + w_i(k) \qquad (7.3.3)$$

式中

$$\bar{a}_i(k) = [\bar{a}_{i1}(k), \cdots, \bar{a}_{ij}(k), \cdots, \bar{a}_{in}(k)] \qquad (7.3.4)$$

$$\bar{a}_{ij}(k) = a_{ij}(k)\prod_{l=1}^{r} \alpha_i^{(l)}(k) \qquad (7.3.5)$$

利用式（7.3.3）～式（7.3.5），再结合式（7.2.1），可得

$$x(k+1) = \overline{A}(A(k), \alpha^{(1)}(k), \cdots, \alpha^{(l)}(k), \cdots, \alpha^{(r)}(k)) \cdot x(k) + w(k) \qquad (7.3.6)$$

式中

$$\overline{A}(A(k), \alpha^{(1)}(k), \cdots, \alpha^{(l)}(k), \cdots, \alpha^{(r)}(k)) = \begin{bmatrix} \overline{a}_{11}(k) & \cdots & \overline{a}_{1i}(k) & \cdots & \overline{a}_{1n}(k) \\ \vdots & & \vdots & & \vdots \\ \overline{a}_{i1}(k) & \cdots & \overline{a}_{ii}(k) & \cdots & \overline{a}_{in}(k) \\ \vdots & & \vdots & & \vdots \\ \overline{a}_{n1}(k) & \cdots & \overline{a}_{ni}(k) & \cdots & \overline{a}_{nn}(k) \end{bmatrix}$$

式（7.3.6）是原始变量 $x(k)$ 依赖于各隐变量 $\alpha^{(l)}(k), l = 1, 2, \cdots, r$ 的线性转移矩阵，从而实现对原始状态模型（7.2.1）的"伪"线性化表示。

注释 7.3.1　称式（7.3.6）为伪线性形式，是因为与式（7.2.1）相比，式（7.3.6）仅是形式上的改变，并没有本质上的区别。当 $\alpha^{(l)}(k) = \hat{\alpha}^{(l)}(k \mid k)$ 时，就变成真正的线性形式。

7.3.2　测量模型的线性化表示建模

与状态模型的线性化过程类似，原始测量函数关于隐变量 $\alpha^{(l)}(k+1)$ 的标量乘积形式如下：

$$y_i^{(\alpha^{(l)})}(k+1) = \overline{h}_i^{(\alpha^{(l)})}(k+1)\alpha^{(l)}(k+1) + v_i(k+1), \quad i = 1, 2, \cdots, m \qquad (7.3.7)$$

式中

$$\overline{h}_i^{(\alpha^{(l)})}(k+1) = [\overline{h}_{i1}^{(\alpha^{(l)})}(k+1), \cdots, \overline{h}_{ij}^{(\alpha^{(l)})}(k+1), \cdots, \overline{h}_{in}^{(\alpha^{(l)})}(k+1)] \qquad (7.3.8)$$

$$\alpha^{(l)}(k+1) = [\alpha_1^{(l)}(k+1), \cdots, \alpha_j^{(l)}(k+1), \cdots, \alpha_n^{(l)}(k+1)]^{\mathrm{T}} \qquad (7.3.9)$$

$$\overline{h}_{ij}^{(\alpha^{(l)})}(k+1) = h_{ij}^{(l)}(k+1)\left(\sum_{j=1}^{n}\left(h_{ij}(k+1)x_j(k+1)\prod_{\substack{u=1 \\ u \neq l}}^{r} g_i(\alpha_i^{(u)}(k+1))\right)\right) \qquad (7.3.10)$$

根据式（7.3.8）～式（7.3.10），再结合式（7.3.7）可得

$$y_\alpha^{(l)}(k+1) = H_\alpha^{(l)}((x(k+1), \alpha^{(l)}(k+1), \cdots, \alpha^{(l-1)}(k+1),$$
$$\alpha^{(l+1)}(k+1), \cdots, \alpha^{(r)}(k+1)) \cdot \alpha^{(l)}(k+1) + v(k+1) \qquad (7.3.11)$$

式中

$$H_\alpha^{(l)}(\cdot) = \begin{bmatrix} \overline{h}_{11}^{(\alpha^{(l)})}(k+1) & \cdots & \overline{h}_{1j}^{(\alpha^{(l)})}(k+1) & \cdots & \overline{h}_{1n}^{(\alpha^{(l)})}(k+1) \\ \vdots & & \vdots & & \vdots \\ \overline{h}_{i1}^{(\alpha^{(l)})}(k+1) & \cdots & \overline{h}_{ij}^{(\alpha^{(l)})}(k+1) & \cdots & \overline{h}_{in}^{(\alpha^{(l)})}(k+1) \\ \vdots & & \vdots & & \vdots \\ \overline{h}_{m1}^{(\alpha^{(l)})}(k+1) & \cdots & \overline{h}_{mj}^{(\alpha^{(l)})}(k+1) & \cdots & \overline{h}_{mn}^{(\alpha^{(l)})}(k+1) \end{bmatrix} \qquad (7.3.12)$$

同样，原始测量函数关于原始状态变量 $x(k+1)$ 的伪线性化矩阵形式如式（7.3.13）所示：

$$y_x(k+1) = H_x(\alpha^{(1)}(k+1), \cdots, \alpha^{(l)}(k+1), \cdots, \alpha^{(r)}(k+1))x(k+1) + v(k+1) \quad (7.3.13)$$

式中

$$\begin{aligned} & H_x(\alpha^{(1)}(k+1), \cdots, \alpha^{(l)}(k+1), \cdots, \alpha^{(r)}(k+1)) \\ & = [h_1(x(k+1)), \cdots, h_i(x(k+1)), \cdots, h_n(x(k+1))] \end{aligned} \quad (7.3.14)$$

其中

$$h_i(x(k+1)) = \left[h_{1i} \prod_{l=1}^{r} \alpha_i^{(l)}(x(k+1)), \cdots, h_{ii} \prod_{l=1}^{r} \alpha_i^{(l)}(x(k+1)), \cdots, h_{mi} \prod_{l=1}^{r} \alpha_i^{(l)}(x(k+1)) \right]^{\mathrm{T}}$$

$$(7.3.15)$$

7.4　隐变量与所有变量间的线性耦合建模

为了实现对状态变量的逐步线性化求解，本节首先需要建立 $k+1$ 时刻各隐变量与 k 时刻所有状态间的线性动态关系。

$$\begin{aligned} \alpha^{(l)}(k+1) &= S_\alpha^{(l0)}(k)x(k) + S_\alpha^{(l1)}(k)\alpha^{(1)}(k) + S_\alpha^{(l2)}(k)\alpha^{(2)}(k) \\ & \quad + \cdots + S_\alpha^{(lr)}(k)\alpha^{(r)}(k) + w^{(l)}(k) \\ &= S_\alpha^{(l0)}(k)x(k) + \sum_{u=1}^{r} S_\alpha^{(lu)}(k)\alpha^{(u)}(k) + w^{(l)}(k), \quad l=1,2,\cdots,r \quad (7.4.1) \end{aligned}$$

式中

$$w^{(l)}(k) = [w_1^{(l)}(k), \cdots, w_i^{(l)}(k), \cdots, w_n^{(l)}(k)]^{\mathrm{T}}$$

$$S^{(lu)}(k) = \begin{bmatrix} s_{11}^{(lu)} & \cdots & s_{1i}^{(lu)} & \cdots & s_{1r}^{(lu)} \\ \vdots & & \vdots & & \vdots \\ s_{i1}^{(lu)} & \cdots & s_{ii}^{(lu)} & \cdots & s_{ir}^{(lu)} \\ \vdots & & \vdots & & \vdots \\ s_{n1}^{(lu)} & \cdots & s_{ni}^{(lu)} & \cdots & s_{nr}^{(lu)} \end{bmatrix}, \quad l,u=1,2,\cdots,r$$

在式（7.4.1）中，第 l 个隐变量参数 $\alpha^{(l)}(k+1)$ 与第 u 个隐变量参数 $\alpha^{(u)}(k)$ 之间的关联矩阵 $S_\alpha^{(lu)}(k)$ 中的参数 $s_{ij}^{(lu)}$，可依据原始状态模型的输入与输出信息进行辨识，可由 6.2 节中介绍的多维泰勒网实现。

注释 7.4.1　根据标称值 $x^*(k)$，可产生序列对 $\{(\alpha^*)^{(l)}(k), (\alpha^*)^{(l)}(k+1), l = 1, \cdots, r\}$，假设多维泰勒网的输入矩阵是 $X(k)$，输出为 $\alpha^{(l)}(k+1)$，则 $\alpha^{(l)}(k+1)$ 与 $X(k)$ 之间的线性动态关系如式（7.4.2）所示：

$$(\alpha^*)^{(l)}(k+1) = S_\alpha^{(l0)}(k)x^*(k) + \sum_{u=1}^{r} S_\alpha^{(lu)}(k)(\alpha^*)^{(u)}(k), \quad l,u=1,2,\cdots,r \quad (7.4.2)$$

式中

$$X(k) = [x^*(k), (\alpha^*)^{(1)}(k), \cdots, (\alpha^*)^{(l)}(k), \cdots, (\alpha^*)^{(r)}(k)]^{\mathrm{T}} \quad (7.4.3)$$

为了对权重矩阵 $S_\alpha^{(lu)}, u = 0,1,\cdots,r$ 进行辨识，需要给定合适的目标函数：

$$\hat{S}_\alpha^{(lu)}(k) = \arg\min_{S_\alpha^{(lu)}} \| (\alpha^*)^{(l)}(k) - (\hat{\alpha}^*)^{(l)}(k \mid k) \| \quad (7.4.4)$$

但在没有任何先验信息的情况下，对其设置如下：

$$S_\alpha^{(lu)}(k) = \begin{cases} I, & l = u \\ 0, & l \neq u \end{cases} \quad (7.4.5)$$

梯度下降法、最小二乘法和 Kalman 滤波等方法都可以被用于求解 $\hat{S}_\alpha^{(lu)}$ [1]。

注释 7.4.2　将式（7.4.4）代入式（7.4.1）中，可依次获得 $w^{(l)}(k)$ 的时间序列。本章仅是示意性描述，因此假设 $w^{(l)}(k)$ 为高斯白噪声。当建模误差为高斯白噪声时，可以建立相应的 Kalman 滤波器；若已知建模误差的特征函数，可建立相应的特征函数滤波器；当能获得建模误差随机变量的有限次采样时，可以建立相应的最大相关熵滤波[2-4]。

7.5　强非线性系统的逐级线性化滤波器设计

本节目的是设计可求解原始变量 $x(k+1)$ 的逐级线性 Kalman 滤波器，主要分为两部分：隐函数变量的参数求解和状态变量的状态求解。

为实现该目标，首先基于 $y(1), y(2), \cdots, y(k)$，假设已获取

$$\hat{x}(k \mid k), P_x(k \mid k); \ \hat{\alpha}^{(i)}(k \mid k), P_\alpha^{(i)}(k \mid k), \quad i = 1, 2, \cdots, r \quad (7.5.1)$$

的基础上，再基于新的 $y(k+1)$，求取

$$\hat{x}(k+1 \mid k+1), P_x(k+1 \mid k+1); \ \hat{\alpha}^{(i)}(k+1 \mid k+1), P_\alpha^{(i)}(k+1 \mid k+1), \quad i = 1, 2, \cdots, r \quad (7.5.2)$$

即

$$\begin{aligned} \hat{x}(k \mid k), P_x(k \mid k) \\ \hat{\alpha}^{(i)}(k \mid k), P_\alpha^{(i)}(k \mid k) \end{aligned} \xrightarrow{y(k+1)} \begin{aligned} \hat{x}(k+1 \mid k+1), P_x(k+1 \mid k+1) \\ \hat{\alpha}^{(i)}(k+1 \mid k+1), P_\alpha^{(i)}(k+1 \mid k+1) \end{aligned} \quad (7.5.3)$$

7.5.1　隐变量 $\alpha(k+1)$ 的逐级线性 Kalman 滤波器设计

针对各隐变量 $\alpha^{(l)}(k+1), l = 1, 2, \cdots, r$，为设计出求取其状态估计值的逐级线性 Kalman 滤波器，基于新获得的 $y(1), y(2), \cdots, y(k)$，在假设已获得

$$\hat{x}(k \mid k), P_x(k \mid k), \hat{\alpha}^{(l)}(k \mid k), P_\alpha^{(l)}(k \mid k), \quad l = r, r-1, \cdots, 1 \quad (7.5.4)$$

的基础上，为了建立对隐变量 $\alpha^{(l)}(k+1)$ 的逐步线性 Kalman 滤波器，假设基于 $y(k+1)$，又获得

$$\hat{\alpha}^{(i)}(k+1 \mid k+1), P_\alpha^{(i)}(k+1 \mid k+1), \quad i = r, r-1, \cdots, l+1 \quad (7.5.5)$$

则关于 $\alpha^{(l)}(k+1)$ 的逐步线性 Kalman 滤波器设计过程如下所述。

基于参数变量 $\alpha^{(l)}(k+1)$ 的线性状态模型（7.5.6）和伪线性观测模型（7.5.7），建立 $\alpha^{(l)}(k+1)$ 的 Kalman 滤波器以求解 $\hat{\alpha}^{(l)}(k+1|k+1)$, $P_\alpha^{(l)}(k+1|k+1)$。

$$\alpha^{(l)}(k+1) = S^{(l0)}(k)x(k) + \sum_{j=1}^{r} S^{(lj)}(k)\alpha^{(j)}(k) + w^{(l)}(k) \qquad (7.5.6)$$

$$y_\alpha^{(l)}(k+1) = H_\alpha^{(i)}(x(k+1), \alpha^{(1)}(k+1), \cdots, \alpha^{(i-1)}(k+1), \alpha^{(i+1)}(k+1), \cdots, \alpha^{(r)}(k+1))$$
$$\cdot \alpha^{(i)}(k+1) + v(k+1)$$

$$(7.5.7)$$

则隐变量 $\alpha^{(l)}(k+1)$ 的滤波器设计如下。

第一步：时间更新。

（1）根据式（7.5.5）和式（7.5.6），可求得隐变量的状态预测值：

$$\hat{\alpha}^{(l)}(k+1|k) = S^{(l0)}(k)\hat{x}(k|k) + \sum_{j=1}^{r} S^{(lj)}(k)\hat{\alpha}^{(j)}(k|k) \qquad (7.5.8)$$

根据式（7.5.6）和式（7.5.8），可得隐变量预测误差：

$$\tilde{\alpha}^{(l)}(k+1|k) = \alpha^{(l)}(k+1) - \hat{\alpha}^{(l)}(k+1|k)$$
$$= S^{(l0)}(k)(x(k) - \hat{x}(k|k)) + \sum_{j=1}^{r} S^{(lj)}(k)(\alpha^{(j)}(k) - \hat{\alpha}^{(j)}(k|k))$$
$$= S^{(l0)}(k)\tilde{x}(k|k) + \sum_{j=1}^{r} S^{(lj)}(k)\tilde{\alpha}^{(j)}(k|k) + w^{(l)}(k) \qquad (7.5.9)$$

（2）相应的预测误差协方差。

$$P_\alpha^{(l)}(k+1|k) = E\{\tilde{\alpha}^{(l)}(k+1|k)(\tilde{\alpha}^{(l)}(k+1|k))^{\mathrm{T}}\}$$
$$= E\left\{\left(S^{(l0)}(k)\tilde{x}(k|k) + \sum_{j=1}^{r} S^{(lj)}(k)\tilde{\alpha}^{(j)}(k|k) + w^{(l)}(k)\right)\right.$$
$$\left. \cdot \left(S^{(l0)}(k)\tilde{x}(k|k) + \sum_{j=1}^{r} S^{(il)}(k)\tilde{\alpha}^{(j)}(k|k) + w^{(l)}(k)\right)^{\mathrm{T}}\right\}$$
$$= S^{(l0)}(k)P_x(k|k)(S^{(l0)}(k))^{\mathrm{T}} + \sum_{j=1}^{r} S^{(lj)}(k)P_\alpha^{(j)}(k|k)(S^{(lj)}(k))^{\mathrm{T}} + Q_w^{(l)}(k)$$

$$(7.5.10)$$

第二步：测量更新。

（1）根据式（7.5.7）和式（7.5.8），可得隐变量 $\alpha^{(l)}(k+1)$ 的测量预测值：

$$\hat{y}_\alpha^{(l)}(k+1|k) = H_\alpha^{(l)}((\hat{x}(k+1|k), \hat{\alpha}^{(r)}(k+1|k+1), \cdots,$$
$$\hat{\alpha}^{(l+1)}(k+1|k+1), \hat{\alpha}^{(l)}(k+1|k), \cdots, \hat{\alpha}^{(1)}(k+1|k)) \qquad (7.5.11)$$

根据式（7.5.7）和式（7.5.11），可得测量预测误差：

$$\tilde{y}_\alpha^{(l)}(k+1\,|\,k) = y_\alpha^{(l)}(k+1) - \hat{y}_\alpha^{(l)}(k+1\,|\,k)$$

$$= H_\alpha^{(l)}(x(k+1), \alpha^{(1:r)}(k+1)) + v(k+1)$$

$$- H_\alpha^{(l)}(\hat{x}(k+1\,|\,k), \hat{\alpha}^{(r:l+1)}(k+1\,|\,k+1), \hat{\alpha}^{(l:1)}(k+1\,|\,k))$$

$$\approx H_\alpha^{(l)}(\hat{x}(k+1\,|\,k), \hat{\alpha}^{(r:l+1)}(k+1\,|\,k+1), \hat{\alpha}^{(l:1)}(k+1\,|\,k)) + v_\alpha^{(l)}(k+1)$$

$$- H_\alpha^{(l)}(\hat{x}(k+1\,|\,k), \hat{\alpha}^{(r:l+1)}(k+1\,|\,k+1), \hat{\alpha}^{(l:1)}(k+1\,|\,k))$$

$$= H_\alpha^{(l)}(\hat{x}(k+1\,|\,k), \hat{\alpha}^{(r:l+1)}(k+1\,|\,k+1), \hat{\alpha}^{(l-1:1)}(k+1\,|\,k)) \cdot \alpha^{(l)}(k+1) + v_\alpha^{(l)}(k+1)$$

$$- H_\alpha^{(l)}(\hat{x}(k+1\,|\,k), \hat{\alpha}^{(r:l+1)}(k+1\,|\,k+1), \hat{\alpha}^{(l-1:1)}(k+1\,|\,k)) \cdot \hat{\alpha}^{(l)}(k+1\,|\,k)$$

$$= H_\alpha^{(l)}(\hat{x}(k+1\,|\,k), \hat{\alpha}^{(r:l+1)}(k+1\,|\,k+1), \hat{\alpha}^{(l-1:1)}(k+1\,|\,k)) \cdot \tilde{\alpha}^{(l)}(k+1\,|\,k) + v_\alpha^{(l)}(k+1)$$

$$（7.5.12）$$

式中

$$H_\alpha^{(l)}(x(k+1), \alpha^{(1:r)}(k+1)) := H_\alpha^{(l)}(x(k+1), \alpha^{(1)}(k+1), \cdots, \alpha^{(l)}(k+1), \cdots, \alpha^{(r)}(k+1))$$

$$（7.5.13）$$

$$H_\alpha^{(l)}(\hat{x}(k+1\,|\,k), \hat{\alpha}^{(r:l+1)}(k+1\,|\,k+1), \hat{\alpha}^{(l:1)}(k+1\,|\,k))$$

$$:= H_\alpha^{(l)}(\hat{x}(k+1\,|\,k), \hat{\alpha}^{(r)}(k+1\,|\,k+1), \cdots, \hat{\alpha}^{(l+1)}(k+1\,|\,k+1), \hat{\alpha}^{(l)}(k+1\,|\,k), \cdots, \hat{\alpha}^{(1)}(k+1\,|\,k))$$

$$（7.5.14）$$

$$H_\alpha^{(l)}(\hat{x}(k+1\,|\,k), \hat{\alpha}^{(r:l+1)}(k+1\,|\,k+1), \hat{\alpha}^{(l-1:1)}(k+1\,|\,k))$$

$$:= H_\alpha^{(l)}(\hat{x}(k+1\,|\,k), \hat{\alpha}^{(r)}(k+1\,|\,k+1), \cdots, \hat{\alpha}^{(l+1)}(k+1\,|\,k+1), \hat{\alpha}^{(l-1)}(k+1\,|\,k), \cdots, \hat{\alpha}^{(1)}(k+1\,|\,k))$$

$$（7.5.15）$$

式（7.5.12）中，"$\approx$"表示线性化过程；$v_\alpha^{(l)}$中既包含了近似误差，也包含了对非线性函数进行逼近产生的误差，从而用近似误差来代替传统 EKF 中的舍入误差。

（2）隐变量 $\alpha^{(l)}(k+1)$ 的滤波器设计：

$$\hat{\alpha}^{(l)}(k+1\,|\,k+1) = E\{\alpha^{(l)}(k+1)\,|\,\hat{\alpha}^{(r)}(k+1\,|\,k+1), \cdots, \hat{\alpha}^{(l+1)}(k+1\,|\,k+1),$$

$$\hat{\alpha}^{(l)}(k\,|\,k), \cdots, \hat{\alpha}^{(1)}(k\,|\,k), \hat{x}(k\,|\,k), y(k+1)\}$$

$$= \hat{\alpha}^{(l)}(k+1\,|\,k) + K_\alpha^{(l)}(k+1)(y_\alpha^{(l)}(k+1) - \hat{y}_\alpha^{(l)}(k+1\,|\,k)) \qquad （7.5.16）$$

相应的估计误差为

$$\tilde{\alpha}^{(l)}(k+1\,|\,k+1) = \alpha^{(l)}(k+1) - \hat{\alpha}^{(l)}(k+1\,|\,k+1)$$

$$= \tilde{\alpha}^{(l)}(k+1\,|\,k) - K_\alpha^{(l)}(k+1)(\bar{H}_\alpha^{(l)}(k+1)\tilde{\alpha}^{(l)}(k+1\,|\,k) + v_\alpha^{(l)}(k+1))$$

$$（7.5.17）$$

式中，$K_\alpha^{(l)}(k+1)$ 为增益矩阵，且 $\bar{H}_\alpha^{(l)}(k+1)$ 的表达式如式（7.5.15）所示。

（3）增益矩阵求解。

根据正交性原理[5]：

$$E\{\tilde{\alpha}^{(l)}(k+1\,|\,k+1)(y_\alpha^{(l)}(k+1\,|\,k))^{\mathrm{T}}\} = 0 \qquad （7.5.18）$$

再结合式（7.5.17）和式（7.5.7），进一步可得

$$K_\alpha^{(l)}(k+1) = P_\alpha^{(l)}(k+1\,|\,k)\bar{H}_\alpha^{(l)}(k+1)$$
$$\cdot (\bar{H}_\alpha^{(l)}(k+1)P_\alpha^{(l)}(k+1\,|\,k)(\bar{H}_\alpha^{(l)}(k+1))^{\mathrm{T}} + R_\alpha^{(l)}(k+1))^{-1} \quad (7.5.19)$$

（4）估计误差协方差矩阵。

$$P_\alpha^{(l)}(k+1\,|\,k+1)$$
$$= E\{(\alpha^{(l)}(k+1) - \hat{\alpha}^{(l)}(k+1\,|\,k+1))(\alpha^{(l)}(k+1) - \hat{\alpha}^{(l)}(k+1\,|\,k+1))^{\mathrm{T}}\}$$
$$= E\{(\tilde{\alpha}^{(l)}(k+1\,|\,k) - K_\alpha^{(l)}(k+1)(\bar{H}_\alpha^{(l)}(k+1)\tilde{\alpha}^{(l)}(k+1\,|\,k) + v_\alpha^{(l)}(k+1)))$$
$$\cdot (\tilde{\alpha}^{(l)}(k+1\,|\,k) - K_\alpha^{(l)}(k+1)(\bar{H}_\alpha^{(l)}(k+1)\tilde{\alpha}^{(l)}(k+1\,|\,k) + v_\alpha^{(l)}(k+1)))^{\mathrm{T}}\}$$
$$= (I - K_\alpha^{(l)}(k+1)\bar{H}_\alpha^{(l)}(k+1))P_\alpha^{(l)}(k+1\,|\,k) \quad (7.5.20)$$

（5）重复上述过程。

注释 7.5.1　式（7.5.12）的推导体现了测量信息的逐步利用过程，这是逐步线性化的核心，虽然可得到关于隐变量 $\alpha^{(l)}(k+1)$ 的测量预测误差，但同时又引入了近似误差。本章用 $v_\alpha^{(l)}(k+1)$ 表示引入近似误差的测量误差。

7.5.2　状态变量 $x(k+1)$ 的线性 Kalman 滤波器设计

本节的目标是基于 7.5.1 节中已获得的

$$\hat{\alpha}^{(l)}(k+1\,|\,k+1), P_\alpha^{(l)}(k+1\,|\,k+1), \quad l=1,2,\cdots,r \quad (7.5.21)$$

的基础上，设计出求取状态变量 $x(k+1)$ 的 Kalman 滤波器。

基于状态变量 $x(k+1)$ 的伪线性状态模型（7.5.22）和伪线性观测模型（7.5.23）：

$$x(k+1) = A_x(\alpha^{(1)}(k),\cdots,\alpha^{(l)}(k),\cdots,\alpha^{(r)}(k)) \cdot x(k) + w(k) \quad (7.5.22)$$

$$y_x(k+1) = H_x(\alpha^{(1)}(k+1),\cdots,\alpha^{(l)}(k+1),\cdots,\alpha^{(r)}(k+1)) \cdot x(k+1) + v(k+1) \quad (7.5.23)$$

则状态变量 $x(k+1)$ 滤波器设计过程如下。

第一步：时间更新。

根据式（7.5.21）和式（7.5.22），求取状态预测值：

$$\hat{x}(k+1\,|\,k) = A_x(\hat{x}(k\,|\,k),\hat{\alpha}^{(1)}(k\,|\,k),\cdots,\hat{\alpha}^{(l)}(k\,|\,k),\cdots,\hat{\alpha}^{(r)}(k\,|\,k)) \quad (7.5.24)$$

则状态预测误差为

$$\tilde{x}(k+1\,|\,k) = x(k+1) - \hat{x}(k+1\,|\,k)$$
$$= A_x(\alpha^{(1)}(k),\cdots,\alpha^{(l)}(k),\cdots,\alpha^{(r)}(k)) \cdot x(k) + w(k)$$
$$\quad - A_x(\hat{\alpha}^{(1)}(k\,|\,k),\cdots,\hat{\alpha}^{(l)}(k\,|\,k),\cdots,\hat{\alpha}^{(r)}(k\,|\,k))\hat{x}(k\,|\,k)$$
$$\approx A_x(\hat{\alpha}^{(1)}(k\,|\,k),\cdots,\hat{\alpha}^{(l)}(k\,|\,k),\cdots,\hat{\alpha}^{(r)}(k\,|\,k))x(k) + w_x(k)$$
$$\quad - A_x(\hat{\alpha}^{(1)}(k\,|\,k),\cdots,\hat{\alpha}^{(l)}(k\,|\,k),\cdots,\hat{\alpha}^{(r)}(k\,|\,k))\hat{x}(k\,|\,k)$$
$$= A_x(\hat{\alpha}^{(1)}(k\,|\,k),\cdots,\hat{\alpha}^{(l)}(k\,|\,k),\cdots,\hat{\alpha}^{(r)}(k\,|\,k)) \cdot x(k) + w_x(k)$$

$$- A_x(\hat{\alpha}^{(1)}(k|k),\cdots,\hat{\alpha}^{(l)}(k|k),\cdots,\hat{\alpha}^{(r)}(k|k)))\cdot\hat{x}(k|k)$$
$$= A_x(\hat{\alpha}^{(1)}(k|k),\cdots,\hat{\alpha}^{(l)}(k|k),\cdots,\hat{\alpha}^{(r)}(k|k))\cdot[x(k)-\hat{x}(k|k)]+w_x(k)$$
$$= A_x(\hat{\alpha}^{(1)}(k|k),\cdots,\hat{\alpha}^{(l)}(k|k),\cdots,\hat{\alpha}^{(r)}(k|k))\cdot\tilde{x}(k|k)+w_x(k)$$
$$(7.5.25)$$

根据式（7.5.25），可得预测误差协方差矩阵：
$$P_x(k+1|k)=E\{(x(k+1)-\hat{x}(k+1|k))(x(k+1)-\hat{x}(k+1|k))^{\mathrm{T}}\}$$
$$=\{\tilde{x}(k+1|k)\tilde{x}^{\mathrm{T}}(k+1|k)\}$$
$$=\overline{A}(k)P_x(k|k)\overline{A}^{\mathrm{T}}(k)+Q(k) \qquad(7.5.26)$$

式中
$$\overline{A}(k)=A_x(\hat{\alpha}^{(1)}(k|k),\cdots,\hat{\alpha}^{(l)}(k|k),\cdots,\hat{\alpha}^{(r)}(k|k)) \qquad(7.5.27)$$

第二步：测量更新。

（1）根据式（7.5.23）和式（7.5.24），可得测量预测值：
$$\hat{y}_x(k+1|k)=H_x(\hat{x}(k+1|k),\hat{\alpha}^{(1)}(k+1|k+1),\cdots,$$
$$\hat{\alpha}^{(l)}(k+1|k+1),\cdots,\hat{\alpha}^{(r)}(k+1|k+1)) \qquad(7.5.28)$$

结合式（7.5.23），可得测量误差：
$$\tilde{y}_x(k+1|k)=y_x(k+1)-\hat{y}_x(k+1|k)$$
$$=H_x(x(k+1),\alpha^{(1)}(k+1),\cdots,\alpha^{(r)}(k+1))+v(k+1)$$
$$-H_x(\hat{x}(k+1|k),\hat{\alpha}^{(1)}(k+1|k+1),\cdots,\hat{\alpha}^{(r)}(k+1|k+1))$$
$$\approx H_x(x(k+1),\hat{\alpha}^{(1)}(k+1|k+1),\cdots,\hat{\alpha}^{(r)}(k+1|k+1))+v_x(k+1)$$
$$-H_x(\hat{x}(k+1|k),\hat{\alpha}^{(1)}(k+1|k+1),\cdots,\hat{\alpha}^{(r)}(k+1|k+1))$$
$$=H_x(\hat{\alpha}^{(1)}(k+1|k+1),\cdots,\hat{\alpha}^{(r)}(k+1|k+1))\cdot x(k+1)+v_x(k+1)$$
$$-H_x(\hat{\alpha}^{(1)}(k+1|k+1),\cdots,\hat{\alpha}^{(r)}(k+1|k+1))\cdot\hat{x}(k+1|k)$$
$$=H_x(\hat{\alpha}^{(1)}(k+1|k+1),\cdots,\hat{\alpha}^{(r)}(k+1|k+1))\cdot[x(k+1)-\hat{x}(k+1|k)]+v_x(k+1)$$
$$=H_x(\hat{\alpha}^{(1)}(k+1|k+1),\cdots,\hat{\alpha}^{(r)}(k+1|k+1))\cdot\tilde{x}(k+1|k)+v_x(k+1)$$
$$(7.5.29)$$

（2）状态变量 $x(k+1)$ 的滤波器设计：
$$\hat{x}(k+1|k+1):=E\{x(k+1)|\hat{x}_0,y_x(1),y_x(2),\cdots,y_x(k),y_x(k+1)\}$$
$$=E\{x(k+1)|\hat{\alpha}^{(1)}(k+1|k+1),\cdots,\hat{\alpha}^{(r)}(k+1|k+1),\hat{x}(k|k),y_x(k+1)\}$$
$$=\hat{x}(k+1|k)+K_x(k+1)(y_x(k+1)-\hat{y}_x(k+1|k))$$
$$(7.5.30)$$

相应的状态估计误差：
$$\tilde{x}(k+1|k+1)=x(k+1)-\hat{x}(k+1|k+1)$$
$$=\tilde{x}(k+1|k)-K_x(k+1)(\overline{H}_x(k+1)\tilde{x}(k+1|k)+v_x(k+1)) \qquad(7.5.31)$$

式中，$K_x(k+1)$ 为增益矩阵，且

$$\bar{H}_x(k+1) = H_x(\hat{\alpha}^{(1)}(k+1|k+1), \cdots, \hat{\alpha}^{(l)}(k+1|k+1), \cdots, \hat{\alpha}^{(r)}(k+1|k+1)) \quad (7.5.32)$$

（3）增益矩阵计算。

根据正交性原理：

$$E\{\tilde{x}(k+1|k+1)y_x^{\mathrm{T}}(k+1)\} = 0 \quad (7.5.33)$$

再结合式（7.5.31）和式（7.5.23），整理可得

$$K_x(k+1) = P_x(k+1|k)\bar{H}_x^{\mathrm{T}}(k+1)(\bar{H}_x(k+1)P_x(k+1|k)\bar{H}_x^{\mathrm{T}}(k+1))^{-1} \quad (7.5.34)$$

（4）估计误差协方差矩阵。

$$
\begin{aligned}
P_x(k+1|k+1) &= E\{(x(k+1)-\hat{x}(k+1|k+1))(x(k+1)-\hat{x}(k+1|k+1))^{\mathrm{T}}\} \\
&= (I - K_x(k+1)\bar{H}_x(k+1))P_x(k+1|k) \quad (7.5.35)
\end{aligned}
$$

（5）重复上述过程。

综上，式（7.5.8）～式（7.5.35）即为完整的逐级线性化 Kalman 滤波器设计过程。

注释 7.5.2　关于隐变量的滤波器设计过程，仅在测量预测误差的推导过程中存在近似误差，为此用 $v_\alpha^{(l)}(k+1)$ 表示；而设计状态变量滤波器的过程中，在状态预测误差和测量预测误差的推导中都有近似误差的存在，分别用 $w_x(k)$ 和 $v_x(k+1)$ 表示。

7.6　近似误差分析

针对如式（7.2.1）和式（7.2.2）所描述的 $r+1$ 个乘子组成的一类非线性系统，为了实现对原始非线性系统的线性化描述，将其中的 r 个非线性因子定义为隐变量参数，并设计其线性化滤波器如式（7.5.8）～式（7.5.20）所示。EKF 利用泰勒级数展开，保留线性项，将非线性函数转化为线性形式，其中的截断误差会对滤波器的性能产生很大影响，而本章所设计的逐步线性化滤波器通过等价变换，利用式（7.5.25）和式（7.5.29）中的近似误差来代替截断误差，从而实现对非线性函数的线性化表示。本节将对两种方法中产生的误差进行分析。

7.6.1　EKF 误差分析

对原始非线性函数（7.2.1）的第 i 个标量在估计值 $\hat{x}(k|k)$ 处进行泰勒级数展开，则

$$f_i(x(k)) = f_i^{(0)}(\hat{x}(k|k)) + f_i^{(1)}(\tilde{x}(k|k)) + \Delta F_i^{(2)}(k) \quad (7.6.1)$$

式中，$f_i^{(0)}(\hat{x}(k|k))$ 为泰勒级数展开的常数项；$f_i^{(1)}(\hat{x}(k|k))$ 为泰勒级数展开的 1 阶线性项；$\Delta F_i^{(2)}(k)$ 为状态模型的截断误差，则

$$\Delta F_i^{(2)}(k) = f_i(x(k)) - f_i^{(0)}(\hat{x}(k \mid k) - f_i^{(1)}(\tilde{x}(k \mid k))$$
$$= \Delta F_i^{(1)}(k) - f_i^{(2)}(\hat{x}(k \mid k)) \tag{7.6.2}$$

式中

$$f_i^{(0)}(\hat{x}(k \mid k)) = f_i(\hat{x}(k \mid k)) \tag{7.6.3}$$

$$f_i^{(1)}(\tilde{x}(k \mid k)) = \sum_{l_1 + l_2 + \cdots + l_n = 1} a_{i,1} \prod_{j=1}^{n} (x_j(k) - \hat{x}_j(k \mid k))^{l_j} \tag{7.6.4}$$

$$a_{i,1} = \left. \frac{\partial f_i(x(k))}{\prod\limits_{j=1}^{n} \partial x_j^{1_j}} \right|_{x(k) = \hat{x}(k \mid k)} \tag{7.6.5}$$

　　EKF 对非线性函数的泰勒级数展开式进行一阶线性化截断,忽略其余高阶项,从而将非线性问题转化为线性问题,可以将线性 Kalman 滤波算法应用于非线性系统中[6]。

7.6.2　隐变量 $\alpha(k+1)$ 的近似误差分析

　　为了实现对原始系统的线性化描述,将其中的 r 个非线性因子定义为隐变量参数,并引入隐变量参数的 r 个线性动态模型。基于此,设计出 r 个线性形式的滤波器,其中在滤波器的设计过程中,观测预测误差与隐变量预测误差之间的线性关系都引入近似误差,即

$$\tilde{H}_\alpha^{(i)}(\hat{x}(k+1 \mid k), \hat{\alpha}^{(1)}(k+1 \mid k+1), \cdots, \hat{\alpha}^{(i-1)}(k+1 \mid k+1), \hat{\alpha}^{(i)}(k+1 \mid k), \cdots, \hat{\alpha}^{(r)}(k+1 \mid k))$$
$$:= H_\alpha^{(i)}(x(k+1), \alpha^{(1)}(k+1), \cdots, \alpha^{(r)}(k+1))$$
$$- H_\alpha^{(i)}(\hat{x}(k+1 \mid k), \hat{\alpha}^{(1)}(k+1 \mid k+1), \cdots, \hat{\alpha}^{(i-1)}(k+1 \mid k+1), \hat{\alpha}^{(i)}(k+1 \mid k), \cdots, \hat{\alpha}^{(r)}(k+1 \mid k))$$
$$\tag{7.6.6}$$

　　对隐变量 $\alpha(k+1)$ 的滤波器设计,近似误差主要体现在求测量预测误差的过程中,为了解决非线性函数不能直接运算的问题,令

$$x(k+1) \approx \hat{x}(k+1 \mid k) \tag{7.6.7}$$

$$\begin{cases} \alpha^{(p)}(k+1) \approx \hat{\alpha}^{(p)}(k+1 \mid k+1), & p = 1, 2, \cdots, i-1 \\ \alpha^{(p)}(k+1) \approx \hat{\alpha}^{(p)}(k+1 \mid k), & p = l, l+1, \cdots, r \end{cases} \tag{7.6.8}$$

从而在隐变量 $\alpha(k+1)$ 的滤波器过程设计中实现逐步线性化。从隐变量的估计更新过程可以看出,对于已经估计出来的隐变量,在测量方程中显示为 $k+1$ 时刻的估计值,对于待估隐变量,显示为 $k+1$ 时刻的预测值,而在 EKF 方法中,统一显示为所有变量的预测值。因此,与 EKF 相比,本章所设计的方法能体现信息的实时性和继承性,因此可实现较好的状态估计过程。

7.6.3　状态变量 $x(k+1)$ 的近似误差分析

与隐变量仅在测量预测误差中存在近似误差不同，$x(k+1)$ 的状态预测误差和测量预测误差中都有近似误差的存在，分别记为 $\tilde{A}_x(k)$ 和 $\tilde{H}_y(k)$，则

$$\tilde{A}_x(k) = A_x(\alpha^{(1)}(k),\cdots,\alpha^{(l)}(k),\cdots,\alpha^{(r)}(k)) \cdot x(k)$$
$$- A_x(\hat{\alpha}^{(1)}(k\,|\,k),\cdots,\hat{\alpha}^{(l)}(k\,|\,k),\cdots,\hat{\alpha}^{(r)}(k\,|\,k)) \cdot \hat{x}(k\,|\,k) \quad （7.6.9）$$

$$\tilde{H}_y(k) = H_x(x(k+1),\alpha^{(1)}(k+1),\cdots,\alpha^{(r)}(k+1))$$
$$- H_x(\hat{x}(k+1\,|\,k),\hat{\alpha}^{(1)}(k+1\,|\,k+1),\cdots,\hat{\alpha}^{(r)}(k+1\,|\,k+1)) \quad （7.6.10）$$

为了将所设计的逐级线性化滤波器转化在线性卡尔曼滤波器框架下进行，对于状态预测误差 $\tilde{A}_x(k)$ 和测量预测误差 $\tilde{H}_y(k)$ 做如下近似考虑：

$$A_x(\alpha^{(1)}(k),\cdots,\alpha^{(l)}(k),\cdots,\alpha^{(r)}(k)) \approx A_x(\hat{\alpha}^{(1)}(k\,|\,k),\cdots,\hat{\alpha}^{(l)}(k\,|\,k),\cdots,\hat{\alpha}^{(r)}(k\,|\,k))$$
$$（7.6.11）$$

$$H_x(x(k+1),\alpha^{(1)}(k+1),\cdots,\alpha^{(r)}(k+1)) \approx H_x(\hat{x}(k+1\,|\,k),\hat{\alpha}^{(1)}(k+1\,|\,k+1),\cdots,\hat{\alpha}^{(r)}(k+1\,|\,k+1))$$
$$（7.6.12）$$

在状态变量 $x(k+1)$ 的估计过程中，测量方程中的变量为各变量在 $k+1$ 时刻的最优估计值，而非 EKF 方法中的预测值，因此本章方法的测量误差小于 EKF 中的测量误差，因此与 EKF 相比，本章方法的估计精度更高。

7.7　仿 真 验 证

本节给出几个案例来验证所设计的滤波器的有效性。

7.7.1　案例一

考虑如下一类非线性函数：

$$\begin{cases} x_1(k+1) = 0.5x_2(k)\sin(x_1(k)) + w_1(k) \\ x_2(k+1) = -0.5x_1(k)\sin(x_2(k)) + w_2(k) \\ y_1(k+1) = x_1(k+1) + v_1(k+1) \\ y_2(k+1) = x_2(k+1) + v_2(k+1) \end{cases}$$

式中

$$f_1^{(1)}(x(k)) = \sin(x_1(k))$$
$$f_2^{(1)}(x(k)) = \sin(x_2(k))$$
$$g_1^{(1)}(f^{(1)}(x(k+1))) = g_2^{(1)}(f^{(1)}(x(k+1))) = 1$$

令

$$\alpha_1(k) := \sin(x_1(k))$$
$$\alpha_2(k) := \sin(x_2(k))$$

式中，噪声 $w(k)$ 和 $v(k+1)$ 为高斯白噪声序列，且满足 $w(k) \sim N[0,Q]$，$v(k+1) \sim N[0,R]$，$Q = \mathrm{diag}\{0.1, 0.1\}$，$R = \mathrm{diag}\{0.01, 0.01\}$，状态变量初始值 $x_0 = [0 \ \ 0]^T$，初始估计误差协方差为 $P_0 = I \in \mathbb{R}^{2\times2}$；扩维变量的建模误差 $w_{\alpha_1}(k)$ 和 $w_{\alpha_2}(k)$ 分别假设为高斯白噪声序列，且满足 $w_{\alpha_1}(k) \sim N[0, Q_{\alpha_1}]$，$w_{\alpha_2}(k+1) \sim N[0, Q_{\alpha_2}]$，$Q_{\alpha_1} = Q_{\alpha_2} = 0.001$。图 7.7.1 和图 7.7.2 分别表示状态变量 x_1 和 x_2 的估计曲线，图 7.7.3 和图 7.7.4 表示状态估计误差曲线，经过 100 次蒙特卡罗仿真后，详细的误差比较可参见表 7.7.1。由表 7.7.1 可以看出，与 EKF 相比，本章所提出的滤波方法具有更好的滤波性能。

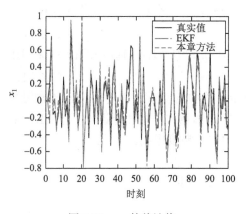
图 7.7.1　x_1 的估计值

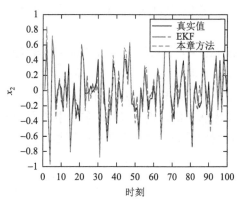
图 7.7.2　x_2 的估计值

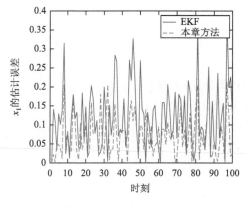
图 7.7.3　x_1 的估计误差

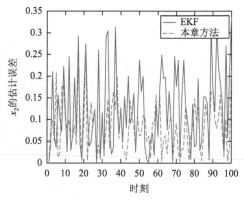
图 7.7.4　x_2 的估计误差

表 7.7.1　估计误差比较

滤波方法	MSE-x_1	MSE-x_2	MSE	舍入误差
EKF	0.0243	0.0236	0.0240	9.3768×10^{-4}
本章方法	0.0098	0.0095	0.0096	5.8873×10^{-4}
提高	59.6%	59.7%	60%	37.2%

由图 7.7.1～图 7.7.4 及表 7.7.1 可以看出，与 EKF 相比，所提出的逐级线性化 Kalman 滤波器的截断误差减少了 37.2%，状态变量 x_1 和 x_2 的估计准确率分别提高了 59.6%和 59.7%，从而证明了本章所提出方法的有效性。

7.7.2　案例二

考虑如下非线性动态系统：

$$\begin{cases} x_1(k+1) = 0.5x_2(k)\sin(x_1(k)) + w_1(k) \\ x_2(k+1) = -0.5x_1(k)\sin(x_2(k)) + w_2(k) \\ y_1(k+1) = x_2(k+1) + v_1(k+1) \\ y_2(k+1) = x_1(k+1)\mathrm{e}^{x_1(k+1)} + v_2(k+1) \end{cases}$$

式中

$$\begin{cases} f_1^{(1)}(x(k)) = \sin(x_1(k)) \\ f_2^{(1)}(x(k)) = \sin(x_2(k)) \\ g_1^{(1)}(f^{(1)}(x(k+1))) = 1 \\ g_2^{(1)}(f^{(1)}(x(k+1))) = \mathrm{e}^{x_1(k+1)} \end{cases}$$

令

$$\begin{cases} \alpha_1(k) := \sin(x_1(k)) \\ \alpha_2(k) := \sin(x_2(k)) \\ \alpha_3(k) = \mathrm{e}^{x_1(k+1)} \end{cases}$$

式中，状态噪声 $w(k)$ 和测量噪声 $v(k+1)$ 分别为高斯白噪声序列，且满足 $w(k) \sim N[0, Q]$，$v(k+1) \sim N[0, R]$，$Q = \mathrm{diag}([0.1, 0.01])$，$R = \mathrm{diag}([0.1, 0.01])$。原始系统状态初始值 $x_0 = [0\ \ 0]^{\mathrm{T}}$，初始估计误差协方差矩阵 $P_0 = I \in \mathbb{R}^{2 \times 2}$。假设扩维后状态变量的建模误差 $w_{\alpha_1}(k)$、$w_{\alpha_2}(k)$ 和 $w_{\alpha_3}(k)$ 为高斯白噪声序列，且满足 $w_{\alpha_1}(k) \sim N[0, Q_{\alpha_1}]$，$w_{\alpha_2}(k) \sim N[0, Q_{\alpha_2}]$，$w_{\alpha_3}(k) \sim N[0, Q_{\alpha_3}]$，$Q_{\alpha_1} = Q_{\alpha_2} = Q_{\alpha_3} = 0.001$。图 7.7.5 和图 7.7.6 分别为状态变量 x_1 和 x_2 的估计结果，图 7.7.7 和图 7.7.8 为状态变量的估计误差曲线，详细的误差比较可参见表 7.7.2。由表 7.7.2 可以看出，与 EKF 相比，本章所提出的滤波方法在估计性能方面有不同程度的提升。

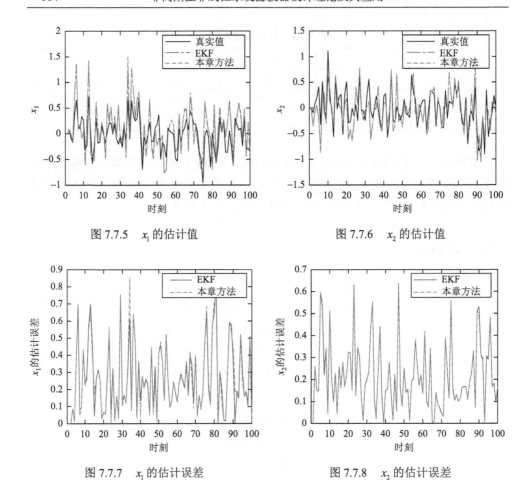

图 7.7.5 　x_1 的估计值　　　　　　　　图 7.7.6 　x_2 的估计值

图 7.7.7 　x_1 的估计误差　　　　　　　图 7.7.8 　x_2 的估计误差

表 7.7.2 　详细估计误差比较

滤波方法	MSE-x_1	MSE-x_2	MSE	舍入误差
EKF	0.1031	0.0793	0.0912	0.0062
本章方法	0.0921	0.0625	0.0811	0.0059
提高	10.67%	21.19%	11.07%	4.84%

　　从图 7.7.5～图 7.7.8 及表 7.7.2 可以看出，与 EKF 相比，所提出的逐级线性化 Kalman 滤波器具有更好的滤波性能。从定量角度分析，截断误差越小，可利用的测量信息就越多，滤波器的性能就会有更大的提高。

　　通过给出线性测量模型和非线性测量模型两个案例，结合仿真图和均方误差可以看出，与传统 EKF 相比，本章所设计的逐级线性化 Kalman 滤波器的估计效果明显好于 EKF。这表明，获得的有用信息越多，理论上滤波效果越好。所设计的逐级线性化 Kalman 滤波器性能优于 EKF，根本原因在于对最新数据的继承与更新。

7.8　本 章 小 结

考虑到目前对非线性系统的滤波过程大都是通过泰勒级数展开，利用多项式近似来达到线性化的目的。此举虽形式简洁，但是破坏了原有函数的物理意义，且对强非线性系统来说，会产生较大的截断误差。为此，针对一类由若干非线性函数累乘表示的强非线性动态系统，提出一种新型逐步线性化的 Kalman 滤波器设计思想。首先，将状态和测量模型中的乘性因子定义为隐变量，进一步建立每个隐变量与所有变量之间的线性动态关系；其次，建立原始非线性测量模型基于待估隐变量的线性形式，从而使该隐变量的系统模型适应标准 KF；再次，建立原始状态变量的线性状态模型和测量模型；实验仿真与 EKF 相比，虽然两种滤波器对非线性系统都有较好的估计效果，但明显逐级线性化 Kalman 滤波器更优。随着测量函数非线性的逐渐增强，仍能保持较好的滤波效果，这说明所设计的新滤波器对非线性系统具有较好的适应能力。不同于 EKF 仅保留一阶线性项，舍弃了所有的高阶项信息，造成大量有用信息的舍入，而逐级线性化 Kalman 滤波器不断继承已获得的最新估计值，从而达到更好的估计精度和可靠性。

本章所设计的滤波器的性能虽然有很好的提高，但是仍存在几个值得进一步研究的问题：$f(x(k))$ 和 $h(x(k))$ 为一般非线性函数时，如何将其分解为式（7.2.1）和式（7.2.2）中所描述的形式；如果测量函数分解后的 $g_i^{(l)}(f^{(l)}(x(k+1)))$ 仍为分线性函数，该如何处理。

参 考 文 献

[1]　Alessandri A，Gaggero M. Fast moving horizon state estimation for discrete-time systems using single and multi-iteration descent methods[J]. IEEE Transactions on Automatic Control，2017，62（9）：4499-4511.

[2]　Sun X，Wen C，Wen T. High-order extended Kalman filter design for a class of complex dynamic systems with polynomial nonlinearities[J]. Chinese Journal of Electronics，2021，30（3）：508-515.

[3]　Sun X，Wen C，Wen T. Maximum correntropy high-order extended Kalman filter[J]. Chinese Journal of Electronics. Chinese Journal of Electronics，2022，31（1）：190-198.

[4]　Yuan Y，Wen C，Qiu Y，et al. Three state estimation fusion methods based on the characteristic function filtering[J]. Sensors，2021，21：1440.

[5]　陈志杰. 高等代数与解析几何[M]. 2 版. 北京：高等教育出版社，2008.

[6]　孙晓辉. 一类强非线性动态系统的高阶 Kalman 滤波器设计[D]. 杭州：杭州电子科技大学，2022.

第8章 一类加性与乘性混合型强非线性动态系统的高阶 Kalman 滤波器设计

8.1 引　言

继第 6 章和第 7 章建立的高阶 Kalman 滤波器和逐级线性化高阶 Kalman 滤波器后，本章针对一类由若干个非线性函数累加，其中的每个非线性函数又可由若干个非线性函数的累乘形式表示，组成的非线性动态系统，设计了一种混合型高维 Kalman 滤波器。

本章主要研究内容如下。8.2 节中，给出强非线性动态系统的具体表现形式，并给出一个具体的案例来加以说明。在 8.3 节中，依次引入加性隐变量和乘子隐变量，实现非线性动态模型的线性化表示过程。在 8.4 节中，建立隐变量与所有变量之间的线性动态关系。在 8.5 节中，设计一种混合型高阶 Kalman 滤波器。8.6 节中通过仿真案例验证所提滤波方法的有效性，并在 8.7 节中给出本章总结。

8.2　问题描述

假定强非线性动态系统的具体表示形式如下：

$$x(k+1) = A(k)x(k) + f^{(1)}(x(k)) + \cdots + f^{(l)}(x(k))$$
$$+ \cdots + f^{(r)}(x(k)) + w(k), \quad l = 1, 2, \cdots, r \quad （8.2.1）$$

$$y(k+1) = C(k+1)x(k+1) + g^{(1)}(f^{(1)}(x(k+1))) + \cdots$$
$$+ g^{(l)}(f^{(l)}(x(k+1))) + \cdots + g^{(r)}(f^{(r)}(x(k))) + v(k+1) \quad （8.2.2）$$

式中，向量函数 $f^{(l)}(x(k))$ 有如下形式：

$$f^{(l)}(x(k)) = [f_1^{(l)}(x(k)), \cdots, f_i^{(l)}(x(k)), \cdots, f_n^{(l)}(x(k))]^{\mathrm{T}}, \quad l = 1, \cdots, r \quad （8.2.3）$$

且有

$$f_i^{(l)}(x(k)) = \prod_{j=1}^{n_l} f_{ij}^{(l)}(x(k)), \quad l = 1, 2, \cdots, r; i = 1, 2, \cdots, n \quad （8.2.4）$$

式中，$f_{ij}^{(l)}(x(k))$ 为式（8.2.4）中第 l 个非线性向量函数 $f^{(l)}(x(k))$ 中第 i 个分量的第 j 个乘性因子；n_l 为第 l 个非线性向量函数 $f^{(l)}(x(k))$ 中乘性因子的个数。

为易于理解本章开头提及的一类加性和乘性混合的非线性动态系统，本节给出如式（8.2.5）所示的案例加以说明。

$$\begin{cases} x_1(k+1) = 0.85x_1(k)\cos(x_1(k)) + 0.5x_2(k)\sin(x_1(k))\sin(x_2(k)) + w_1(k) \\ x_2(k+1) = -0.5x_1(k)\sin(x_2(k)) + w_2(k) \\ y_1(k+1) = x_1(k+1) + v_1(k+1) \\ y_2(k+1) = x_1(k+1)e^{x_1(k+1)} + x_2(k+1) + v_2(k+1) \end{cases} \quad (8.2.5)$$

由式（8.2.4）可得，原始状态变量第 i 个分量的具体表现形式如下：

$$x_i(k+1) = f_i(x(k)) + w_i(k)$$

$$= \sum_{j=1}^{n} a_{ij}(k)x_j(k) + \prod_{j=1}^{n_1} f_{ij}^{(1)}(x(k)) + \cdots$$

$$+ \prod_{j=1}^{n_l} f_{ij}^{(l)}(x(k)) + \prod_{j=1}^{n_r} f_{ij}^{(r)}(x(k)) + w_i(k)$$

$$= \sum_{j=1}^{n} a_{ij}(k)x_j(k) + \sum_{l=1}^{r}\left(\prod_{j=1}^{n_l} f_{ij}^{(l)}(x(k))\right) + w_i(k) \quad (8.2.6)$$

同理，原始测量模型的第 i 个分量有如下表现形式：

$$y_i(k+1) = h_i(x(k+1)) + v_i(k+1)$$

$$= \sum_{j=1}^{n} h_{ij}(k)x_j(k+1) + \sum_{l=1}^{r}\prod_{j=1}^{n_l} g_{ij}^{(l)}(f^{(l)}(x(k+1)) + v_i(k+1) \quad (8.2.7)$$

8.3　强非线性动态模型的线性化表示

本节的主要目标是实现对状态模型和测量模型的线性化表示。主要包括如式（8.2.1）所示形式的加性线性表示及如式（8.2.4）所示的乘性因子的线性化描述。

8.3.1　状态模型和测量模型的加性伪线性化表示

为了实现对式（8.2.1）的加性线性描述，首先需要将式（8.2.1）中的加性非线性函数 $f^{(l)}(x(k)), l = 1, 2, \cdots, r$ 视为系统变量 $x(k+1)$ 的隐变量函数，即

$$\alpha^{(l)}(k) := f^{(l)}(x(k)) \quad (8.3.1)$$

式中

$$\begin{aligned} \alpha^{(l)}(k) &= [f_1^{(l)}(x(k)), \cdots, f_i^{(l)}(x(k)), \cdots, f_n^{(l)}(x(k))]^{\mathrm{T}} \\ &= [\alpha_1^{(l)}(k), \cdots, \alpha_i^{(l)}(k), \cdots, \alpha_n^{(l)}(k)]^{\mathrm{T}} \end{aligned} \quad (8.3.2)$$

则式（8.2.1）可改写成如下形式：

$$x(k+1) = A(k)x(k) + \alpha^{(1)}(k) + \cdots + \alpha^{(l)}(k) + \cdots + \alpha^{(r)}(k)$$

$$= A(k)x(k) + \sum_{l=1}^{r} \alpha^{(l)}(k) + w(k), \quad l = 1, 2, \cdots, r \qquad (8.3.3)$$

与状态模型的加性伪线性化过程类似，测量模型（8.2.2）的加性伪线性形式如下：

$$y(k+1) = C(k+1)x(k+1) + g^{(1)}(\alpha^{(1)}(k+1)) + \cdots$$

$$+ g^{(l)}(\alpha^{(l)}(k+1)) + \cdots + g^{(r)}(\alpha^{(r)}(k+1)) + v(k+1)$$

$$= C(k+1)x(k+1) + \sum_{l=1}^{r} g^{(l)}(\alpha^{(l)}(k+1)) + v(k+1) \qquad (8.3.4)$$

注释 8.3.1　如注释 6.4.1 和注释 6.4.2 所述，式（8.3.3）和式（8.3.4）为伪线性形式。

8.3.2　状态模型和测量模型的乘性线性化表示

为了对系统进行整体线性化描述，我们引入了向量间的"⊙"运算，定义如下。

定义 8.3.1　对于两个任意 n 维向量：

$$x = [x_1, \cdots, x_i, \cdots, x_n]^{\mathrm{T}}$$

$$y = [y_1, \cdots, y_i, \cdots, y_n]^{\mathrm{T}}$$

则定义

$$x \odot y = [x_1 y_1, \cdots, x_i y_i, \cdots, x_n y_n]^{\mathrm{T}}$$

引理 8.3.1　对于运算"⊙"，有如下性质。

（1）对于任意 $x^{(l)}$：

$$x^{(l)} = [x_1^{(l)}, \cdots, x_i^{(l)}, \cdots, x_n^{(l)}]^{\mathrm{T}} \in \mathbb{R}^n, \quad l = 1, 2, \cdots, r$$

则有

$$\prod_{l=1}^{r} \odot x_i^{(l)} = \left[\prod_{l=1}^{r} x_1^{(l)}, \cdots, \prod_{l=1}^{r} x_i^{(l)}, \cdots, \prod_{l=1}^{r} x_n^{(l)} \right]^{\mathrm{T}}$$

（2）对于任意的向量 $x, y, z \in \mathbb{R}^n$，有

$$x \odot y = y \odot x$$

$$(x + y) \odot z = x \odot z + y \odot z$$

$$x \odot y \odot z = y \odot x \odot z = z \odot y \odot x$$

为了实现对式（8.2.1）的线性化描述，首先将式（8.2.6）中的非线性乘性因子 $f_{ij}^{(l)}(x(k))$ 视为系统变量的隐变量，即

$$\alpha_{ij}^{(l)}(k) := f_{ij}^{(l)}(x(k)) \qquad (8.3.5)$$

再结合定义 8.3.1 和引理 8.3.1，将式（8.2.6）改写如下：

$$x_i(k+1) = f_i(x(k)) + w_i(k)$$

$$= \sum_{j=1}^{n} a_{ij}(k)x_j(k) + \prod_{j=1}^{n_1} \alpha_{ij}^{(1)}(x(k)) + \cdots + \prod_{j=1}^{n_l} \alpha_{ij}^{(l)}(x(k))$$

$$+ \cdots + \prod_{j=1}^{n_r} \alpha_{ij}^{(r)}(x(k)) + w_i(k)$$

$$= \sum_{j=1}^{n} a_{ij}(k)x_j(k) + \sum_{l=1}^{r}\left(\prod_{j=1}^{n_l} \alpha_{ij}^{(l)}(x(k))\right) + w_i(k)$$

$$= \sum_{j=1}^{n} a_{ij}(k)x_j(k) + \sum_{l=1}^{r}\left(\prod_{u=1}^{n_l} \alpha_{i,u}^{(l)}(x(k))\right) + w_i(k) \quad （8.3.6）$$

进一步地，式（8.3.6）可重新描述如下：

$$x(k+1) = A(k)x(k) + \sum_{\substack{\lambda=1 \\ \lambda \neq l+1}}^{r} \alpha^{(\lambda)}(k) + \prod_{j=1}^{n_{l+1}} \odot \alpha_{:,j}^{(l+1)}(k) + w(k)$$

$$= A(k)x(k) + \sum_{\substack{\lambda=1 \\ \lambda \neq l+1}}^{r} \alpha^{(\lambda)}(k) + \left(\prod_{\substack{u=1 \\ u \neq j}}^{n_{l+1}} \odot \alpha_{:,j}^{(l+1)}(k)\right)\alpha_{:,j}^{(l+1)}(k) + w(k)$$

$$= A(k)x(k) + \sum_{\substack{\lambda=1 \\ \lambda \neq l+1}}^{r} \alpha^{(\lambda)}(k) + A_j^{(l+1)}(k)\alpha_{:,j}^{(l+1)}(k) + w(k) \quad （8.3.7）$$

式中

$$A_j^{(l+1)}(k) := \prod_{\substack{u=1 \\ u \neq j}}^{n_{l+1}} \odot \alpha_{:,u}^{(l+1)}(k) \quad （8.3.8）$$

$$\alpha_{:,j}^{(l+1)}(k) = [\alpha_{1,j}^{(l+1)}(k), \cdots, \alpha_{i,j}^{(l+1)}(k), \cdots, \alpha_{n,j}^{(l+1)}(k)]^{\mathrm{T}} \quad （8.3.9）$$

式（8.3.7）为建立原始变量依赖于各隐变量的线性化形式奠定了基础。

与状态模型的线性化过程类似，定义式（8.3.4）中的乘性因子 $g_{ij}^{(l)}(f^{(l)}(x(k+1))$ 为乘子隐变量：

$$g_{ij}^{(l)}(f^{(l)}(x(k+1)) := g_{ij}^{(l)}(\alpha^{(l)}(k+1)) \quad （8.3.10）$$

再结合定义 8.3.1 和引理 8.3.1，式（8.3.4）的标量形式如下：

$$y_i(k+1) = h_i(x(k+1)) + v_i(k+1)$$

$$= \sum_{j=1}^{n} h_{ij}(k)x_j(k+1) + \sum_{l=1}^{r}\prod_{j=1}^{n_l} \odot g_{ij}^{(l)}(\alpha^{(l)}(k+1)) + v_i(k+1) \quad （8.3.11）$$

则关于隐变量 $\alpha^{(l+1)}(k+1)$ 的测量函数的向量形式如下：

$$y(k+1) = H(k+1)x(k+1) + \sum_{\substack{\lambda=1 \\ \lambda \neq l+1}}^{r} g^{(\lambda)}(\alpha^{(\lambda)}(k+1))$$

$$+ \prod_{\substack{u=1 \\ u \neq j}}^{n_{l+1}} \odot g_{:,u}^{(l+1)}(\alpha_{:,u}^{(l+1)}(k+1)) + v(k+1)$$

$$= H(k+1)x(k+1) + \sum_{\substack{\lambda=1 \\ \lambda \neq l+1}}^{r} g^{(\lambda)}(\alpha^{(\lambda)}(k+1))$$

$$+ H_j^{(l+1)}(k+1) \cdot g_{:,j}^{(l+1)}(\alpha_{:,j}^{(l+1)}(k+1)) + v(k+1) \tag{8.3.12}$$

式中

$$H_j^{(l+1)}(k+1) := \prod_{\substack{u=1 \\ u \neq j}}^{n_{l+1}} \odot g_{:,u}^{(l+1)}(\alpha_{:,u}^{(l+1)}(k+1)) \tag{8.3.13}$$

$$g_{:,j}^{(l+1)}(\alpha_{:,j}^{(l+1)}(k+1)) = \begin{bmatrix} g_{1,j}^{(l+1)}(\alpha_{1,j}^{(l+1)}(k+1)) \\ \vdots \\ g_{i,j}^{(l+1)}(\alpha_{i,j}^{(l+1)}(k+1)) \\ \vdots \\ g_{m,j}^{(l+1)}(\alpha_{m,j}^{(l+1)}(k+1)) \end{bmatrix} \tag{8.3.14}$$

8.4　隐变量建模

为了实现对状态变量的估计求解，本节需要建立 $k+1$ 时刻待估隐变量与 k 时刻所有变量之间的线性动态关系。

$$\alpha_{:,j}^{(l+1)}(k+1)$$

$$= S_{:,j}^{(l+1,0)}x(k) + \sum_{\substack{u=1 \\ u \neq l+1}}^{r} S_{:,j}^{(l+1,u)}\alpha^{(u)}(k) + S_{:,j}^{(l+1,l+1)}\alpha^{(l+1)}(k) + w_{\alpha_{:,j}}(k)$$

$$= S_{:,j}^{(l+1,0)}x(k) + \sum_{\substack{u=1 \\ u \neq l+1}}^{r} S_{:,j}^{(l+1,u)}\alpha^{(u)}(k) + \overline{S}_{:,j}^{(l+1,l+1)}\alpha_{:,j}^{(l+1)}(k) + w_{\alpha_{:,j}}(k), \quad l=0,1,\cdots,r-1; j=1,\cdots,n_{l+1}$$

$$\tag{8.4.1}$$

在式（8.4.1）中，第 $l+1$ 个隐变量的第 j 个乘性因子 $\alpha_{:,j}^{(l+1)}(k+1)$ 与所有变量之间的关联矩阵 $S_{:,j}^{(l+1,u)}(k)$, $u=0,1,\cdots,r$，可依据原始状态模型的输入与输出信息进行辨识。但在没有任何先验信息的情况下，对其设置如下：

$$S^{(lu)}(k) = \begin{cases} I, & u = l+1 \\ 0, & u \neq l+1 \end{cases} \tag{8.4.2}$$

<h2 style="text-align:center">8.5 非线性滤波器设计</h2>

本节的目的是设计可求解原始变量 $x(k+1)$ 的非线性滤波器，主要分为两部分：隐函数变量的参数求解和状态变量的参数求解。

假设基于测量值 $\{y(1), y(2), \cdots, y(k)\}$，已获得 $\hat{x}(k\,|\,k), P_x(k\,|\,k)$ 及 $\hat{\alpha}^{(l)}(k\,|\,k)$，$P_\alpha^{(l)}(k\,|\,k), l = 1, 2, \cdots, r$，再基于新的测量值 $y(k+1)$，假设获得 $\hat{\alpha}^{(\lambda)}(k+1\,|\,k+1)$，$P_\alpha^{(\lambda)}(k+1\,|\,k+1), \lambda = 1, 2, \cdots, l$ 及 $\hat{\alpha}^{(l+1)}_{:,\delta}(k+1\,|\,k+1), P_{\alpha,\delta}^{(l+1)}(k+1\,|\,k+1), \delta = 1, 2, \cdots, j-1$，则我们的目标是求取 $\hat{\alpha}^{(l+1)}_{:,j}(k+1\,|\,k+1), P_{\alpha,j}^{(l+1)}(k+1\,|\,k+1)$ 及 $\hat{x}(k+1\,|\,k+1), P_x(k+1\,|\,k+1)$。

8.5.1 隐变量 $\alpha(k+1)$ 的滤波器设计

关于参数变量 $\alpha^{(l+1)}_{:,j}(k+1)$ 的状态模型和观测模型分别如式（8.5.1）和式（8.5.2）所示：

$$\alpha^{(l+1)}_{:,j}(k+1) = S^{(l+1,0)}_{:,j} x(k) + \sum_{\substack{u=1 \\ u \neq l+1}}^{r} S^{(l+1,u)}_{:,j} \alpha^{(u)}(k) + \overline{S}^{(l+1,l+1)}_{:,j} \alpha^{(l+1)}_{:,j}(k) + w_{\alpha_{:,j}}(k) \quad (8.5.1)$$

$$\begin{aligned}
y^{(l+1)}_{:,j}(k+1) = {} & H(k+1)x(k+1) + \sum_{\substack{\lambda=1 \\ \lambda \neq l+1}}^{r} g^{(\lambda)}(\alpha^{(\lambda)}(k+1)) \\
& + H^{(l+1)}_{j}(k+1) \cdot g^{(l+1)}_{:,j}(\alpha^{(l+1)}_{:,j}(k+1)) + v(k+1) \quad (8.5.2)
\end{aligned}$$

则隐变量 $\alpha^{(l+1)}_{:,j}(k+1)$ 的滤波器设计如下。

步骤一：时间更新。

（1）隐变量状态预测值：

$$\hat{\alpha}^{(l+1)}_{:,j}(k+1\,|\,k) = S^{(l+1,0)}_{:,j} \hat{x}(k\,|\,k) + \sum_{\substack{u=1 \\ u \neq l+1}}^{r} S^{(l+1,u)}_{:,j} \hat{\alpha}^{(u)}(k\,|\,k) + \overline{S}^{(l+1,l+1)}_{:,j} \hat{\alpha}^{(l+1)}_{:,j}(k\,|\,k) \quad (8.5.3)$$

进一步地，根据式（8.5.1）和式（8.5.3），可得隐变量状态预测误差如下：

$$\begin{aligned}
\tilde{\alpha}^{(l+1)}_{:,j}(k+1\,|\,k) = {} & \alpha^{(l+1)}_{:,j}(k+1) - \hat{\alpha}^{(l+1)}_{:,j}(k+1\,|\,k) \\
= {} & S^{(l+1,0)}_{:,j} \tilde{x}(k\,|\,k) + \sum_{\substack{u=1 \\ u \neq l+1}}^{r} S^{(l+1,u)}_{:,j} \tilde{\alpha}^{(u)}(k\,|\,k) + \overline{S}^{(l+1,l+1)}_{:,j} \tilde{\alpha}^{(l+1)}_{:,j}(k\,|\,k) + w_{\alpha_{:,j}}(k)
\end{aligned}$$

$$(8.5.4)$$

（2）根据式（8.5.4），可得隐变量预测误差协方差矩阵：

$$P_{:,j}^{(l+1)}(k+1\,|\,k) = E\{\tilde{\alpha}_{:,j}^{(l+1)}(k+1\,|\,k)(\tilde{\alpha}_{:,j}^{(l+1)}(k+1\,|\,k))^{\mathrm{T}}\}$$

$$= S_{:,j}^{(l+1,0)}P(k\,|\,k)(S_{:,j}^{(l+1,0)})^{\mathrm{T}} + \sum_{\substack{u=1\\u\neq l+1}}^{r} S_{:,j}^{(l+1,u)}P^{(u)}(k\,|\,k)(S_{:,j}^{(l+1,u)})^{\mathrm{T}}$$

$$+ \overline{S}_{:,j}^{(l+1,l+1)}P_{:,j}^{(l+1)}(k\,|\,k)(\overline{S}_{:,j}^{(l+1,u)})^{\mathrm{T}} + Q_{\alpha_{:,j}}^{(l+1)}(k) \tag{8.5.5}$$

步骤二：测量更新。

（1）根据式（8.5.2）和式（8.5.3），可得测量预测值：

$$\hat{y}_{:,j}^{(l)}(k+1\,|\,k) = H(k+1)\hat{x}(k+1\,|\,k) + \sum_{\lambda=1}^{l} g^{(\lambda)}(\hat{\alpha}^{(\lambda)}(k+1\,|\,k+1))$$

$$+ \sum_{\lambda=l+2}^{r} g^{(\lambda)}(\hat{\alpha}^{(\lambda)}(k+1\,|\,k)) + H_j^{(l+1)}(k+1)\cdot g_{:,j}^{(l+1)}(\hat{\alpha}_{:,j}^{(l+1)}(k+1\,|\,k)) \tag{8.5.6}$$

则测量预测误差如下：

$$\tilde{y}_{:,j}^{(l)}(k+1\,|\,k) = y_{:,j}^{(l+1)}(k+1) - \hat{y}_{:,j}^{(l)}(k+1\,|\,k)$$

$$= H(k+1)x(k+1) + \sum_{\lambda=1}^{l} g^{(\lambda)}(\alpha^{(\lambda)}(k+1)) + \sum_{\lambda=l+2}^{r} g^{(\lambda)}(\alpha^{(\lambda)}(k+1))$$

$$+ H_j^{(l+1)}(k+1)\cdot g_{:,j}^{(l+1)}(\alpha_{:,j}^{(l+1)}(k+1)) + v(k+1)$$

$$- H(k+1)\hat{x}(k+1\,|\,k) - \sum_{\lambda=1}^{l} g^{(\lambda)}(\hat{\alpha}^{(\lambda)}(k+1\,|\,k+1))$$

$$- \sum_{\lambda=l+2}^{r} g^{(\lambda)}(\hat{\alpha}^{(\lambda)}(k+1\,|\,k)) - H_j^{(l+1)}(k+1)\cdot g_{:,j}^{(l+1)}(\hat{\alpha}_{:,j}^{(l+1)}(k+1\,|\,k)) \tag{8.5.7}$$

为了实现式（8.5.7）的线性求解，将 $\sum_{\lambda=1}^{l} g^{(\lambda)}(\hat{\alpha}^{(\lambda)}(k+1))$ 和 $\sum_{\lambda=l+2}^{r} g^{(\lambda)}(\hat{\alpha}^{(\lambda)}(k+1))$，$g_{:,j}^{(l+1)}(\alpha_{:,j}^{(l+1)}(k+1))$，利用泰勒级数展开，分别在 $\hat{\alpha}^{(\lambda)}(k+1\,|\,k+1)$，$\lambda=1,\cdots,l$ 和 $\hat{\alpha}^{(\lambda)}(k+1\,|\,k)$，$\lambda=l+2,\cdots,r$ 处进行一阶线性展开，则有

$$\sum_{\lambda=1}^{l} g^{(\lambda)}(\alpha^{(\lambda)}(k+1)) \approx \sum_{\lambda=1}^{l} C^{(\lambda)}(\hat{\alpha}^{(\lambda)}(k+1\,|\,k+1))\cdot\alpha^{(\lambda)}(k+1)$$

$$\sum_{\lambda=l+2}^{r} g^{(\lambda)}(\hat{\alpha}^{(\lambda)}(k+1)) \approx \sum_{\lambda=l+2}^{l} C^{(\lambda)}(\hat{\alpha}^{(\lambda)}(k+1\,|\,k))\cdot\alpha^{(\lambda)}(k+1)$$

$$g_{:,j}^{(l+1)}(\alpha_{:,j}^{(l+1)}(k+1)) \approx C_{:,j}^{(l+1)}(\hat{\alpha}_{:,j}^{(l+1)}(k+1\,|\,k))\cdot\alpha_{:,j}^{(l+1)}(k+1)$$

式中

$$C^{(\lambda)}(\hat{\alpha}^{(\lambda)}(k+1\,|\,k+1)) = \left.\frac{\partial g^{(\lambda)}(\alpha^{(\lambda)}(k+1))}{\partial\alpha^{(\lambda)}(k+1)}\right|_{\alpha^{(\lambda)}(k+1)=\hat{\alpha}^{(\lambda)}(k+1|k+1)}, \quad \lambda=1,2,\cdots,l$$

$$C^{(\lambda)}(\hat{\alpha}^{(\lambda)}(k+1\,|\,k)) = \left.\frac{\partial g^{(\lambda)}(\alpha^{(\lambda)}(k+1))}{\partial \alpha^{(\lambda)}(k+1)}\right|_{\alpha^{(\lambda)}(k+1)=\hat{\alpha}^{(\lambda)}(k+1|k)} \quad , \quad \lambda = l+2,\cdots,r$$

$$C_{:,j}^{(l+1)}(\hat{\alpha}_{:,j}^{(l+1)}(k+1\,|\,k)) = \left.\frac{\partial g_{:,j}^{(l+1)}(\alpha_{:,j}^{(l+1)}(k+1))}{\partial \alpha_{:,j}^{(l+1)}(k+1)}\right|_{\alpha_{:,j}^{(l+1)}(k+1)=\hat{\alpha}_{:,j}^{(l+1)}(k+1|k)}$$

基于上述过程，式（8.5.7）可进一步改写如下：

$$\tilde{y}_{:,j}^{(l)}(k+1\,|\,k)$$

$$= y_{:,j}^{(l+1)}(k+1) - \hat{y}_{:,j}^{(l)}(k+1\,|\,k)$$

$$\approx H(k+1)x(k+1) + \sum_{\lambda=1}^{l} C^{(\lambda)}(\hat{\alpha}^{(\lambda)}(k+1\,|\,k+1)) \cdot \alpha^{(\lambda)}(k+1) + v(k+1)$$

$$+ \sum_{\lambda=l+2}^{l} C^{(\lambda)}(\hat{\alpha}^{(\lambda)}(k+1\,|\,k)) \cdot \alpha^{(\lambda)}(k+1) + H_{j}^{(l+1)}(k+1) \cdot g_{:,j}^{(l+1)}(\alpha_{:,j}^{(l+1)}(k+1))$$

$$- H(k+1)\hat{x}(k+1\,|\,k) - \sum_{\lambda=1}^{l} C^{(\lambda)}(\hat{\alpha}^{(\lambda)}(k+1\,|\,k+1)) \cdot \hat{\alpha}^{(\lambda)}(k+1\,|\,k+1)$$

$$- \sum_{\lambda=l+2}^{r} C^{(\lambda)}(\hat{\alpha}^{(\lambda)}(k+1\,|\,k)) \cdot \hat{\alpha}^{(\lambda)}(k+1\,|\,k) - H_{j}^{(l+1)}(k+1) \cdot g_{:,j}^{(l+1)}(\hat{\alpha}_{:,j}^{(l+1)}(k+1\,|\,k))$$

$$= H(k+1)\tilde{x}(k+1\,|\,k) + \sum_{\lambda=1}^{l} C^{(\lambda)}(\hat{\alpha}^{(\lambda)}(k+1\,|\,k+1)) \cdot \tilde{\alpha}^{(\lambda)}(k+1\,|\,k+1) + v_{j}^{(l+1)}(k+1)$$

$$+ \sum_{\lambda=1}^{l} C^{(\lambda)}(\hat{\alpha}^{(\lambda)}(k+1\,|\,k)) \cdot \tilde{\alpha}^{(\lambda)}(k+1\,|\,k) + H_{j}^{(l+1)}(k+1)$$

$$\cdot C_{:,j}^{(l+1)}(\hat{\alpha}_{:,j}^{(l+1)}(k+1\,|\,k)) \cdot \tilde{\alpha}_{:,j}^{(l+1)}(k+1\,|\,k)$$

$$\text{(8.5.8)}$$

（2）基于上述过程，关于隐变量 $\alpha_{:,j}^{(l+1)}(k+1)$ 的滤波器设计如下：

$$\hat{\alpha}_{:,j}^{(l+1)}(k+1\,|\,k+1) = E\{\hat{\alpha}_{:,j}^{(l+1)}(k+1)\,|\,\hat{\alpha}^{(1)}(k+1\,|\,k+1),\cdots,\hat{\alpha}^{(l)}(k+1\,|\,k+1),$$

$$\hat{\alpha}_{:,1}^{(l+1)}(k+1\,|\,k+1),\cdots,\hat{\alpha}_{:,j-1}^{(l+1)}(k+1\,|\,k+1),\hat{\alpha}_{:,j}^{(l+1)}(k\,|\,k),\cdots,$$

$$\hat{\alpha}_{:,n_{l+1}}^{(l+1)}(k\,|\,k),\hat{\alpha}^{(l+2)}(k\,|\,k),\cdots,\hat{\alpha}^{(r)}(k\,|\,k),\hat{x}(k\,|\,k),y(k+1)\}$$

$$= \hat{\alpha}_{:,j}^{(l+1)}(k+1\,|\,k) + K_{:,j}^{(l+1)}(k+1)\tilde{y}_{:,j}^{(l+1)}(k+1\,|\,k) \quad \text{(8.5.9)}$$

式中，$K_{:,j}^{(l+1)}(k+1)$ 是关于 $\alpha_{:,j}^{(l+1)}(k+1)$ 的增益矩阵。

进一步地，可得到隐变量的估计误差值：

$$\tilde{\alpha}_{:,j}^{(l+1)}(k+1\,|\,k+1) = \alpha_{:,j}^{(l+1)}(k+1) - \hat{\alpha}_{:,j}^{(l+1)}(k+1\,|\,k+1)$$

$$= \tilde{\alpha}_{:,j}^{(l+1)}(k+1\,|\,k) - K_{:,j}^{(l+1)}(k+1)\tilde{y}_{:,j}^{(l+1)}(k+1\,|\,k) \quad \text{(8.5.10)}$$

（3）增益矩阵 $K_{:,j}^{(l+1)}(k+1)$ 的求取。

基于式（8.5.2）和式（8.5.10），并结合正交性原理[1]：

$$E\{\tilde{\alpha}_{:,j}^{(l+1)}(k+1\,|\,k+1)(y_{:,j}^{(l+1)}(k+1\,|\,k))^{\mathrm{T}}\} = 0 \quad \text{(8.5.11)}$$

经过整理后，可得增益矩阵：

$$K_{:,j}^{(l+1)}(k+1) = P_{:,j}^{(l+1)}(k+1\,|\,k)(C_{:,j}^{(l+1)}(\hat{\alpha}_{:,j}^{(l+1)}(k+1\,|\,k)))^{\mathrm{T}}(H_j^{(l+1)}(k+1))^{\mathrm{T}}$$

$$\cdot\left\{\sum_{\lambda=1}^{l} C^{(\lambda)}(\hat{\alpha}^{(\lambda)}(k+1\,|\,k+1))\cdot P^{(\lambda)}(k+1\,|\,k+1)(C^{(\lambda)}(\hat{\alpha}^{(\lambda)}(k+1\,|\,k+1)))^{\mathrm{T}}\right.$$

$$+\sum_{\lambda=l+2}^{r} C^{(\lambda)}(\hat{\alpha}^{(\lambda)}(k+1\,|\,k))\cdot P^{(\lambda)}(k+1\,|\,k)(C^{(\lambda)}(\hat{\alpha}^{(\lambda)}(k+1\,|\,k)))^{\mathrm{T}}$$

$$+H_j^{(l+1)}(k+1)C_{:,j}^{(l+1)}(\hat{\alpha}_{:,j}^{(l+1)}(k+1\,|\,k))P_{:,j}^{(l+1)}(k+1\,|\,k)$$

$$\cdot(C_{:,j}^{(l+1)}(\hat{\alpha}_{:,j}^{(l+1)}(k+1\,|\,k)))^{\mathrm{T}}(H_j^{(l+1)}(k+1))^{\mathrm{T}}$$

$$\left.+H(k+1)P_x(k+1\,|\,k)H^{\mathrm{T}}(k+1)+R(k+1)\right\}^{-1}$$

（8.5.12）

（4）求取隐变量 $\alpha_{:,j}^{(l+1)}(k+1)$ 的估计误差协方差矩阵。

根据式（8.5.10），可得

$$P_{:,j}^{(l+1)}(k+1\,|\,k+1) = E\{\tilde{\alpha}_{:,j}^{(l+1)}(k+1\,|\,k+1)(\tilde{\alpha}_{:,j}^{(l+1)}(k+1\,|\,k+1))^{\mathrm{T}}\}\quad（8.5.13）$$

整理可得

$$P_{:,j}^{(l+1)}(k+1\,|\,k+1) = P_{:,j}^{(l+1)}(k+1\,|\,k)(I-(K_{:,j}^{(l+1)}(k+1)H_j^{(l+1)}(k+1)C_{:,j}^{(l+1)}(\hat{\alpha}_{:,j}^{(l+1)}(k+1\,|\,k)))^{\mathrm{T}})$$

$$-K_{:,j}^{(l+1)}(k+1)H_j^{(l+1)}(k+1)C_{:,j}^{(l+1)}(\hat{\alpha}_{:,j}^{(l+1)}(k+1\,|\,k))\cdot P_{:,j}^{(l+1)}(k+1\,|\,k)$$

$$+K_{:,j}^{(l+1)}(k+1)\{H(k+1)P_x(k+1\,|\,k)H^{\mathrm{T}}(k+1)+R(k+1)$$

$$+\sum_{\lambda=1}^{l} C^{(\lambda)}(\hat{\alpha}^{(\lambda)}(k+1\,|\,k+1))P^{(\lambda)}(k+1\,|\,k+1)(C^{(\lambda)}(\hat{\alpha}^{(\lambda)}(k+1\,|\,k+1)))^{\mathrm{T}}$$

$$+\sum_{\lambda=l+2}^{r} C^{(\lambda)}(\hat{\alpha}^{(\lambda)}(k+1\,|\,k))P^{(\lambda)}(k+1\,|\,k)(C^{(\lambda)}(\hat{\alpha}^{(\lambda)}(k+1\,|\,k)))^{\mathrm{T}}$$

$$+H_j^{(l+1)}(k+1)C_{:,j}^{(l+1)}(\hat{\alpha}_{:,j}^{(l+1)}(k+1\,|\,k))\cdot P_{:,j}^{(l+1)}(k+1\,|\,k)$$

$$\cdot(C_{:,j}^{(l+1)}(\hat{\alpha}_{:,j}^{(l+1)}(k+1\,|\,k)))^{\mathrm{T}}(H_j^{(l+1)}(k+1))^{\mathrm{T}}\}(K_{:,j}^{(l+1)}(k+1))^{\mathrm{T}}$$

（8.5.14）

（5）重复上述过程。

至此，关于隐变量 $\alpha_{:,j}^{(l+1)}(k+1)$ 的滤波器设计完成，如式（8.5.9）所示，其相应的估计误差协方差如式（8.5.14）所示，具体的设计过程如式（8.5.3）～式（8.5.14）所示。

8.5.2　状态变量 $x(k+1)$ 的滤波器设计

本节的目标是基于 8.5.1 节所设计的关于隐变量的滤波器，获得关于隐变量的估计值 $\hat{\alpha}^{(l)}(k+1\,|\,k+1), l=1,2,\cdots,r$，求取状态变量 $x(k+1)$ 的滤波器。

关于变量 $x(k+1)$ 的状态模型和测量模型分别如下：

$$x(k+1) = A(k)x(k) + \sum_{\lambda=1}^{r} \alpha^{(\lambda)}(k) + w(k), \quad \lambda = 1, 2, \cdots, r \qquad (8.5.15)$$

$$y_x(k+1) = H(k+1)x(k+1) + \sum_{\lambda=1}^{r} g^{(\lambda)}(\alpha^{(\lambda)}(k+1)) + v(k+1) \qquad (8.5.16)$$

则状态变量 $x(k+1)$ 滤波器设计过程如下。

步骤一：时间更新。

（1）根据式（8.5.9）和式（8.5.15），可得状态预测值：

$$\hat{x}(k+1 \mid k) = A(k)\hat{x}(k \mid k) + \sum_{\lambda=1}^{r} \hat{\alpha}^{(\lambda)}(k \mid k) \qquad (8.5.17)$$

再结合式（8.5.15），可得相应的状态预测误差：

$$\tilde{x}(k+1 \mid k) = x(k+1) - \hat{x}(k+1 \mid k)$$

$$= A(k)\tilde{x}(k \mid k) + \sum_{\lambda=1}^{r} \tilde{\alpha}^{(\lambda)}(k \mid k) + w(k) \qquad (8.5.18)$$

（2）状态预测误差协方差矩阵：

$$P(k+1 \mid k) = E\{\tilde{x}(k+1 \mid k)\tilde{x}^{\mathrm{T}}(k+1 \mid k)\}$$

$$= A(k)P(k \mid k)A^{\mathrm{T}}(k) + \sum_{\lambda=1}^{r} P^{(\lambda)}(k \mid k) + Q(k) \qquad (8.5.19)$$

步骤二：测量更新。

（1）状态变量的测量预测值：

$$\hat{y}_x(k+1 \mid k) = H(k+1)\hat{x}(k+1 \mid k) + \sum_{\lambda=1}^{r} g^{(\lambda)}(\hat{\alpha}^{(\lambda)}(k+1 \mid k+1)) \qquad (8.5.20)$$

结合式（8.5.16）可得，测量预测误差如下：

$$\tilde{y}_x(k+1 \mid k) = y_x(k+1) - \hat{y}_x(k+1 \mid k)$$

$$= H(k+1)x(k+1) + \sum_{\lambda=1}^{r} g^{(\lambda)}(\alpha^{(\lambda)}(k+1)) + v(k+1)$$

$$- H(k+1)\hat{x}(k+1 \mid k) + \sum_{\lambda=1}^{r} g^{(\lambda)}(\hat{\alpha}^{(\lambda)}(k+1 \mid k+1)) \qquad (8.5.21)$$

为了实现式（8.5.21）的线性求解，将 $\sum_{\lambda=1}^{r} g^{(\lambda)}(\hat{\alpha}^{(\lambda)}(k+1))$ 在 $\hat{\alpha}^{(\lambda)}(k+1 \mid k+1)$, $\lambda = 1, \cdots, r$ 处进行一阶泰勒级数展开，则有

$$\sum_{\lambda=1}^{r} g^{(\lambda)}(\alpha^{(\lambda)}(k+1)) \approx \sum_{\lambda=1}^{r} C^{(\lambda)}(\hat{\alpha}^{(\lambda)}(k+1 \mid k+1)) \cdot \alpha^{(\lambda)}(k+1)$$

式中

$$C^{(\lambda)}(\hat{\alpha}^{(\lambda)}(k+1\,|\,k+1)) = \frac{\partial g^{(\lambda)}(\alpha^{(\lambda)}(k+1))}{\partial \alpha^{(\lambda)}(k+1)}\Bigg|_{\alpha^{(\lambda)}(k+1)=\hat{\alpha}^{(\lambda)}(k+1|k+1)}, \quad \lambda=1,2,\cdots,r$$

则式（8.5.21）可重新改写如下：

$$\tilde{y}_x(k+1\,|\,k) = y_x(k+1) - \hat{y}_x(k+1\,|\,k)$$

$$\approx H(k+1)x(k+1) + \sum_{\lambda=1}^{r} g^{(\lambda)}(\hat{\alpha}^{(\lambda)}(k+1\,|\,k+1)) + v(k+1)$$

$$-H(k+1)\hat{x}(k+1\,|\,k) + \sum_{\lambda=1}^{r} g^{(\lambda)}(\hat{\alpha}^{(\lambda)}(k+1\,|\,k+1))$$

$$= H(k+1)\tilde{x}(k+1\,|\,k) + v(k+1)$$

$$+ \sum_{\lambda=1}^{r} C_x^{(\lambda)}(\hat{\alpha}^{(\lambda)}(k+1\,|\,k+1)) \cdot \tilde{\alpha}^{(\lambda)}(k+1\,|\,k+1) \tag{8.5.22}$$

（2）状态变量滤波器设计：

$$\hat{x}(k+1\,|\,k+1) = E\{x(k+1\,|\,\hat{\alpha}^{(1)}(k+1\,|\,k+1),\cdots,\hat{\alpha}^{(r)}(k+1\,|\,k+1),\hat{x}(k\,|\,k),y(k+1)\}$$

$$= \hat{x}(k+1\,|\,k) + K(k+1)\tilde{y}_x(k+1\,|\,k) \tag{8.5.23}$$

式中，$K(k+1)$ 是关于 $x(k+1)$ 的增益矩阵。

基于此，可得状态变量的估计误差：

$$\tilde{x}(k+1\,|\,k+1) = x(k+1) - \hat{x}(k+1\,|\,k+1)$$

$$= \tilde{x}(k+1\,|\,k) - K(k+1)\tilde{y}(k+1\,|\,k) \tag{8.5.24}$$

（3）增益矩阵求解。

根据正交性原理，结合式（8.5.16）和式（8.5.24），有

$$E\{\tilde{x}(k+1\,|\,k+1)y_x^{\mathrm{T}}(k+1)\} = 0 \tag{8.5.25}$$

经整理后可得

$$K(k+1)$$

$$= P(k+1\,|\,k)H^{\mathrm{T}}(k+1)\Bigg(H(k+1)P(k+1\,|\,k)H^{\mathrm{T}}(k+1)$$

$$+ \sum_{\lambda=1}^{r} C_x^{(\lambda)}(\hat{\alpha}^{(\lambda)}(k+1\,|\,k+1)) \cdot P^{(\lambda)}(k+1\,|\,k+1)(C_x^{(\lambda)}(\hat{\alpha}^{(\lambda)}(k+1\,|\,k+1)))^{\mathrm{T}} + R(k+1)\Bigg)^{-1} \tag{8.5.26}$$

（4）求解状态变量的估计误差协方差矩阵：

$$P(k+1\,|\,k+1) = E\{\tilde{x}(k+1\,|\,k+1)\tilde{x}^{\mathrm{T}}(k+1\,|\,k+1)\}$$

$$= P(k+1\,|\,k) + K(k+1)T(k+1)K^{\mathrm{T}}(k+1)$$

$$- P(k+1\,|\,k)H^{\mathrm{T}}(k+1)K^{\mathrm{T}}(k+1)$$

$$+ K(k+1)H(k+1)P(k+1\,|\,k)H^{\mathrm{T}}(k+1)K^{\mathrm{T}}(k+1)$$

$$+ K(k+1)R(k+1)K^{\mathrm{T}}(k+1) - K(k+1)H(k+1)P(k+1\,|\,k) \tag{8.5.27}$$

式中

$$T(k+1) = \sum_{\lambda=1}^{r} C_x^{(\lambda)}(\hat{\alpha}^{(\lambda)}(k+1\,|\,k+1)) \cdot P^{(\lambda)}(k+1\,|\,k+1)(C_x^{(\lambda)}(\hat{\alpha}^{(\lambda)}(k+1\,|\,k+1)))^{\mathrm{T}}$$

（5）重复上述过程。

综上，式（8.5.17）～式（8.5.27）即为状态变量 $x(k+1)$ 的滤波器完整设计过程。

8.6　仿　真　验　证

8.6.1　案例一

给定如下非线性动态函数：

$$\begin{cases} x_1(k+1) = 0.85x_1(k) + 0.5x_2(k)\sin(x_1(k)) + w_1(k) \\ x_2(k+1) = -0.5x_1(k)\sin(x_2(k)) + w_2(k) \\ y_1(k+1) = x_1(k+1) + v_1(k+1) \\ y_2(k+1) = x_2(k+1) + v_2(k+1) \end{cases}$$

式中

$$\alpha(k) := \sin(x_1(k))$$

$$\beta(k) := \sin(x_2(k))$$

$w(k)$ 和 $v(k+1)$ 为互不相关的高斯白噪声序列，且有 $w(k) \sim N[0,Q]$，$v(k+1) \sim N[0,R]$，$Q = \mathrm{diag}\{0.1,0.1\}$，$R = \mathrm{diag}\{0.01,0.01\}$；假设状态初始估计值 $\hat{x}_0 = [0\ \ 0]^{\mathrm{T}}$，初始估计误差协方差矩阵为 $P_0 = \mathrm{diag}\{0.1,0.1\}$；隐变量的误差特性 $w_\alpha(k)$ 和 $w_\beta(k)$ 均被假设为高斯白噪声序列，且有 $w_\alpha(k) \sim N[0,Q_\alpha]$，$w_\beta(k+1) \sim N[0,Q_\beta]$，$Q_\alpha = Q_\beta = 0.001$。图 8.6.1 和图 8.6.2 分别表示状态变量 x_1 和 x_2 的估计曲线；图 8.6.3 和图 8.6.4 分别表示状态变量的估计误差曲线，表 8.6.1 为经过 100 次蒙特卡罗仿真得到的平均均方误差。

考虑到在滤波器的设计过程中存在建模不确定的情况，鉴于强跟踪滤波对模型不确定性具有较强的鲁棒性，因此在本次仿真中，将本章所设计的新方法与 EKF 及 STF 进行对比。

表 8.6.1　误差比较

滤波方法	MSE-x_1	MSE-x_2	MSE
EKF	0.2016	0.0335	0.1608
STF	0.0094	0.0106	0.0100

续表

滤波方法		MSE-x_1	MSE-x_2	MSE
本章方法		0.0086	0.0098	0.0092
提高	EKF	95.7%	70.7%	94.27%
	STF	8.5%	7.55%	8.00%

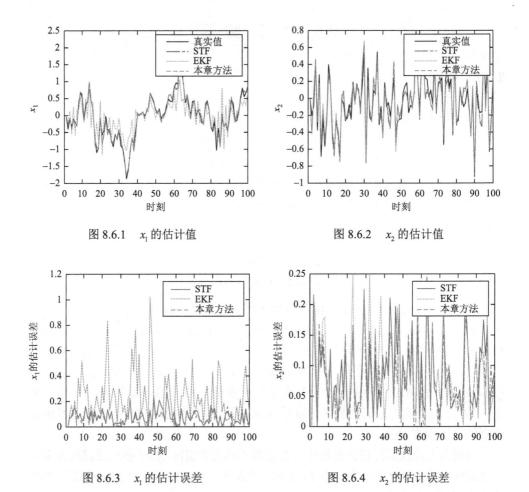

图 8.6.1　x_1 的估计值　　　　　　　　图 8.6.2　x_2 的估计值

图 8.6.3　x_1 的估计误差　　　　　　　图 8.6.4　x_2 的估计误差

由图 8.6.1~图 8.6.4 及表 8.6.1 可以看出，无论状态变量还是隐变量，与 EKF 和 STF 相比，本章所设计的滤波器的估计准确率都有不同程度的提高和改善，从而证明了本章所提出的新方法的有效性。

8.6.2　案例二

给定如下非线性动态函数：

$$
\begin{cases}
x_1(k+1) = 0.85x_1(k) + 0.5x_2(k)\alpha(k) + w_1(k) \\
x_2(k+1) = -0.5x_1(k)\beta(k) + w_2(k) \\
y_1(k+1) = x_1(k+1) + v_1(k+1) \\
y_2(k+1) = x_2(k+1)\gamma(k+1) + v_2(k+1)
\end{cases}
$$

式中

$$
\begin{cases}
\alpha(k) = \sin(x_1(k)) \\
\beta(k) = \sin(x_2(k)) \\
\gamma(k+1) = \cos(x_1(k+1))
\end{cases}
$$

噪声 $w(k)$ 和 $v(k+1)$ 均为高斯白噪声序列，且有 $w(k) \sim N[0,Q]$，$v(k+1) \sim N[0,R]$，其统计特性分别为 $Q = \mathrm{diag}\{0.1, 0.01\}$ 和 $R = \mathrm{diag}\{0.1, 0.01\}$；状态初始估计值 $\hat{x}_0 = [0\ \ 0]^\mathrm{T}$，初始估计误差协方差矩阵为 $P_0 = \mathrm{diag}\{0.01, 0.01\}$；隐变量的建模误差假设为 $w_\alpha(k)$、$w_\beta(k)$ 和 $w_\gamma(k)$，均假设为高斯白噪声，且满足 $w_\alpha(k) \sim N[0,Q_\alpha]$，$w_\beta(k+1) \sim N[0,Q_\beta]$，$w_\gamma(k+1) \sim N[0,Q_\gamma]$，$Q_\alpha = Q_\beta = Q_\gamma = 0.001$。图 8.6.5 和图 8.6.6 表示状态变量 x_1 和 x_2 的估计曲线，图 8.6.7 和图 8.6.8 表示变量 x_1 和 x_2 的误差曲线，表 8.6.2 为经过 100 次蒙特卡罗仿真后的平均均方误差。

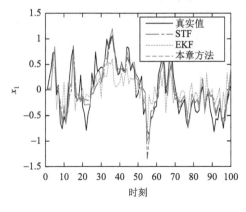

图 8.6.5　x_1 的估计值

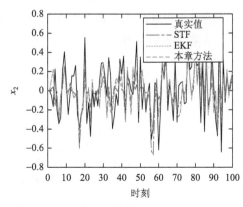

图 8.6.6　x_2 的估计值

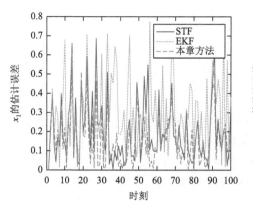

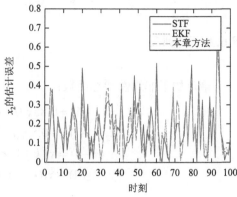

图 8.6.7　x_1 的估计误差　　　　　　　　图 8.6.8　x_2 的估计误差

表 8.6.2　均方误差比较

滤波方法		MSE-x_1	MSE-x_2	MSE
EKF		0.1333	0.1096	0.1110
STF		0.0841	0.0976	0.0756
本章方法		0.0704	0.0630	0.0526
提高	EKF	47.18%	47.52%	52.61%
	STF	16.29%	35.45%	30.42%

由图 8.6.5～图 8.6.8 和表 8.6.2 可以看出，与 EKF 和 STF 相比，本章所提出的滤波方法可使状态变量的整体估计准确率分别提高 52.61%和 30.42%，从而证明了本章方法的有效性。

8.6.3　案例三

给定如下一类非线性动态模型：

$$\begin{cases} x_1(k+1) = 0.85x_1(k) + 0.5x_2(k)\alpha(k) + w_1(k) \\ x_2(k+1) = -0.5x_1(k)\beta(k) + w_2(k) \\ y_1(k+1) = x_1(k+1) + v_1(k+1) \\ y_2(k+1) = x_1(k+1)\gamma(k+1) + x_2(k+1) + v_2(k+1) \end{cases}$$

式中

$$\begin{cases} \alpha(k) = \sin(x_1(k)) \\ \beta(k) = \sin(x_2(k)) \\ \gamma(k+1) = e^{x_1(k+1)} \end{cases}$$

噪声 $w(k)$ 和 $v(k+1)$ 为高斯白噪声序列，且满足 $w(k) \sim N[0,Q]$，$v(k+1) \sim N[0,R]$，$Q = \text{diag}\{0.1,0.01\}$，$R = \text{diag}\{0.1,0.01\}$；假设状态初始估计值 $\hat{x}_0 = [0\ \ 0]^T$，初始估计误差协方差矩阵为 $P_0 = \text{diag}\{0.01,0.01\}$；隐变量的建模误差 $w_\alpha(k)$、$w_\beta(k)$ 和 $w_\gamma(k)$ 被假设为高斯白噪声序列，且有 $w_\alpha(k) \sim N[0,Q_\alpha]$，$w_\beta(k+1) \sim N[0,Q_\beta]$，$w_\gamma(k+1) \sim N[0,Q_\gamma]$，$Q_\alpha = Q_\beta = Q_\gamma = 0.1$。图 8.6.9 和图 8.6.10 表示状态变量 x_1 和 x_2 的估计曲线，图 8.6.11 和图 8.6.12 表示状态变量的误差曲线，表 8.6.3 为 100 次蒙特卡罗仿真后的平均均方误差。

表 8.6.3　均方误差对比

滤波方法		MSE-x_1	MSE-x_2	MSE
EKF		1.8337	0.3032	0.2868
STF		0.0596	0.1164	0.0880
本章方法		0.0489	0.0748	0.0618
提高	EKF	97.33%	75.32%	78.45%
	STF	17.95%	35.74%	29.77%

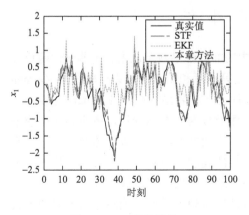

图 8.6.9　x_1 的估计值

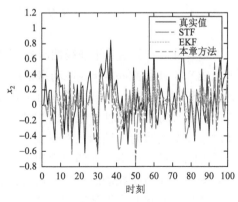

图 8.6.10　x_2 的估计值

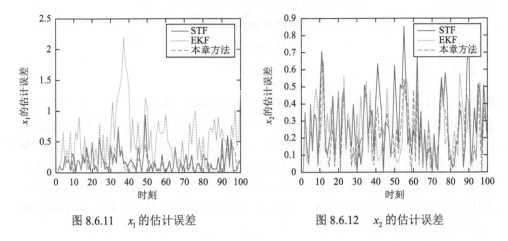

图 8.6.11　　x_1 的估计误差　　　　　　　图 8.6.12　　x_2 的估计误差

由表 8.6.3 可以看出，与 EKF 和 STF 相比，所提出的滤波方法在估计精度上具有明显的优势，可使状态变量的估计准确率分别提高 78.45%和 29.77%，从而证明了本章方法的有效性。

本章通过若干仿真案例来验证所提方法的滤波性能。本章所设计的滤波器将非线性函数定义为隐变量，避免了截断误差的舍入，从而达到用近似误差代替截断误差的效果，最终对非线性模型可实现较好的估计精度。随着仿真案例中测量函数非线性的逐渐增强，本章所设计的滤波器仍能保持较高的估计精度，且从仿真结果可以看出，未出现明显的发散现象，再次验证了该方法对非线性模型的实用性。

8.7　本章小结

本章针对一类由若干非线性函数（其中的非线性函数可以由若干非线性函数累乘组成）累加组成的强非线性动态系统，在第 6 章和第 7 章所设计的高阶 Kalman 滤波器和逐级线性化滤波器的基础上，设计了一种新型的高阶 Kalman 滤波器。首先，定义每个非线性函数中的加性非线性函数为加性隐变量，将原始状态模型和测量模型改写为加性伪线性形式；其次，将加性非线性函数中的乘性因子定义为乘性隐变量，可将加性伪线性模型进行乘性线性化表示；再次，建立隐变量与所有变量之间的线性动态模型，可得到关于隐变量的顺序滤波估计方法；最后，根据各隐变量和非线性函数的估计值，可设计得到关于原始状态变量的滤波器设计方法。

与强跟踪滤波相比，本章所设计的滤波方法通过引入加性隐变量和乘性隐变量，可逐步实现对原始非线性模型的线性化表示，并在逐步线性化的过程中用近似误差代替传统方法中的高阶截断误差，从而保留了更多有效信息。利用该滤波器进行状态估计时，除了利用最新的测量信息外，最重要的是逐步利用了最新的隐变量估计值或状态估计值。理论上，最新的估计值，在下一阶段的状态估计中会占据重要比重，因此滤波器效果会更好，这一点在仿真实验中也得到验证。本章所设计的滤波方法除了对非线性模型具有较理想的估计精度外，随着模型非线性的增强，仍能保持稳定状态，说明该滤波器对强非线性模型具有良好的适应能力，可广泛应用于该类模型的状态估计问题的求解。

参 考 文 献

[1]　孙晓辉. 一类强非线性动态系统的高阶 Kalman 滤波器设计[D]. 杭州：杭州电子科技大学，2022.

第9章 一般型强非线性动态系统的高阶 Kalman 滤波器设计

9.1 引 言

继第6～8章建立的高阶滤波器后，本章针对一般形式的非线性动态系统，提出一种新型的高阶 Kalman 滤波器设计方法。本章利用泰勒级数展开来逼近非线性函数，不同于舍弃高阶逼近误差或者求解不确定性上界，是将估计误差的高阶多项式项定义为隐变量，最终将强非线性模型改写为线性形式。本章主要研究内容如下所述。在 9.2 节中，给出一般强非线性动态系统的简洁描述。在 9.3 节中，为了解决克罗内克积的引入而造成的复杂度问题，如计算复杂度的增加及乘法噪声的引入可能进一步造成问题的复杂性，本章将通过舍弃对状态模型测量模型的克罗内克积运算，只对原始模型的非线性函数进行泰勒级数展开；然后，将状态估计误差和预测误差分别视为当前状态隐变量和未来状态隐变量，从而可以得到标准化的简洁形式，进而避免更复杂函数的二项式展开所带来的巨大复杂度；进一步地，通过建立每个未来隐变量与所有当前变量之间的线性动态关系，以补偿舍弃克罗内克积而带来的损失，从而将非线性状态模型改写为线性形式，最终将原始状态变量的估计问题转化为预测误差变量的估计问题。与状态模型的线性化过程类似，在 9.4 节中，原始非线性测量模型可等价改写为线性形式。不同于传统状态变量的滤波器的设计，基于 9.3 节和 9.4 节中的线性状态模型和测量模型，在 9.5 节中，建立以状态预测误差为待估变量的高阶 Kalman 滤波器设计方法。在 9.6 节中，给出相应的性能分析，并在 9.7 节中，通过数值仿真验证所提滤波器的有效性。在 9.8 节中，对本章内容进行回顾总结。

9.2 问 题 描 述

本章针对以下类型的非线性离散随机系统的状态估计问题：

$$x^{(1)}(k+1) = f(x^{(1)}(k)) + w^{(1)}(k) \tag{9.2.1}$$

$$y(k+1) = h(x^{(1)}(k+1)) + v(k+1) \tag{9.2.2}$$

式中，$x^{(1)}(k) \in \mathbb{R}^n$ 是系统状态；上标"（1）"表示原始状态变量，以此区分后续引入的隐变量；$y(k) \in \mathbb{R}^m$ 为测量输出；$f: Z^+ \times \mathbb{R}^n \to \mathbb{R}^n$，$h: Z^+ \times \mathbb{R}^n \to \mathbb{R}^m$ 为 r 阶连续可导的非线性映射。状态噪声 $w^{(1)}(k) \in \mathbb{R}^n$ 和输出噪声 $v(k+1) \in \mathbb{R}^m$ 是不相关的高斯白噪声序列，且具有以下统计特性：

$$E\{w^{(1)}(k)\} = 0 \tag{9.2.3}$$

$$E\{w^{(1)}(k)(w^{(1)}(k))^{\mathrm{T}}\} = Q^{(1)}(k) \tag{9.2.4}$$

$$E\{v(k+1)\} = 0 \tag{9.2.5}$$

$$E\{v(k+1)v^{\mathrm{T}}(k+1)\} = R(k+1) \tag{9.2.6}$$

式中，$Q^{(1)}(k)$ 为半正定矩阵；$R(k+1)$ 为正定矩阵。

状态初始值 x_0 是独立于噪声序列的随机向量，且满足

$$E\{x^{(1)}(0)\} = \hat{x}_0^{(1)} \tag{9.2.7}$$

$$E\{x^{(1)}(0)(w^{(1)}(k))^{\mathrm{T}}\} = 0 \tag{9.2.8}$$

$$E\{x^{(1)}(0)v^{\mathrm{T}}(k+1)\} = 0 \tag{9.2.9}$$

$$P_0^{(1)} = E\{[x^{(1)}(0) - \hat{x}_0^{(1)}][x^{(1)}(0) - \hat{x}_0^{(1)}]^{\mathrm{T}}\} \tag{9.2.10}$$

式中，$P_0^{(1)}$ 是初始状态估计误差协方差矩阵。

9.3　状态模型的线性化表示

本章的主要目标是对状态模型进行线性化表示，主要包括状态模型的高阶泰勒级数展开、状态模型的伪线性化表示，以及隐变量建模及最终的线性化表示。

假设基于式（9.2.2）已经获得测量值序列 $\{y(1), y(2), \cdots, y(k)\}$，则

$$\hat{x}^{(1)}(k \mid k) := [\hat{x}_1^{(1)}(k \mid k), \hat{x}_2^{(1)}(k \mid k), \cdots, \hat{x}_n^{(1)}(k \mid k)]^{\mathrm{T}}$$

$$:= \{x^{(1)}(k) \mid \hat{x}_0, y(1), y(2), \cdots, y(k)\} \tag{9.3.1}$$

$$P^{(1)}(k \mid k) := E\{[x^{(1)}(k) - \hat{x}^{(1)}(k \mid k)][x^{(1)}(k) - \hat{x}^{(1)}(k \mid k)]^{\mathrm{T}}\} \tag{9.3.2}$$

9.3.1　状态模型的高阶泰勒级数展开

根据式（9.2.1）和式（9.3.1）中，非线性函数 $f_i(x^{(1)}(k))$ 在估计值 $\hat{x}^{(1)}(k \mid k)$ 处的多维泰勒级数展开如式（9.3.3）所示：

$$x_i^{(1)}(k+1 \mid k)$$

$$= f_i(x^{(1)}(k)) + w_i^{(1)}(k)$$

$$= f_i(\hat{x}^{(1)}(k \mid k)) + \sum_{j=1}^{n} a_{i,j}^{(1;1)}(\hat{x}^{(1)}(k \mid k))[x_j^{(1)}(k) - \hat{x}_j^{(1)}(k \mid k)]^1 + \cdots$$

$$+ \sum_{\substack{j=1 \\ 2_1+\cdots+2_n=2}} a_{i;2_1,\cdots,2_j}^{(1;2)}(\hat{x}^{(1)}(k\,|\,k))\prod_{j=1}^{n}[x_j^{(1)}(k)-\hat{x}_j^{(1)}(k\,|\,k)]^{2_j}+\cdots$$

$$+ \sum_{\substack{j=1 \\ l_1+\cdots+l_n=l}} a_{i;l_1,\cdots,l_j}^{(1;l)}(\hat{x}^{(1)}(k\,|\,k))\prod_{j=1}^{n}[x_j^{(1)}(k)-\hat{x}_j^{(1)}(k\,|\,k)]^{l_j}+\cdots$$

$$+ \sum_{\substack{j=1 \\ r_1+\cdots+r_n=r}} a_{i;r_1,r_2,\cdots,r_j}^{(1;r)}(\hat{x}^{(1)}(k\,|\,k))\prod_{j=1}^{n}[x_j^{(1)}(k)-\hat{x}_j^{(1)}(k\,|\,k)]^{r_j}+T_i(f_i^{(r+1)}(\xi(k))+w_i^{(1)}(k)$$

$$(9.3.3)$$

令

$$\tilde{x}_j^{(1)}(k\,|\,k) := x_j^{(1)}(k)-\hat{x}_j^{(1)}(k\,|\,k) \tag{9.3.4}$$

$$\tilde{x}_i^{(1)}(k+1\,|\,k) := x_i^{(1)}(k+1)-f_i(\hat{x}^{(1)}(k\,|\,k)) \tag{9.3.5}$$

式中

$$\hat{x}^{(1)}(k+1\,|\,k) = f(\hat{x}^{(1)}(k\,|\,k)) \tag{9.3.6}$$

则式（9.3.3）可被等价改写如下：

$$\tilde{x}_i^{(1)}(k+1\,|\,k) = \sum_{j=1}^{n} a_{i;j}^{(1,1)}(\hat{x}^{(1)}(k\,|\,k))\tilde{x}_j^{(1)}(k\,|\,k)^1$$

$$+ \sum_{\substack{2_1+\cdots+2_n=2}} a_{i;2_1,\cdots,2_j}^{(122)}(\hat{x}^{(1)}(k\,|\,k))\prod_{j=1}^{n}\tilde{x}_j^{(1)}(k\,|\,k)^{2_j}+\cdots$$

$$+ \sum_{\substack{l_1+\cdots+l_n=l}} a_{i;l_1,\cdots,l_j}^{(1,l)}(\hat{x}^{(1)}(k\,|\,k))\prod_{j=1}^{n}\tilde{x}_j^{(1)}(k\,|\,k)^{l_j}+\cdots$$

$$+ \sum_{\substack{r_1+\cdots+r_n=r}} a_{i;r_1,\cdots,r_j}^{(1,r)}(\hat{x}^{(1)}(k\,|\,k))\prod_{j=1}^{n}\tilde{x}_j^{(1)}(k\,|\,k)^{r_j}+T_i(f_i^{(r+1)}(\xi(k)))+w_i^{(1)}(k)$$

$$(9.3.7)$$

式中，"l"表示泰勒级数展开的阶数；l_j为各分量$\tilde{x}_j^{(1)}$对应的具体的幂次；上标"$i;l_1,l_2,\cdots,l_n$"中i表示第i个非线性函数$f_i(x(k))$；$a_{i,l_1,\cdots,l_j}^{(1,l)}(\hat{x}^{(1)}(k\,|\,k))$为泰勒级数系数。且有

$$a_{i,l_1,\cdots,l_j}^{(1,l)}(\hat{x}^{(1)}(k\,|\,k)) = \frac{1}{l!}\frac{\partial^{(l)}f_i(x^{(1)}(k))}{\prod_{i=1}^{n}\partial x_i^{(l_i)}(k)}\Bigg|_{x^{(1)}(k)=\hat{x}^{(1)}(k|k)} \qquad \sum_{i=1}^{n}l_i=l,\quad l_i\leqslant l;\ l=1,2,\cdots,r \quad (9.3.8)$$

注释 9.3.1 为了避免乘性噪声的引入而带来的更复杂的问题，本章仅对非线性函数$f_i(x^{(1)}(k))$进行泰勒级数展开，同时也可避免因二项式展开带来的复杂运算。

9.3.2　状态模型的伪线性表示

本节的主要目的是实现多维非线性状态变量的伪线性化表示。为此，做如下定义。

定义 9.3.1　令 $\prod_{j=1}^{n}(\tilde{x}_j^{(1)})^{l_j}(k\,|\,k)$，$\sum_{i=1}^{n}l_i=l$，$l=2,\cdots,r$ 为估计误差 $\tilde{x}_j^{(1)}(k\,|\,k)$ 对应的所有 l 阶隐变量，并记为 $\tilde{x}^{(l)}(k\,|\,k)$，对应的系数矩阵为 $a_i^{(1;l)}(\hat{x}^{(1)}(k\,|\,k))$。如果 $\tilde{x}^{(l)}(k\,|\,k)$ 和 $a_{i,l_1,\cdots,l_j}^{(1,l)}(\hat{x}^{(1)}(k\,|\,k))$ 可以某种规则排列：

$$\tilde{x}^{(l)}(k\,|\,k) := [\tilde{x}_1^{(l)}(k\,|\,k),\tilde{x}_2^{(l)}(k\,|\,k),\cdots,\tilde{x}_{n_l}^{(l)}(k\,|\,k)]^{\mathrm{T}},\quad l=2,\cdots,r$$

$$a_{i,l_1,\cdots,l_j}^{(1,l)}(\hat{x}^{(1)}(k\,|\,k)) := [a_{i;1}^{(1;l)},a_{i;2}^{(1;l)},\cdots,a_{i;n_L}^{(1;l)}] = [a_{i;l,0,\cdots,0}^{(1;l)},a_{i;l-1,1,\cdots,0}^{(1;l)},\cdots,a_{i;0,0,\cdots,l}^{(1;l)}]$$

式中，为了保证各隐变量的独立性，$n_l = \left\Vert\left\{\prod_{j=1}^{n}(\tilde{x}_j^{(1)})^{l_j}(k)\right\}\right\Vert$ 是 l 阶隐变量的总数，则式（9.3.7）可被等价改写为如下向量形式：

$$\tilde{x}_i^{(1)}(k+1\,|\,k) = \sum_{l=1}^{r}a_i^{(1;l)}(\hat{x}^{(l)}(k\,|\,k))\tilde{x}^{(l)}(k\,|\,k)$$
$$+ T_i(f_i^{(r+1)}(\xi(k\,|\,k))) + w_i^{(1)}(k),\quad i=1,2,\cdots,n \quad (9.3.9)$$

进一步地，式（9.2.1）可描述成如下伪线性形式：

$$\tilde{x}^{(1)}(k+1\,|\,k) = \sum_{l=1}^{r}A_1^{(1;l)}(\hat{x}^{(l)}(k\,|\,k))\tilde{x}^{(l)}(k\,|\,k) + T(f(\xi(k)) + w^{(1)}(k)$$
$$= [A_1^{(1;1)},A_1^{(1;2)},\cdots,A_1^{(1;l)},\cdots,A_1^{(1;r)}]\tilde{X}(k\,|\,k) + T(f(\xi(k))) + w^{(1)}(k) \quad (9.3.10)$$

式中

$$\tilde{x}^{(1)}(k+1\,|\,k) = [\tilde{x}_1^{(1)}(k+1\,|\,k),\cdots,\tilde{x}_i^{(1)}(k+1\,|\,k),\cdots,\tilde{x}_n^{(1)}(k+1\,|\,k)]^{\mathrm{T}}$$

$$A_1^{(1;l)} = [a_1^{(1;l)},\cdots,a_i^{(1;l)},\cdots,a_n^{(1;l)}]^{\mathrm{T}}$$

$$\tilde{X}(k\,|\,k) = [(\tilde{x}^{(1)}(k\,|\,k))^{\mathrm{T}},\cdots,(\tilde{x}^{(l)}(k\,|\,k))^{\mathrm{T}},\cdots,(\tilde{x}^{(r)}(k\,|\,k))^{\mathrm{T}}]^{\mathrm{T}}$$

9.3.3　隐变量建模

本节主要建立每个未来隐变量状态 $\tilde{x}^{(l)}(k+1)$ 和当前所有变量 $\tilde{x}^{(1)}(k),\cdots,\tilde{x}^{(l)}(k),\cdots,\tilde{x}^{(r)}(k)$ 之间的线性动态模型：

$$\tilde{x}^{(l)}(k+1\,|\,k) = \sum_{u=1}^{r}A^{(lu)}(k\,|\,k)\tilde{x}^{(u)}(k\,|\,k),\quad l=1,2,\cdots,r \quad (9.3.11)$$

式中，$A^{(lu)}$ 是权重矩阵。本节多维泰勒网络框架如图 9.3.1 所示。

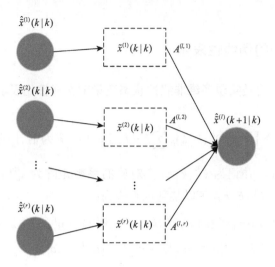

图 9.3.1 多维泰勒网络框架

为此，假设 MTN 的输入向量为 $\hat{\tilde{X}}(k\,|\,k)$：

$$\hat{\tilde{X}}(k\,|\,k)=[\hat{\tilde{x}}^{(1)}(k\,|\,k),\hat{\tilde{x}}^{(2)}(k\,|\,k),\cdots,\hat{\tilde{x}}^{(r)}(k\,|\,k)]^{\mathrm{T}} \qquad (9.3.12)$$

并假设输出向量为 $\hat{x}^{(l)}(k+1\,|\,k)$，各输入数据在中间层中以加权求和的形式存在，其中，输出层与中间层的权重变量为 $\hat{A}^{(l,u)}$，$u=1,2,\cdots,r$。

注释 9.3.2 为了对权重矩阵 $A^{(l,u)}$ 进行辨识，需要给定一个合适的目标函数。

$$\hat{A}^{(l,u)}(k\,|\,k)=\arg\min_{A^{(l,u)}}\|\tilde{x}(k+1\,|\,k)-\hat{\tilde{x}}(k+1\,|\,k+1)\| \qquad (9.3.13)$$

根据式（9.3.13），可得

$$\tilde{x}^{(l)}(k+1\,|\,k)=\sum_{u=1}^{r}\hat{A}^{(l,u)}(k\,|\,k)\tilde{x}^{(u)}(k\,|\,k)+w^{(l)}(k) \qquad (9.3.14)$$

式中

$$\hat{A}^{(l,u)}(k\,|\,k)=\begin{bmatrix}\hat{a}_{11}^{(l,u)}(k\,|\,k) & \cdots & \hat{a}_{1i}^{(l,u)}(k\,|\,k) & \cdots & \hat{a}_{1n_{l}}^{(l,u)}(k\,|\,k)\\ \vdots & & \vdots & & \vdots\\ \hat{a}_{i1}^{(l,u)}(k\,|\,k) & \cdots & \hat{a}_{ii}^{(l,u)}(k\,|\,k) & \cdots & \hat{a}_{in_{i}}^{(l,u)}(k\,|\,k)\\ \vdots & & \vdots & & \vdots\\ \hat{a}_{n1}^{(l,u)}(k\,|\,k) & \cdots & \hat{a}_{ni}^{(l,u)}(k\,|\,k) & \cdots & \hat{a}_{in_{n}}^{(l,u)}(k\,|\,k)\end{bmatrix}$$

$$w^{(l)}(k)=[w_{1}^{(l)}(k),\cdots,w_{i}^{(l)}(k),\cdots,w_{n_{l}}^{(l)}(k)]^{\mathrm{T}}$$

$w^{(l)}(k)$ 为建模误差，其统计特性可以被建模如下：

$$\tilde{x}^{(l)}(k+1\,|\,k)=\tilde{x}^{(l)}(k+1)-\hat{\tilde{x}}^{(l)}(k+1\,|\,k) \qquad (9.3.15)$$

注释 9.3.3 在不发生混淆的情况下，本章认为 $\hat{A}^{(l,u)}(k\,|\,k)$ 和 $A^{(l,u)}(k\,|\,k)$ 是一致的。

在没有任何先验信息可以利用时，$A^{(l,u)}(k\,|\,k)$ 被假设如下：

$$A^{(lu)}(k)=\begin{cases}I, & l-u \\ 0, & l\neq u\end{cases}, \quad l,u=1,2,\cdots,r \tag{9.3.16}$$

注释 9.3.4　利用多维泰勒网建立隐变量之间的线性动态模型来代替克罗内克积的多维泰勒级数展开过程，这为状态模型的线性化过程奠定了基础。

9.3.4　状态模型的线性化表示

本节的主要目的是实现多维非线性状态模型的线性化表示，即扩维状态模型的线性化表示。根据式（9.3.10）和式（9.3.11），扩维状态变量在全空间中的线性矩阵形式如下：

$$\tilde{X}(k+1\,|\,k)=\overline{A}(k+1,k)\tilde{X}(k\,|\,k)+T_f(\xi(k))+W(k) \tag{9.3.17}$$

式中

$$\tilde{X}(k\,|\,k)=[(\tilde{x}^{(1)}(k\,|\,k))^{\mathrm{T}},\cdots,(\tilde{x}^{(l)}(k\,|\,k))^{\mathrm{T}},\cdots,(\tilde{x}^{(r)}(k\,|\,k))^{\mathrm{T}}]^{\mathrm{T}}$$

$$W(k)=[(w^{(1)}(k))^{\mathrm{T}},\cdots,(w^{(l)}(k))^{\mathrm{T}},\cdots,(w^{(r)}(k))^{\mathrm{T}}]^{\mathrm{T}}$$

$$\overline{A}(k+1,k)=\begin{bmatrix}A_1^{(1,1)}(k\,|\,k) & \cdots & A_1^{(1,l)}(k\,|\,k) & \cdots & A_1^{(1,r)}(k\,|\,k) \\ \vdots & & \vdots & & \vdots \\ A_l^{(l,1)}(k\,|\,k) & \cdots & A_l^{(l,l)}(k\,|\,k) & \cdots & A_l^{(l,r)}(k\,|\,k) \\ \vdots & & \vdots & & \vdots \\ A_r^{(r,1)}(k\,|\,k) & \cdots & A_r^{(r,l)}(k\,|\,k) & \cdots & A_r^{(r,r)}(k\,|\,k)\end{bmatrix}$$

根据式（9.2.7），可得

$$\tilde{x}_0^{(1)}=x^{(1)}(0)-\hat{x}_0^{(1)} \tag{9.3.18}$$

则

$$\tilde{X}_0=[\tilde{x}_0^{(1)},\tilde{x}_0^{(2)},\cdots,\tilde{x}_0^{(r)}]^{\mathrm{T}} \tag{9.3.19}$$

再结合式（9.3.7），进一步有

$$\hat{\tilde{x}}_0^{(1)}=E\{\tilde{x}_0^{(1)}\}=E\{x^{(1)}(0)-\hat{x}_0^{(1)}\} \tag{9.3.20}$$

和

$$\hat{\tilde{X}}_0=[\hat{\tilde{x}}_0^{(1)},\hat{\tilde{x}}_0^{(2)},\cdots,\hat{\tilde{x}}_0^{(r)}]^{\mathrm{T}} \tag{9.3.21}$$

根据式（9.3.21），可得扩维变量的初始估计误差协方差矩阵：

$$\tilde{P}_0=\mathrm{diag}\{\tilde{P}_0^{(1)},\tilde{P}_0^{(2)},\cdots,\tilde{P}_0^{(r)}\} \tag{9.3.22}$$

式中

$$P_0^{(l)}=E\{(x^{(l)}(k)-\hat{x}^{(l)}(k\,|\,k))(x^{(l)}(k)-\hat{x}^{(l)}(k\,|\,k))^{\mathrm{T}}\} \tag{9.3.23}$$

注释 9.3.5　本章仅是示意性描述，因此假设式（9.3.17）中的 $W(k)$ 为高斯白噪声，从而使其符合标准的 Kalman 滤波形式。如果 $W(k)$ 为非高斯白噪声，仍有其他滤波方法可以对状态变量进行估计。如果 $W(k)$ 可以用特征函数描述，那么特征函数滤波可以用于求解状态估计值；如果仅仅知道 $W(k)$ 的有限次采样，可以利用最大相关熵滤波求解状态估计值；如果限制条件进一步放宽，仅知道 $W(k)$ 为有界噪声，可用鲁棒滤波；如果系统模型中存在不确定性，如建模误差，状态初始值等，可利用强跟踪滤波。

9.4　非线性动态测量模型的线性化表示

本节目的：对原始测量函数进行多维泰勒级数展开，将展开式中的原始状态 $x^{(1)}(k+1)$ 的预测估计误差组成的各高阶多项式，定义为隐变量，实现强非线性测量模型在预测误差及其隐变量共同张成的全空间下的线性化描述。

9.4.1　非线性测量模型的高阶泰勒级数展开

与前面分析类似，非线性函数的多维泰勒级数展开如下：

$$y_i(k+1)$$
$$= h_i(x^{(1)}(k+1)) + v_i(k+1)$$
$$= h_i(\hat{x}^{(1)}(k+1\,|\,k)) + \sum_{j=1}^{n} h_{i,j}^{(1;1)}(\hat{x}^{(1)}(k+1\,|\,k))(x_j^{(1)}(k+1) - \hat{x}_j^{(1)}(k+1\,|\,k))^1 + \cdots$$

$$+ \sum_{\substack{j=1 \\ 2_1+\cdots+2_n=2}} h_{i;2_1,\cdots,2_j}^{(1;2)}(\hat{x}^{(1)}(k+1\,|\,k)) \prod_{j=1}^{n} (x_j^{(1)}(k+1) - \hat{x}_j^{(1)}(k+1\,|\,k))^{2_j} + \cdots$$

$$+ \sum_{\substack{j=1 \\ l_1+\cdots+l_n=l}} h_{i;l_1,\cdots,l_j}^{(1;l)}(\hat{x}^{(1)}(k+1\,|\,k)) \prod_{j=1}^{n} (x_j^{(1)}(k+1) - \hat{x}_j^{(1)}(k+1\,|\,k))^{l_j} + \cdots$$

$$+ \sum_{\substack{j=1 \\ r_1+\cdots+r_n=r}} h_{i;r_1,r_2,\cdots,r_j}^{(1;r)}(\hat{x}^{(1)}(k+1\,|\,k)) \prod_{j=1}^{n} (x_j^{(1)}(k+1) - \hat{x}_j^{(1)}(k+1\,|\,k))^{r_j}$$

$$+ T_i(h_i^{(r+1)}(\xi(k+1)) + v_i^{(1)}(k+1) \tag{9.4.1}$$

令

$$\tilde{x}_j^{(1)}(k+1\,|\,k) := x_j^{(1)}(k+1) - \hat{x}_j^{(1)}(k+1\,|\,k) \tag{9.4.2}$$

$$\tilde{y}_i(k+1\,|\,k) := y_i(k+1) - h_i(\hat{x}^{(1)}(k+1\,|\,k)) \tag{9.4.3}$$

则

$$\tilde{y}_i(k+1\,|\,k)$$
$$= \sum_j h_{i,j}(\hat{x}^{(1)}(k+1\,|\,k))[\tilde{x}_j^{(1)}(k+1\,|\,k)]^1$$

$$+ \sum_{2_1 + \cdots + 2_n = 2} h_{i,2_1,\cdots,2_n}(\hat{x}^{(1)}(k+1\,|\,k)) \prod_{j=1}^{n} (\tilde{x}_j^{(1)}(k+1\,|\,k))^{2_j} + \cdots$$

$$+ \sum_{l_1 + \cdots + l_n = l} h_{i,l_1,\cdots,l_n}(\hat{x}^{(1)}(k+1\,|\,k)) \prod_{j=1}^{n} (\tilde{x}_j^{(1)}(k+1\,|\,k))^{l_j} + \cdots$$

$$+ \sum_{r_1 + \cdots + r_n = r} h_{i,r_1,\cdots,r_n}(\hat{x}^{(1)}(k+1\,|\,k)) \prod_{j=1}^{n} (\tilde{x}_j^{(1)}(k+1\,|\,k))^{r_j} + T_i(h_i^{(r+1)}(\xi(k+1\,|\,k)) + v_i(k+1)$$

$$\text{（9.4.4）}$$

$$h_{i,l_1,\cdots,l_j} = \frac{1}{l!} \frac{\partial^{(l)} h_i(x^{(1)}(k+1))}{\prod_{i=1}^{n} \partial x_i^{(l_i)}(k+1)} \Bigg|_{x^{(1)}(k)=\hat{x}^{(1)}(k+1|k)} \qquad \sum_{i=1}^{n} l_i = l, \quad l_i \leqslant l; \; l=1,2,\cdots,r \quad \text{（9.4.5）}$$

9.4.2　非线性测量模型的伪线性表示

与状态模型的伪线性化过程类似，$\prod_{j=1}^{n} \tilde{x}_j^{(1)}(k+1\,|\,k)^{l_j}$ 为预测误差 $\tilde{x}_j^{(1)}(k+1\,|\,k)$ 的全部 l 阶隐变量，$h_{i,l_1,\cdots,l_j}$ 为对应的权重，且有

$$h_{i,l_1,\cdots,l_j} := [h_{i;1}^{(l)}, h_{i;2}^{(l)}, \cdots, h_{i;n_l}^{(l)}]$$

再结合定义 9.3.1，式（9.2.2）可被等价改写为如下向量矩阵形式：

$$\tilde{y}_i(k+1\,|\,k) = \sum_{l=1}^{r} h_i^{(l)}(\hat{x}^{(l)}(k+1\,|\,k)) \tilde{x}^{(l)}(k+1\,|\,k) + T_i(h(\xi(k+1\,|\,k))) + v_i(k+1) \quad \text{（9.4.6）}$$

进一步地，式（9.2.2）有如下线性表现形式：

$$\tilde{y}(k+1\,|\,k) = \sum_{l=1}^{r} h^{(l)}(\hat{x}^{(l)}(k+1\,|\,k)) \tilde{x}^{(l)}(k+1\,|\,k) + T(h(\tilde{x}^{(1)}(k+1\,|\,k))) + v(k+1) \quad \text{（9.4.7）}$$

式中

$$\tilde{y}(k+1\,|\,k) = [\tilde{y}_1(k+1\,|\,k), \tilde{y}_2(k+1\,|\,k), \cdots, \tilde{y}_m(k+1\,|\,k)]^{\mathrm{T}}$$

$$\tilde{X}(k+1\,|\,k) = [\tilde{x}^{(1)}(k+1\,|\,k), \tilde{x}^{(2)}(k+1\,|\,k), \cdots, \tilde{x}^{(r)}(k+1\,|\,k)]^{\mathrm{T}}$$

$$h^{(l)}(k+1\,|\,k) = [h_1^{(l)}(k+1\,|\,k), h_2^{(l)}(k+1\,|\,k), \cdots, h_{n_l}^{(l)}(k+1\,|\,k)]$$

9.4.3　非线性测量模型的线性化描述

在 9.4.2 节中，通过将高阶隐变量视为系统隐变量参数，可得到测量模型第 i 个分量的线性形式如式（9.4.6）所示，则式（9.2.2）的线性化矩阵形式如下：

$$\tilde{y}(k+1\,|\,k) = \bar{H}(k+1)\tilde{X}(k+1\,|\,k) + T(h(\xi(k+1\,|\,k))) + v(k+1) \quad \text{（9.4.8）}$$

式中

$$v(k+1) = [v_1(k+1), \cdots, v_i(k+1), \cdots, v_m(k+1)]^{\mathrm{T}}$$

$$\bar{H}(k+1) = \begin{bmatrix} h_1^{(1)}(k+1|k) & h_1^{(2)}(k+1|k) & \cdots & h_1^{(r)}(k+1|k) \\ h_2^{(1)}(k+1|k) & h_2^{(2)}(k+1|k) & \cdots & h_2^{(r)}(k+1|k) \\ \vdots & \vdots & & \vdots \\ h_m^{(1)}(k+1|k) & h_m^{(2)}(k+1|k) & \cdots & h_m^{(r)}(k+1|k) \end{bmatrix}$$

注释 9.4.1　将状态变量 $x(k+1)$ 的估计问题转化为状态预测误差 $\tilde{x}(k+1|k)$ 的估计问题，可有效避免因二项式展开而带来的复杂运算。

注释 9.4.2　这里引入全空间的概念来实现对非线性模型的线性化表示。全空间是指由原始变量 $x^{(1)}(k+1)$ 和隐变量 $x^{(l)}(k+1)$ 共同张成的空间。

9.5　基于状态扩维线性化的高阶扩展 Kalman 滤波器设计

基于式（9.3.17）和式（9.4.8），借助传统 Kalman 滤波器思想，可建立一个新型的高阶 Kalman 滤波器。

9.5.1　集中式高阶 Kalman 滤波器设计

由于式（9.3.17）和式（9.4.8）中的 $T_f(\xi(k|k))$ 和 $T_h(\xi(k+1|k))$ 都包含了未知项，且其本身也是高阶无穷小 $o(\tilde{x}^{(r+1)}(k|k))$ 和 $o(\tilde{x}^{(r+1)}(k+1|k))$，参考传统 EKF 理论，式（9.3.17）和式（9.4.8）可简化如下：

$$\tilde{X}(k+1|k) = \bar{A}(k+1,k)\tilde{X}(k|k) + W(k) \tag{9.5.1}$$

$$\tilde{y}(k+1|k) = \bar{H}(k+1)\tilde{X}(k+1|k) + v(k+1) \tag{9.5.2}$$

为了实现对高阶 Kalman 滤波器的形式化描述，假设 $W(k)$、$v(k+1)$ 和 $\tilde{X}(0)$ 具有如下统计特性：

$$E\{W(k)W^{\mathrm{T}}(k)\} = Q_W(k) \tag{9.5.3}$$

$$E\{v(k+1)v^{\mathrm{T}}(k+1)\} = R(k+1) \tag{9.5.4}$$

$$E\{W(k)v^{\mathrm{T}}(k+1)\} = 0 \tag{9.5.5}$$

$$E\{W(k)\tilde{X}^{\mathrm{T}}(0)\} = 0 \tag{9.5.6}$$

$$E\{v(k)\tilde{X}^{\mathrm{T}}(0)\} = 0 \tag{9.5.7}$$

根据式（9.2.7）可知，在已知 $\hat{x}_0^{(1)}$ 的条件下，可递归得到 $\hat{x}_0^{(2)}, \cdots, \hat{x}_0^{(r)}$，基于此，可进一步得到

$$\hat{X}_0 = [x_0^{(1)}, x_0^{(2)}, \cdots, x_0^{(r)}]^{\mathrm{T}} \tag{9.5.8}$$

根据式（9.5.8），扩维系统的初始估计误差协方差矩阵为 P_0：

$$P_0 - E\{(X(0) - \hat{X}_0)(X(0) - \hat{X}_0)^{\mathrm{T}}\}$$
$$= \mathrm{diag}\{P_0^{(1)}, P_0^{(2)}, \cdots, P_0^{(l)}, \cdots, P_0^{(r)}\} \tag{9.5.9}$$

式中

$$P_0^{(l)} = E\{(x^{(l)}(0) - \hat{x}_0^{(l)})(x^{(l)}(0) - \hat{x}_0^{(l)})^{\mathrm{T}}\} \tag{9.5.10}$$

根据已获得测量值 $\{y(1), y(2), \cdots, y(k)\}$，可得状态估计值 $\hat{X}(k|k)$ 和估计误差协方差 $P(k|k)$：

$$\hat{X}(k|k) = \{X(k)\,|\,\hat{X}_0, y(1), y(2), \cdots, y(k)\} \tag{9.5.11}$$

$$P(k|k) = \{(X(k) - \hat{X}(k|k))(X(k) - \hat{X}(k|k))^{\mathrm{T}}\} \tag{9.5.12}$$

基于式（9.5.2）、式（9.5.11）和式（9.5.12），可得

$$\hat{\tilde{X}}_0 = E\{\tilde{X}(0)\} = [\tilde{x}_0^{(1)}, \tilde{x}_0^{(2)}, \cdots, \tilde{x}_0^{(l)}, \cdots, \tilde{x}_0^{(r)}]^{\mathrm{T}} \tag{9.5.13}$$

$$\tilde{P}_0 = E\{(\tilde{X}(0) - \hat{\tilde{X}}_0)(\tilde{X}(0) - \hat{\tilde{X}}_0)^{\mathrm{T}}\} \tag{9.5.14}$$

进一步可得

$$\hat{\tilde{X}}(k|k) = E\{\tilde{X}(k|k)\,|\,\tilde{X}_0(k|k), \tilde{y}(1|0), \tilde{y}(2|1), \cdots, \tilde{y}(k|k-1)\} \tag{9.5.15}$$

$$\tilde{P}(k|k) = E\{(\tilde{X}(k) - \hat{\tilde{X}}(k|k))(\tilde{X}(k) - \hat{\tilde{X}}(k|k))^{\mathrm{T}}\} \tag{9.5.16}$$

注释 9.5.1　至此，可借助传统的 Kalman 滤波，设计相应的集中式高阶 Kalman 滤波器。考虑到扩维后系统的维度可能过高，本节后续给出序贯式高阶 Kalman 滤波器设计方法。

9.5.2　序贯式高阶扩展 Kalman 滤波器设计

为了避免集中式高阶线性 Kalman 滤波维度过高的问题，本节给出序贯式求解状态变量 $x^{(1)}(k+1)$ 的非线性滤波设计方法。

假设基于测量误差 $\{\tilde{y}(1|0), \tilde{y}(2|1), \cdots, \tilde{y}(k|k-1)\}$，$\hat{\tilde{x}}^{(l)}(k|k)$ 及 $\tilde{P}^{(l)}(k|k), l = r,$ $r-1, \cdots, 1$ 已知，则再基于新的测量误差 $\tilde{y}(k+1|k)$，假设已经获得 $\hat{\tilde{x}}^{(\lambda)}((k+1|k)|$ $k+1)$ 及 $\tilde{P}^{(\lambda)}((k+1|k)|k+1)$，$\lambda = r, r-1, \cdots, l+1$，本节目标是设计序贯式高阶 Kalman 滤波器，求解 $\hat{\tilde{x}}^{(\lambda)}((k+1|k)|k+1)$ 及 $\tilde{P}^{(\lambda)}((k+1|k)|k+1)$，$\lambda = l, l-1, \cdots, 1$。

关于第 l 个隐变量的状态模型和测量模型如式（9.5.17）和式（9.5.18）所示：

$$\tilde{x}^{(l)}(k+1|k) = A_l(k|k)\tilde{X}(k|k) + w^{(l)}(k) \tag{9.5.17}$$

式中

$$A_l(k|k) = [A_l^{(l,1)}(k|k), \cdots, A_l^{(l,l)}(k|k), \cdots, A_l^{(l,r)}(k|k)]$$

$$\tilde{y}(k+1|k) = \sum_{l=1}^{r} h^{(l)}(\hat{x}^{(l)}(k+1|k))\tilde{x}^{(l)}(k+1|k) + v(k+1) \tag{9.5.18}$$

则关于 $\tilde{x}^{(l)}(k+1|k)$ 的滤波器设计过程如下。

步骤一：时间更新。

（1）根据式（9.5.17），可得状态预测误差的预测值：

$$\hat{\tilde{x}}^{(l)}((k+1|k)|k) = A_l(k|k)\hat{\tilde{X}}(k|k) \qquad (9.5.19)$$

（2）根据式（9.5.17）和式（9.5.19），可得状态预测误差的预测误差：

$$\tilde{\tilde{x}}^{(l)}((k+1|k)|k) := \tilde{x}^{(l)}(k+1|k) - \tilde{x}^{(l)}((k+1|k)|k)$$

$$= A_l(k|k)\tilde{X}(k|k) + w^{(l)}(k) - A_l(k|k)\hat{\tilde{X}}(k|k)$$

$$= A_l(k|k)\tilde{\tilde{X}}(k|k) + w^{(l)}(k) \qquad (9.5.20)$$

进一步地，可得到预测误差的预测误差协方差矩阵：

$$\tilde{P}^{(l)}((k+1|k)|k) = E\{\tilde{\tilde{x}}^{(l)}((k+1|k)|k)(\tilde{\tilde{x}}^{(l)}((k+1|k)|k))^{\mathrm{T}}\}$$

$$= E\{(A_l(k|k)\tilde{\tilde{X}}(k|k) + w^{(l)}(k))(A_l(k|k)\tilde{\tilde{X}}(k|k) + w^{(l)}(k))^{\mathrm{T}}\}$$

$$= A_l(k|k)\tilde{P}(k|k)A_l^{\mathrm{T}}(k|k) + Q_{w^{(l)}}(k)$$

$$(9.5.21)$$

步骤二：测量更新。

（1）基于式（9.5.18）和式（9.5.19），可得到预测误差的测量预测值：

$$\hat{\tilde{y}}_{\tilde{x}^{(l)}}((k+1|k)|k) = \sum_{\lambda=r}^{l+1} h^{(\lambda)}(\hat{x}^{(l)}(k+1|k))\hat{\tilde{x}}^{(\lambda)}((k+1|k)|k+1)$$

$$+ \sum_{\lambda=l}^{1} h^{(\lambda)}(\hat{x}^{(l)}(k+1|k))\hat{\tilde{x}}^{(\lambda)}((k+1|k)|k) \qquad (9.5.22)$$

结合式（9.5.18）和式（9.5.22），测量预测误差的测量预测误差如下：

$$\tilde{\tilde{y}}((k+1|k)|k) := \tilde{y}(k+1|k) - \hat{\tilde{y}}_{\tilde{x}^{(l)}}((k+1|k)|k)$$

$$= \sum_{l=1}^{r} h^{(l)}(\hat{x}^{(l)}(k+1|k))\tilde{x}^{(l)}(k+1|k) + v(k+1)$$

$$- \sum_{\lambda=r}^{l+1} h^{(\lambda)}(\hat{x}^{(l)}(k+1|k))\hat{\tilde{x}}^{(\lambda)}((k+1|k)|k+1)$$

$$- \sum_{\lambda=l}^{1} h^{(\lambda)}(\hat{x}^{(l)}(k+1|k))\hat{\tilde{x}}^{(\lambda)}((k+1|k)|k) \qquad (9.5.23)$$

进一步地，由式（9.5.23）可得

$$\tilde{\tilde{y}}((k+1|k)|k) = \sum_{\lambda=r}^{l+1} h^{(\lambda)}(\hat{x}^{(l)}(k+1|k))\tilde{\tilde{x}}^{(\lambda)}((k+1|k)|k+1) + v(k+1)$$

$$+ \sum_{\lambda=l}^{1} h^{(\lambda)}(\hat{x}^{(l)}(k+1|k))\tilde{\tilde{x}}^{(\lambda)}((k+1|k)|k) \qquad (9.5.24)$$

（2）基于上述过程，设计序贯式高阶 Kalman 滤波器如下：

$$\hat{x}^{(l)}((k+1|k)|k+1) - E\{\tilde{x}^{(l)}(k+1|k)|\hat{x}^{(r)}((k+1|k)|k+1),\cdots,\hat{x}^{(l+1)}((k+1|k)|k+1),$$
$$\hat{\hat{x}}^{(l)}((k|k-1)|k),\cdots,\hat{\hat{x}}^{(l+1)}((k|k-1)|k),\tilde{y}(k+1|k)\}$$
$$= \hat{\hat{x}}^{(l)}((k+1|k)|k) + \tilde{K}^{(l)}(k+1|k)\tilde{\hat{y}}((k+1|k)|k)$$

$$(9.5.25)$$

式中，$\tilde{K}^{(l)}(k+1|k)$ 为增益矩阵。

进一步地，可得到状态预测误差的估计误差：

$$\tilde{x}^{(l)}((k+1|k)|k+1) = \tilde{x}^{(l)}(k+1|k) - \hat{\hat{x}}^{(l)}((k+1|k)|k+1)$$
$$= A_l(k|k)\tilde{X}(k|k) + w^{(l)}(k)$$
$$- \hat{\hat{x}}^{(l)}((k+1|k)|k) - \tilde{K}^{(l)}(k+1|k)\tilde{\hat{y}}((k+1|k)|k) \quad (9.5.26)$$

整理后可得

$$\tilde{x}^{(l)}((k+1|k)|k+1) = \tilde{x}^{(l)}((k+1|k)|k) - \tilde{K}^{(l)}(k+1|k)$$
$$\cdot \left(\sum_{\lambda=r}^{l+1} h^{(\lambda)}(\hat{x}^{(l)}(k+1|k))\tilde{x}^{(\lambda)}((k+1|k)|k+1) \right.$$
$$\left. + \sum_{\lambda=l}^{1} h^{(\lambda)}(\hat{x}^{(l)}(k+1|k))\tilde{x}^{(\lambda)}((k+1|k)|k) + v(k+1) \right) \quad (9.5.27)$$

（3）增益矩阵 $\tilde{K}^{(l)}(k+1|k)$ 的求取。

基于式（9.5.18）和式（9.5.26），并结合正交性原理：

$$E\{\tilde{x}^{(l)}((k+1|k)|k+1)\tilde{y}^{\mathrm{T}}(k+1|k)\} = 0 \quad (9.5.28)$$

则

$$\tilde{K}^{(l)}(k+1|k) = \tilde{P}^{(l)}((k+1|k)|k)(h^{(l)}(\hat{x}^{(l)}(k+1|k)))^{\mathrm{T}}$$
$$\cdot \left(\sum_{\lambda=r}^{l+1} h^{(\lambda)}(\hat{x}^{(l)}(k+1|k))\tilde{P}^{(\lambda)}((k+1|k)|k+1) \right.$$
$$\cdot (\tilde{x}^{(\lambda)}((k+1|k)|k+1))^{\mathrm{T}}(h^{(\lambda)}(\hat{x}^{(l)}(k+1|k)))^{\mathrm{T}}$$
$$+ \sum_{\lambda=l}^{1} h^{(\lambda)}(\hat{x}^{(l)}(k+1|k))\tilde{P}^{(\lambda)}((k+1|k)|k)$$
$$\left. \cdot (\tilde{x}^{(\lambda)}((k+1|k)|k))^{\mathrm{T}}(h^{(\lambda)}(\hat{x}^{(l)}(k+1|k)))^{\mathrm{T}} + R(k+1) \right)^{-1} \quad (9.5.29)$$

（4）求取估计误差协方差矩阵。

根据式（9.5.26），可得

$$\tilde{P}^{(l)}((k+1|k)|k+1)$$
$$= E\{\tilde{x}^{(l)}((k+1|k)|k+1)(\tilde{x}^{(l)}((k+1|k)|k+1))^{\mathrm{T}}\}$$
$$= \tilde{P}^{(l)}((k+1|k)|k) + \tilde{K}^{(l)}(k+1|k)R(k+1)(\tilde{K}^{(l)}(k+1|k))^{\mathrm{T}}$$

$$-\tilde{P}^{(l)}((k+1|k)|k)(h^{(\lambda)}(\hat{x}^{(l)}(k+1|k)))^{\mathrm{T}}(\tilde{K}^{(l)}(k+1|k))^{\mathrm{T}}$$

$$-\tilde{K}^{(l)}(k+1|k)\sum_{\lambda=l}^{1}h^{(\lambda)}(\hat{x}^{(l)}(k+1|k))\tilde{P}^{(\lambda)}((k+1|k)|k)$$

$$+\tilde{K}^{(l)}(k+1|k)\sum_{\lambda=r}^{l+1}h^{(\lambda)}(\hat{x}^{(l)}(k+1|k))\tilde{P}^{(\lambda)}((k+1|k)|k+1)(h^{(\lambda)}(\hat{x}^{(l)}(k+1|k)))^{\mathrm{T}}(\tilde{K}^{(l)}(k+1|k))^{\mathrm{T}}$$

$$+\tilde{K}^{(l)}(k+1|k)\sum_{\lambda=l}^{1}h^{(\lambda)}(\hat{x}^{(l)}(k+1|k))\tilde{P}^{(\lambda)}((k+1|k)|k)(h^{(\lambda)}(\hat{x}^{(l)}(k+1|k)))^{\mathrm{T}}(\tilde{K}^{(l)}(k+1|k))^{\mathrm{T}}$$

$$(9.5.30)$$

至此，关于各阶隐变量 $\tilde{x}^{(l)}(k+1|k)$ 的滤波器设计完成，如式（9.5.24）所示，具体的设计过程如式（9.5.19）～式（9.5.29）所示。

步骤三：原始系统的状态重构。

由预测误差状态 $\tilde{x}^{(1)}(k+1|k)$ 的估计值 $\hat{\tilde{x}}^{(1)}((k+1|k)|k+1)$，重构原始系统状态 $x^{(1)}(k+1)$ 的估计值 $\hat{x}^{(1)}(k+1|k+1)$，具体过程如下。

由于

$$\tilde{x}^{(1)}(k+1|k)=x^{(1)}(k+1)-\hat{x}^{(1)}(k+1|k) \tag{9.5.31}$$

则

$$\hat{\tilde{x}}^{(1)}((k+1|k)|k+1)$$

$$=E\{\tilde{x}^{(1)}(k+1|k)|\tilde{x}^{(1)}(0),\tilde{y}(1|0),\tilde{y}(2|1),\cdots,\tilde{y}(k|k-1),\tilde{y}(k+1|k)\}$$

$$=E\{(x^{(1)}(k+1)-\hat{x}^{(1)}(k+1|k))|\tilde{x}^{(1)}(0),\tilde{y}(1|0),\tilde{y}(2|1),\cdots,\tilde{y}(k|k-\tilde{1}),\tilde{y}(k+1|k)\}$$

$$=E\{x^{(1)}(k+1)|\tilde{x}^{(1)}(0),\tilde{y}(1|0),\tilde{y}(2|1),\cdots,\tilde{y}(k|k-1),\tilde{y}(k+1|k)\}$$

$$\quad-E\{\hat{x}^{(1)}(k+1|k)|\tilde{x}^{(1)}(0),\tilde{y}(1|0),\tilde{y}(2|1),\cdots,\tilde{y}(k|k-1),\tilde{y}(k+1|k)\}$$

$$=\hat{x}^{(1)}(k+1|k+1)-\hat{x}^{(1)}(k+1|k)$$

$$(9.5.32)$$

进一步可得

$$\hat{x}^{(1)}(k+1|k+1)=\hat{x}^{(1)}(k+1|k)+\hat{\tilde{x}}^{(1)}((k+1|k)|k+1) \tag{9.5.33}$$

由预测误差 $\tilde{x}^{(1)}(k+1|k)$ 的估计误差协方差矩阵 $\tilde{P}^{(1)}((k+1|k)|k+1)$，重构原始系统状态 $x^{(1)}(k+1)$ 的估计误差协方差矩阵 $P^{(1)}(k+1|k+1)$，过程如下。

由于

$$\tilde{x}^{(1)}(k+1|k+1)=x^{(1)}(k+1)-\hat{x}^{(1)}(k+1|k+1) \tag{9.5.34}$$

结合式（9.5.33）可得

$$\tilde{x}^{(1)}(k+1|k+1)=x^{(1)}(k+1)-\hat{x}^{(1)}(k+1|k)-\hat{\tilde{x}}^{(1)}((k+1|k)|k+1)$$

$$=\tilde{x}^{(1)}(k+1|k)-\hat{\tilde{x}}^{(1)}((k+1|k)|k+1)$$

$$=\tilde{\tilde{x}}^{(1)}((k+1|k)|k+1) \tag{9.5.35}$$

则

$$P^{(1)}(k+1 \mid k+1) = E\{\tilde{x}^{(1)}(k+1 \mid k+1)(\tilde{x}^{(1)}(k+1 \mid k+1))^{\mathrm{T}}\}$$
$$= E\{\tilde{x}^{(1)}((k+1 \mid k) \mid k+1)(\tilde{x}^{(1)}((k+1 \mid k) \mid k+1)^{\mathrm{T}}\}$$
$$= \tilde{P}^{(1)}((k+1 \mid k) \mid k+1) \qquad (9.5.36)$$

注释 9.5.2　该方法不是传统意义上的线性逼近，本章是对非线性函数进行高阶逼近。当 $r=1$ 时，此方法可退化为传统的扩展 Kalman 滤波器。此外，该方法充分利用了信息的实时性和继承性，因此有助于估计精度的提高。

9.6　性　能　分　析

9.6.1　状态扩维空间下线性化模型的线性分析

（1）原始待估变量基于各阶隐变量的伪线性表示。本节视式（9.6.1）所示的状态模型是原始变量视角下的伪线性形式。

$$\tilde{x}^{(1)}(k+1 \mid k) = \sum_{l=1}^{r} A_1^{(1;l)}(\hat{x}^{(l)}(k \mid k))\tilde{x}^{(l)}(k \mid k) + w^{(1)}(k)$$
$$= [A_1^{(1;1)}, A_1^{(1;2)}, \cdots, A_1^{(1;l)}, \cdots, A_1^{(1;r)}]\tilde{X}(k \mid k) + w^{(1)}(k) \qquad (9.6.1)$$

这是因为，各阶隐变量 $\tilde{x}^{(l)}(k)$ 是原始变量 $x^{(l)}(k)$ 的非线性张成，记为

$$\tilde{x}^{(l)}(k) = \mathrm{non-span}\{x_1(k), x_2(k), \cdots, x_n(k)\} = \left\{\prod_{j=1}^{n}(\tilde{x}_j^{(1)})^{l_j}(k), \sum_{j=1}^{n} l_j = l\right\} \qquad (9.6.2)$$

在不发生混淆的情况下，视 $x_i^{l_i}(k)x_j^{l_j}(k) = x_j^{l_j}(k)x_i^{l_i}(k)$ 为同一元素。因此，$\tilde{x}^{(l)}(k)$ 中的每个元素仍是原始变量的非线性组合，从形式来说，$\tilde{x}^{(l)}(k)$ 是 $\tilde{x}^{(1)}(k)$ 的线性形式，但实际是原始变量角度下的伪线性形式。

（2）各隐变量基于其他变量的伪线性表示。将式（9.6.3）所示的模型：

$$\tilde{x}^{(l)}(k+1 \mid k) = \sum_{i=1}^{r} A^{(l;i)}(k \mid k)\tilde{x}^{(i)}(k \mid k) + w^{(l)}(k), \quad l = 2, 3, \cdots, r \qquad (9.6.3)$$

作为 $\tilde{x}^{(l)}(k+1)$ 变量视角下的伪线性表示。这是因为 $\tilde{x}^{(l)}(k+1)$ 基于原始变量是独立的，虽然形式上是线性，但是实际每个隐变量都是原始变量的伪线性形式，它们之间难以在原始空间中互相线性表示，且高维空间中的部分元素是低维空间中元素的非线性组合，因此 $\tilde{x}^{(l)}(k)$ 仍是 $\tilde{x}^{(1)}(k)$ 的伪线性形式。

（3）基于全空间下的线性表示。

若将 $\tilde{x}^{(l)}(k)$，$l=1,2,\cdots,r$ 进行扩维表示，即 $X(k) = [\tilde{x}^{(1)}(k) \quad \tilde{x}^{(2)}(k) \quad \cdots \quad \tilde{x}^{(r)}(k)]^{\mathrm{T}}$，则每个变量都是扩维空间中的独立元素，$X(k+1)$ 与 $X(k)$ 的表示形式如式（9.6.4）所示：

$$\tilde{X}(k+1) = A\tilde{X}(k) + W(k) \qquad (9.6.4)$$

为扩维空间中的线性模型，从扩维全局空间视角来说是线性的。

注释 9.6.1　若考虑截断误差 $T_f(\xi(k))$，$T_f(\xi(k)) = \dfrac{f^{(r+1)}(\varepsilon)}{(r+1)!}(\tilde{x}(k\,|\,k))^{r+1}$ 为待确定的未知数，则会引入新的不确定性，这会导致原始状态变量 $\tilde{x}^{(1)}(k+1\,|\,k)$ 仍是非线性函数。

9.6.2　截断误差分析

根据式（9.3.3）所示的泰勒级数展开，有

$$f_i(x(k)) = f_i^{(0)}(\hat{x}(k\,|\,k)) + f_i^{(1)}(\tilde{x}(k\,|\,k)) + \cdots + f_i^{(r)}(\tilde{x}(k\,|\,k)) + \Delta F_i^{(r)}(k) \tag{9.6.5}$$

式中，$\Delta F_i^{(r)}(k)$ 为第 i 个状态变量的 r 阶截断误差，则

$$\begin{aligned} \Delta F_i^{(r)}(k) &= f_i(x(k)) - f_i^{(0)}(\hat{x}(k\,|\,k) - \sum_{j=1}^{r} f_i^{(j)}(\tilde{x}(k\,|\,k)) \\ &= \Delta F_i^{(r-1)}(k) - f_i^{(r)}(\hat{x}(k\,|\,k)) \end{aligned} \tag{9.6.6}$$

式中

$$f_i^{(0)}(\hat{x}(k\,|\,k)) = f_i(\hat{x}(k\,|\,k)) \tag{9.6.7}$$

$$f_i^{(l)} = \sum_{l_1+l_2+\cdots+l_n=l} a_{i,l} \prod_{j=1}^{n} (x_j^{(1)}(k) - \hat{x}_j^{(1)}(k\,|\,k))^{l_j}, \quad l=1,2,\cdots,r \tag{9.6.8}$$

$$a_{i,l} = \frac{1}{l!} \frac{\partial^{(l)} f_i(x^{(1)}(k))}{\prod_{j=1}^{n} \partial x_j^{l_j}} \Bigg|_{x^{(1)}(k)=\hat{x}^{(1)}(k|k)} \tag{9.6.9}$$

则定义状态分量 $x_i(k)$ 的均方误差为 $\mathrm{MSE}_{\Delta F_i}$：

$$\mathrm{MSE}_{\Delta F_i} = \frac{1}{N} \sum_{k=1}^{N} (\Delta F_i^{(r)}(k))^2 \tag{9.6.10}$$

进一步可得 $x(k)$ 的均方误差为 $\mathrm{MSE}_{\Delta F}$：

$$\mathrm{MSE}_{\Delta F} = \frac{1}{nN} \sum_{k=1}^{N} \sum_{i=1}^{n} (\Delta F_i^{(r)}(k))^2 \tag{9.6.11}$$

注释 9.6.2　相对于 EKF，这里舍去了高阶无穷小项，而 EKF 舍去了二阶及以上项，因此从理论上分析，本章方法的估计精度高。此外，如果想进一步减少截断误差的舍入，也可以将截断误差视为隐变量，在扩维空间中实现对截断误差的状态估计，从而提高状态变量的估计精度。

9.7 仿 真 验 证

9.7.1 案例一

给定如下非线性系统：

$$
\begin{cases}
x^{(1)}(k+1) = 0.5x^{(1)}(k) + 2.5\dfrac{x^{(1)}(k)}{1+(x^{(1)})^2(k)} + 8\cos(1.2(k+1)) + w^{(1)}(k) \\[2mm]
y(k+1) = \dfrac{1}{20}(x^{(1)})^2(k+1) + v(k+1)
\end{cases}
$$

式中，$w^{(1)}(k)$ 和 $v(k+1)$ 为互不相关的高斯白噪声序列，且有 $w^{(1)}(k) \sim N[0,0.02]$，$v(k+1) \sim N[0,0.01]$。假设状态初始真实值为 1.1，估计值为 $\hat{x}_0^{(1)} = 1$，初始估计误差协方差矩阵为 $P_0^{(1)} = 0.01$。

图 9.7.1 和图 9.7.2 分别表示当 $r = 1,2,3$ 时，对原始非线性函数的逼近能力和截断误差，图 9.7.3 和图 9.7.4 分别表示在 EKF、UKF、Taylor1、Taylor2 和 Taylor3 这几种滤波方法下的状态估计结果和估计误差，详细的误差比较可以参见表 9.7.1。

注释 9.7.1 Taylor1、Taylor2 和 Taylor3 分别对应 $r = 1,2,3$，即表示泰勒级数展开到 1，2，3 阶。

从图 9.7.3 和图 9.7.4 以及表 9.7.1 可以看出，与 EKF 相比，所提出的高阶 Kalman 滤波器具有更好的估计效果。且泰勒级数展开到 3 阶时，平均截断误差只有 0.4%，基本上可以完全实现对非线性函数的逼近。

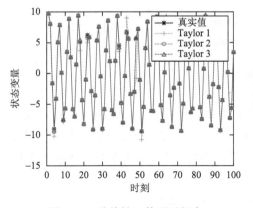

图 9.7.1　非线性函数逼近能力

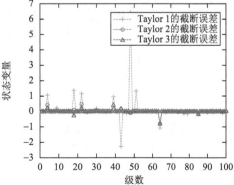

图 9.7.2　截断误差比较

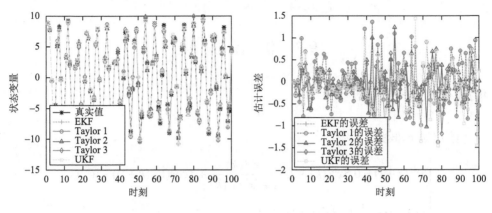

图 9.7.3　状态真实值和估计值图　　　　　图 9.7.4　估计误差曲线

表 9.7.1　估计误差比较

滤波方法	EKF	Taylor 1 的截断误差	UKF	Taylor 2 的截断误差	Taylor 3 的截断误差
x 的均方误差	0.4254	0.4254	0.3025	0.1591	0.1102
提高精度	—	—	28.8%	62.6%	74.1%
平均截断误差	—	10.24%	—	1.41%	0.4%

9.7.2　案例二

给定如下一类强非线性函数：

$$\begin{bmatrix} x_1^{(1)}(k) \\ x_2^{(1)}(k) \end{bmatrix} = \begin{bmatrix} 5\sin(x_1^{(1)}(k-1)) + 5\cos(x_2^{(1)}(k-1)) \\ \sin(x_1^{(1)}(k-1)) + \cos(x_2^{(1)}(k-1)) \end{bmatrix} + w^{(1)}(k)$$

$$\begin{bmatrix} y_1(k) \\ y_2(k) \end{bmatrix} = \begin{bmatrix} (x_1^{(1)})^2(k) \\ (x_2^{(1)})^2(k) \end{bmatrix} + v(k)$$

定义 $w(k)$ 和 $v(k+1)$ 为不相关的高斯白噪声序列，且有 $w^{(1)}(k) \sim N[0, Q^{(1)}]$，$v(k+1) \sim N[0, R]$，$Q^{(1)} = \mathrm{diag}\{0.2, 0.5\}$，$R = \mathrm{diag}\{0.2, 0.1\}$。假设原始状态模型初始真实值为 $[10.1 \quad 5.9]^{\mathrm{T}}$，原始模型状态初始值为 $\hat{x}_0^{(1)} = [10 \quad 6]^{\mathrm{T}}$，初始估计误差协方差矩阵为 $P_0^{(1)} = I \in \mathbb{R}^{2\times 2}$。

图 9.7.5 和图 9.7.6 分别表示对原始非线性函数的逼近能力，图 9.7.7 和图 9.7.8 表示变量 x_1 和 x_2 的估计曲线，图 9.7.9 表示几种方法下的截断误差比较，图 9.7.10 表示估计误差曲线。

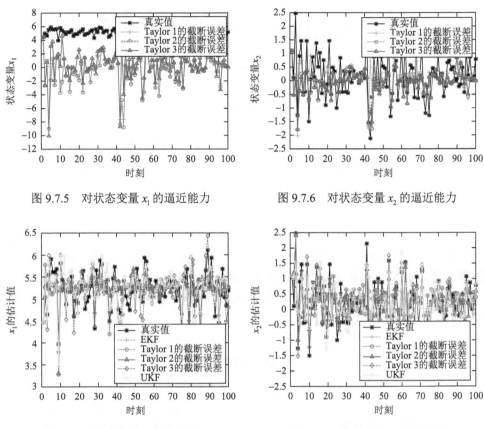

图 9.7.5 对状态变量 x_1 的逼近能力　　图 9.7.6 对状态变量 x_2 的逼近能力

图 9.7.7 状态变量 x_1 的估计值　　图 9.7.8 状态变量 x_2 的估计值

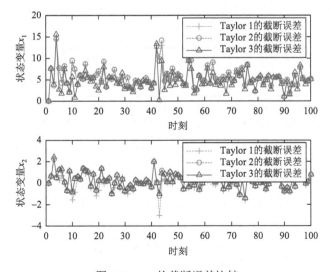

图 9.7.9 x 的截断误差比较

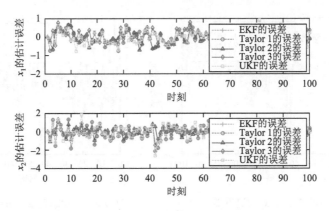

图 9.7.10　估计误差比较

从图 9.7.5～图 9.7.10 及表 9.7.2 可以看出，与 EKF 相比，所提出的滤波方法具有更好的估计效果。以变量 x_2 为例，随着平均截断误差从 16.34% 到 13.07%，再到 11.17%，估计准确率也逐渐从 22.49% 提高到 64.86%，再到 78.78%。这个结果再次验证本章所提方法的有效性。

表 9.7.2　误差比较

滤波方法		EKF	Taylor1	UKF	Taylor2	Taylor3
x_1 的均方误差		0.1327	0.1327	0.1042	0.1023	0.0810
x_2 的均方误差		0.5228	0.5228	0.4052	0.1837	0.1109
x 的均方误差		0.3278	0.3278	0.2547	0.1430	0.0959
提高精度	x_1	×	×	21.47%	22.90%	38.96%
	x_2	×	×	22.49%	64.86%	78.78%
提高（x）		×	×	21.48%	56.38%	70.74%
截断误差	x_1	×	34.75%	×	32.98%	18.11%
	x_2	×	16.34%	×	13.07%	11.17%

本章提出了一种间接求解状态变量的滤波器设计方法。首先利用泰勒级数展开，对原始非线性模型进行逼近，从图 9.7.1～图 9.7.10 及表 9.7.1 与表 9.7.2 可以看出，随着 r 逐渐增大，对非线性函数的逼近能力也增强，这说明舍入的误差就越少。同时，从状态估计角度来说，舍入的误差越少，则设计滤波器时可利用的信息就越多，滤波器的估计效果就越好。

9.8　本 章 小 结

本章建立了一种新的强非线性函数的高阶 Kalman 滤波器，用于解决一类非线性系统的滤波问题。与经典 EKF 相比，本章方法利用泰勒级数展开，通过产生 r 阶高阶多项式实现的对原始非线性随机函数的更高程度的平滑逼近。基于此，通过将近似函数中的隐变量投影到由 r 阶高阶多项式组成的希尔伯特空间中，进而设计高阶 Kalman 滤波器。本章重点解决的关键问题如下：①在本章方法中，利用泰勒级数展开仅对原始的非线性函数进行逼近，以避免乘性噪声引起更复杂的解决问题的办法；②将泰勒级数展开而产生的高阶估计误差多项式项，包括当前状态的估计误差和未来状态的预测误差，定义为隐变量，从而可以获得原始非线性函数的简化形式，避免了二项式展开带来的复杂计算；③建立每个未来隐变量和所有当前变量之间的线性动态模型，以此来补偿舍弃克罗内克积而带来的损失，实现强非线性状态和测量模型在扩维空间中的线性化描述；④基于扩维的线性模型，结合 Kalman 滤波理论，设计了一种新颖的高阶 Kalman 滤波器，并对其性能进行了分析。仿真实验表明，该方法能够实现更准确的状态估计，其滤波性能远优于 EKF。

本章所设计的滤波方法，利用简单的泰勒级数展开，巧妙地将估计误差作为待估变量并引入其高阶项作为隐变量，最终将原始状态变量的估计问题转化为预测误差的估计问题，从而避免了高阶项信息的舍入及乘性噪声的引入，极大程度上降低了计算的复杂度。而且，从仿真结果和均方误差可以看出，随着 r 逐渐增大，状态估计效果越来越好且一直保持稳定状态，主要是因为舍入误差越少，可用信息就越多，因此滤波器的估计精度越高，仿真实验也验证了信息量对非线性逼近能力和状态估计准确性的重要程度。

第 10 章　锂电池 SOC 估计的高阶 Kalman 滤波方法

电动汽车车载锂电池荷电状态（state of charge，SOC）估计越精确，就能越好地发挥锂电池中所包含的能量和车辆的稳定安全运行。本章提出了一种基于高阶项扩维的锂电池 SOC 估计的 Kalman 滤波方法，以期实现对锂离子电池荷电状态更加精确的估计。首先，利用戴维南定理建立锂电池电阻电容之间关系的一阶等效电路模型，利用已辨识出的阻容参数值来确定描述 SOC 与电流等之间状态关系的方程参数，及描述开路电压、阻容电压和电流等值与 SOC 之间测量关系的方程参数；其次，将模型中关于 SOC 的所有高阶多项式项视为原始 SOC 的隐变量，以减少舍入误差；然后，构建各高阶隐变量之间随时间变化的动态模型，并与原始状态模型相结合，建立扩维变量在全空间下描述的线性动态模型，并等价改写测量模型；最后，基于全空间下描述的状态模型和测量模型，设计出用于估计扩维状态变量的高阶 Kalman 滤波器。针对 SOC 的估计精度，本章通过计算机数值仿真的蒙特卡罗实验，验证了所设计的新型高阶 Kalman 滤波器性能远高于 EKF 的性能。

10.1　引　　言

近些年来，由于能源短缺与环境污染的加重，新能源与新材料的研究快速发展，促使电动汽车技术越来越成熟，也已经走进大众生活。电动汽车不同于传统汽车，具有节能、零排放和低噪声等优点，其使用的充电锂离子电池不仅具有高效率、高能量密度、低维护和长循环寿命等优点，还可以减少碳排放，为遏制全球变暖做出贡献，因此已成为电动汽车主要应用电源之一。

电池荷电状态是指动力电池剩余容量与最大可用容量之比[1]，精确预测电池 SOC 将决定能够最大限度地利用电池能量，也是锂电池安全稳定运行的前提和关键。锂电池 SOC 估计的难点在于无法直接测得，并且其内在系统具有高度非线性性[2]，这些都给估计的准确性带来很大的困难。

从应用角度出发，对电池的 SOC 估计方法主要有库仑计数法、开路电压法和基于电池等效模型方法等[3]。而这些方法都存在各自的缺陷，因此需要建立更先进的方法，来进一步提高精度或提升稳定性。其中最常用的估计方法为库仑计数法和卡尔曼滤波等。为了解决工程上库仑计数法开环估计无法收敛的问题，章军辉等设计了一种自适应无迹卡尔曼滤波方法[4]，通过自适应衰减因子对误差协方差乘性调整来减少滤波发散，但是对于电池模型参数的时变特性无法较好地适应，因此精度有限。邱劲松等提出了一种基于协方差匹配技术改进的 Sage-Husa 自适应算法[5]，通过引入判断发散协方差匹配判据，保证了更新噪声的统计特性，难以包含环境干扰等影响因素导致精度受限。虞杨等提出了一种改进递推最小二乘法算法[6]，利用待估参数的动态约束对模型参数在线辨识，在低 SOC 区有较大误差。程泽等对传统的平方根无迹卡尔曼滤波进行改进[7]，提出自适应 SRUKF 算法，在 FUDS 工况下将估计误差降低 4%，小幅度地减小了由系统非线性引入的误差。刘浩考虑到电动汽车的运行工况使用扩展卡尔曼滤波对库仑计数法进行修正[8]，从而避免了庞大的数据处理，实现了快速有效的估算电池 SOC。文献[9]以三元锂电池为研究对象，在传统粒子滤波基础上，选择合适的建议密度函数，提出了一种采用均值的无迹粒子滤波算法，通过解决粒子贫化问题获取锂电池荷电状态，该算法本身对于噪声敏感，抗干扰能力较弱。

　　电动汽车锂电池组 SOC 的实时精确估计不仅可以反映汽车的续航里程[10]，同时也能指示不同电池间容量大小，改善电池的一致性，发挥整体性能。越精确的估计锂电池 SOC，就能够越好地提高电动汽车的能源利用率；而当对锂电池 SOC 估计不足时，就会增加电池的额外充放电次数，消耗电池的寿命，估计超标时则会对电动汽车行驶过程产生危害，引发热失控[11, 12]。现有的扩展卡尔曼滤波估计方法估计精度有限，这是因为 EKF 算法使用了泰勒级数展开，舍弃了所有二阶及以上高阶项，常造成大的舍入误差；并随着非线性的增强，对非线性系统状态的估计精度也就会越来越低，甚至会导致滤波器发散。

　　针对于此，本章设计了一种可利用高阶信息的实时滤波算法用来估计电池 SOC，称为高阶扩展卡尔曼滤波器[13]（high-order extend Kalman filter，HEKF）。其具有较强的抗噪声干扰能力，并且较 EKF 方法有更高的估计精度。本章的贡献总结如下：①建立用于描述电池 SOC 估计的非线性状态模型和测量模型；②通过引入高阶隐变量，设计出用于电池 SOC 估计的高阶扩展卡尔曼滤波器；③建立了传统 EKF 与本章所建 HEKF 的性能分析方法与实验验证技术。

10.2　锂电池充放电动态过程建模

　　电池是一个强非线性系统，充放电过程中其内部参数和外部的电气特性都是由一系列电化学特性决定的。由于内部参数无法通过直接测量得到，因此需要利用等效电路模型对电池的充放电特性来进行软测量。等效电路模型可以将内部参数与外部电气特性以非线性的形式展现出来。

　　锂电池可以采用多种模型来表示，本章采用一阶戴维南等效模型，其电池等效电路模型可以用来平衡计算效率与预测精度，电池的模型如图 10.2.1 所示。

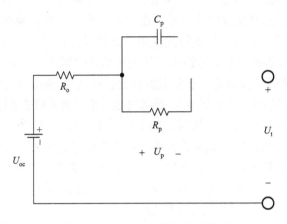

图 10.2.1　一阶 RC 等效电路模型

　　电池的电压动态方程可以描述如下：

$$U_t = U_{oc} - IR_o - U_p \tag{10.2.1}$$

式中，U_t 表示端电压；U_{oc} 表示开路电压；U_p 表示极化电压；R_o 表示欧姆电阻；I 表示流过电池的负载电流。U_t 的下标 t 表示其具有时变特性，随着时间变化，一般也可用 U 表示。

　　在等效电路模型中，由于极化电阻与极化电容无法直接测量获得；因此是采用激励响应分析方法来模拟电池的浓差极化和电化学极化效应；其零输入响应和零状态响应分别描述为

$$U_p = U_p(0)e^{-t/\tau} \tag{10.2.2}$$

$$U_p = IR_p(1 - e^{-t/\tau}) \tag{10.2.3}$$

　　因此，在放电过程中，通过将电池视作零输入响应和零状态响应的叠加，可将效应描述为

$$\begin{cases} U_p(k+1) = e^{-\Delta t/\tau_p}U_p(k) + R_pI(k)(1 - e^{-\Delta t/\tau_p}) \\ U_t(k) = U_{oc}(k) - R_oI(k) - U_p(k) \end{cases} \tag{10.2.4}$$

式中，R_p 表示极化电阻；τ_p 是依赖于 SOC 的时间响应常数；Δt 表示采样间隔；k 表示第 k 个采样周期。

　　利用库仑计数法来计算电池 SOC 是根据 SOC 定义，并利用积分的思想，建立电池在充放电过程中电池 SOC 的动态过程，表示如下：

$$z_c(k) = z_c(k-1) + \frac{\eta_i I_t(k)\Delta t}{C_a}$$

$$= z_c(0) + \sum_{k=1}^{L-1} \frac{\eta_i I_t(k)\Delta t}{C_a} \tag{10.2.5}$$

式中，z_c 表示利用库仑计数法计算出的 SOC 值；η_i 是库仑效率；C_a 是电池的最大可用容量；L 是总采样时间，在实际应用中常设置 C_a 的标称容量为 2.2A·h。

戴维南模型方程中的四个参数 U_{oc}、R_o、R_p 和 τ_p 与 SOC 的关系，可以分别用多阶多项式拟合为

$$\begin{cases} U_{oc} = a_0 + a_1 z + a_2 z^2 + a_3 z^3 + a_4 z^4 + a_5 z^5 + a_6 z^6 \\ R_o = b_0 + b_1 z + b_2 z^2 \\ R_p = c_0 + c_1 z + c_2 z^2 \\ \tau_p = d_0 + d_1 z + d_2 z^2 \end{cases} \tag{10.2.6}$$

式中，$a_0 \sim a_6$、b_0、b_1、b_2、c_0、c_1、c_2、d_0、d_1 和 d_2 等参数，通过利用遗传算法辨识的结果如表 10.2.1 所示，参数辨识过程参见文献[14]，参数辨识在文献中主要是用遗传算法进行估计，国内常用方法主要有最小二乘法与扩展卡尔曼滤波法，本章直接采取了其他文献中的辨识结果。

表 10.2.1　模型参数值

参数	辨识值	参数	辨识值
a_0	3.281	b_1	−0.067
a_1	2.617	b_2	0.048
a_2	−9.397	c_0	0.034
a_3	15.514	c_1	−0.025
a_4	−8.588	c_2	0.019
a_5	−1.247	d_0	38.869
a_6	1.953	d_1	−13.595
b_0	0.104	d_2	16.29

库仑计数法其实质是将电池内部结构和外部特性忽略：只考虑流入流出电池的电流与 SOC 的关系，而不考虑内部的电化学特性（电化学特性会使一部分电流在电池内部消耗）与外部特性（外部特性是负载端消耗），只考虑流入与流出电池的负载电流，来对电池 SOC 估计。其优点是简单快捷，而缺点在于，由于库仑计数法是开环预测，缺少反馈修正环节，无法根据电池当前特性，对估计值进行实

时有效校正；因此会不断产生误差，而且这些误差会随时间的增加逐步累积。当误差累积到一定程度时，库仑计数法因无法得到更为精确的电池 SOC 估计值，从而会导致过度充电或过度放电现象的发生，致使电池内阻增大，容量下降，综合性能下降甚至会使电池产生爆炸：容量下降的情况下，与电池组中其他健康电池的容量不同，会导致充电时过充，或者放电时过放，都会产生热量导致电池有爆炸风险。库仑计数法是根据定义确定的电池变化的方程，具有指导性的基础意义，可以和其他许多算法结合起来使用，如 EKF 算法。

EKF 算法往往以库仑计数法为基础，以对电池 SOC 估计达到更高精度为目的而使用的算法，可以从包含噪声的一系列测量中，较为精确地估计非线性动态系统的状态。该方法在科学研究和工程实践中被广泛用于估计电池 SOC。

但是由于 EKF 算法仅有在一阶线性逼近的不足，在对高阶项的舍去会造成对电池 SOC 估计精度的不够，因此本章通过设计出一种高阶 Kalman 滤波器，并用于对电池 SOC 的实时估计，以提高估计精度。

10.3　电池 SOC 估计的高阶项扩维建模

10.3.1　隐变量引入扩维建模

对一类非线性系统方程可以表示如下：

$$x(k+1) = A^{(0)}(k)x(k) + A^{(1)}(k)f^{(1)}(x(k)) + \cdots + A^{(r)}(k)f^{(r)}(x(k)) + w(k) \quad （10.3.1）$$

$$y(k+1) = C^{(0)}(k+1)x(k+1) + C^{(1)}(k+1)f^{(1)}(x(k+1))$$
$$+ \cdots + C^{(r)}(k+1)f^{(r)}(x(k+1)) + v(k+1) \quad （10.3.2）$$

式中，$x(k) \in \mathbb{R}^n$ 是状态向量；$y(k) \in \mathbb{R}^m$ 是测量向量；$f^{(*)}(\cdot)$ 是关于状态的非线性函数；$w(k)$ 是均值为零，方差为 Q 的高斯白噪声；$v(k)$ 是均值为零，方差为 R 的高斯白噪声。

令

$$\alpha^{(l)}(k) := f^{(l)}(x(k)), \quad l = 1, 2, \cdots, r \quad （10.3.3）$$

是相对于原始变量 $x(k)$ 的隐变量函数，简称隐变量。那么状态方程（10.3.1）与测量方程（10.3.2）可等价改写为

$$x(k+1) = A^{(0)}(k)x(k) + \sum_{l=1}^{r} A^{(l)}(k)\alpha^{(l)}(k) + w(k) \quad （10.3.4）$$

$$y(k+1) = C^{(0)}(k+1)x(k+1) + \sum_{l=1}^{r} C^{(l)}(k+1)\alpha^{(l)}(k+1) + v(k+1) \quad （10.3.5）$$

对状态变量 $x(k)$ 与隐变量完全扩维：

$$X(k) = [x(k) \quad \alpha^{(1)}(k) \quad \cdots \quad \alpha^{(r)}(k)]^{\mathrm{T}} \quad (10.3.6)$$

并建立应变量之间的线性动态关系如下：

$$\alpha^{(l)}(k+1) = B_l^{(0)}(k)x(k) + B_l^{(1)}(k)\alpha^{(1)}(k) + \cdots + B_l^{(r)}(k)\alpha^{(r)}(k) + w_l(k) \quad (10.3.7)$$

式中，$B_l^{(j)}, j=0,1,\cdots,r$ 表示待辨识的模型参数。

那么式（10.3.4）和式（10.3.7）可分别再等价描述为

$$x(k+1) = [A^{(0)}(k) \quad A^{(1)}(k) \quad \cdots \quad A^{(r)}(k)]X(k) + w(k) \quad (10.3.8)$$

$$\alpha^{(l)}(k+1) = [B_l^{(0)}(k) \quad B_l^{(1)}(k) \quad \cdots \quad B_l^{(r)}(k)]X(k) + w_l(k) \quad (10.3.9)$$

若记

$$F(k) = \begin{bmatrix} A^{(0)}(k) & A^{(1)}(k) & \cdots & A^{(r)}(k) \\ B_1^{(0)}(k) & B_1^{(1)}(k) & \cdots & B_1^{(r)}(k) \\ \vdots & \vdots & & \vdots \\ B_r^{(0)}(k) & B_r^{(1)}(k) & \cdots & B_r^{(r)}(k) \end{bmatrix} \quad (10.3.10)$$

$$W(k) = [w(k) \quad w^{(1)}(k) \quad \cdots \quad w^{(r)}(k)]^{\mathrm{T}} \quad (10.3.11)$$

$$H(k) = [C^{(0)}(k+1) \; C^{(1)}(k+1) \cdots C^{(r)}(k+1)] \quad (10.3.12)$$

则针对扩维状态 $X(k)$ 的状态模型和观测模型为

$$X(k+1) = F(k)X(k) + W(k) \quad (10.3.13)$$

$$y(k+1) = H(k+1)X(k+1) + v(k+1) \quad (10.3.14)$$

下面将基于系统扩维系统式（10.3.13）和式（10.3.14），建立高阶卡尔曼滤波器。

10.3.2 针对锂电池扩维建模

文献[13]给出的锂电池状态方程和测量方程为

$$\begin{cases} x_1(k+1) = \mathrm{e}^{-\Delta t / \tau_{\mathrm{p}}} x_1(k) + R_{\mathrm{p}}(k)I(k)[1 - \mathrm{e}^{-\Delta t / \tau_{\mathrm{p}}}] + w_1(k) \\ x_2(k+1) = U_{\mathrm{oc}}(k) - R_{\mathrm{o}}(k)I(k) - x_1(k) + w_2(k) \end{cases} \quad (10.3.15)$$

$$y(k) = U_{\mathrm{oc}}(k) - x_1(k) - R_{\mathrm{o}}(k)I(k) + v(k) \quad (10.3.16)$$

式中

$$\begin{cases} U_{\mathrm{oc}}(k) = a_0 + a_1 x_2(k) + a_2 x_2^2(k) + a_3 x_3^3(k) \\ \qquad\qquad + a_4 x_4^4(k) + a_5 x_5^5(k) + a_6 x_6^6(k) \\ R_{\mathrm{o}}(k) = b_0 + b_1 x_2(k) + b_2 x_2^2(k) \\ R_{\mathrm{p}}(k) = c_0 + c_1 x_2(k) + c_2 x_2^2(k) \\ \tau_{\mathrm{p}}(k) = d_0 + d_1 x_2(k) + d_2 x_2^2(k) \end{cases} \quad (10.3.17)$$

其中的系数值详见表 10.2.1。

将式（10.3.17）分别代入状态方程（10.3.15）与测量方程（10.3.16），整理后有

$$x_1(k+1) = e^{-\Delta t/\tau_p} x_1(k) + I(k)(c_0 + c_1 x_2(k) + c_2 x_2^2(k))$$
$$\times [1 - e^{-\Delta t/\tau_p}] + w_1(k) \tag{10.3.18}$$

$$x_2(k+1) = a_0 - x_1(k) + a_1 x_2(k) + a_2 x_2^2(k) + a_3 x_3^3(k)$$
$$+ a_4 x_4^4(k) + a_5 x_5^5(k) + a_6 x_6^6(k) - I(k) \tag{10.3.19}$$
$$\times (b_0 + b_1 x_2(k) + b_2 x_2^2(k)) + w_2(k)$$

$$y(k) = a_0 + a_1 x_2(k) + a_2 x_2^2(k) + a_3 x_3^3(k) + a_4 x_4^4(k)$$
$$+ a_5 x_5^5(k) + a_6 x_6^6(k) - x_1(k) \tag{10.3.20}$$
$$- I(k)(b_0 + b_1 x_2(k) + b_2 x_2^2(k)) + v(k)$$

若记

$$\alpha_l(k) := x^{l+1}(k), \quad l = 1, 2, 3, 4, 5 \tag{10.3.21}$$

则式（10.3.19）～式（10.3.21）可分别改写成

$$x_1(k+1) = \bar{a}_0^{(1)} + \bar{a}_1^{(1)}(k) x_1(k) + \bar{a}_2^{(1)}(k) x_2(k) + \bar{a}_3^{(1)}(k)\alpha_1(k) + \bar{a}_4^{(1)}(k)\alpha_2(k)$$
$$+ \bar{a}_5^{(1)}(k)\alpha_3(k) + \bar{a}_6^{(1)}(k)\alpha_4(k) + \bar{a}_7^{(1)}(k)\alpha_5(k) + w_1(k) \tag{10.3.22}$$

$$x_2(k+1) = \bar{a}_0^{(2)} + \bar{a}_1^{(2)}(k) x_1(k) + \bar{a}_2^{(2)}(k) x_2(k) + \bar{a}_3^{(2)}(k)\alpha_1(k) + \bar{a}_4^{(2)}(k)\alpha_2(k)$$
$$+ \bar{a}_5^{(2)}(k)\alpha_3(k) + \bar{a}_6^{(2)}(k)\alpha_4(k) + \bar{a}_7^{(2)}(k)\alpha_5(k) + w_l(k) \tag{10.3.23}$$

$$y(k) = c_1 x_1(k) + c_2 x_2(k) + c_3 \alpha_1(k) + c_4 \alpha_2(k) + c_5 \alpha_3(k) + c_6 \alpha_4(k)$$
$$+ c_7 \alpha_5(k) + u(k) + v(k) \tag{10.3.24}$$

式中，$\bar{a}_r^1, \bar{a}_r^2, c_r, r = 1, 2, \cdots, 7$，表示整理后的相关系数。这样式（10.3.12）中的扩维变量 $X(k)$ 为

$$X(k) = [x_1(k), x_2(k), \alpha_1(k), \alpha_2(k), \alpha_3(k), \alpha_4(k), \alpha_5(k)]^{\mathrm{T}} \tag{10.3.25}$$

参照式（10.3.7），则式（10.3.21）定义的隐变量动态关系为

$$\alpha^{(l)}(k+1) = \bar{b}_0^{(l)} + \bar{b}_1^{(l)}(k) x_1(k) + \bar{b}_2^{(l)}(k) x_2(k)$$
$$+ \bar{b}_3^{(l)}(k)\alpha_1(k) + \bar{b}_4^{(l)}(k)\alpha_2(k) + \bar{b}_5^{(l)}(k)\alpha_3(k) \tag{10.3.26}$$
$$+ \bar{b}_6^{(l)}(k)\alpha_4(k) + \bar{b}_7^{(l)}(k)\alpha_5(k) + w_{l+2}(k)$$

相关矩阵 $\bar{a}_r^l$、$\bar{b}_r^l$ 表示隐变量与扩维后的状态变量的耦合系数，在没有先验信息的情况下，遵守以下规则：

$$\bar{a}_r^l, \bar{b}_r^l = \begin{cases} I, & r = l \\ 0, & r \neq l \end{cases} \tag{10.3.27}$$

式（10.3.13）中系统矩阵 $F(k)$ 和建模误差 $W(k)$ 分别为

$$F(k) = \begin{bmatrix} \overline{a}_1^{(1)} & \overline{a}_2^{(1)} & \overline{a}_3^{(1)} & \overline{a}_4^{(1)} & \overline{a}_5^{(1)} & \overline{a}_6^{(1)} & \overline{a}_7^{(1)} \\ \overline{u}_1^{(2)} & \overline{u}_2^{(?)} & \overline{a}_3^{(2)} & \overline{a}_4^{(2)} & a_5^{(2)} & \overline{a}_6^{(2)} & \overline{a}_7^{(2)} \\ \overline{b}_1^{(1)} & \overline{b}_2^{(1)} & \overline{b}_3^{(1)} & \overline{b}_4^{(1)} & \overline{b}_5^{(1)} & \overline{b}_6^{(1)} & \overline{b}_7^{(1)} \\ \overline{b}_1^{(2)} & \overline{b}_2^{(2)} & \overline{b}_3^{(2)} & \overline{b}_4^{(2)} & \overline{b}_5^{(2)} & \overline{b}_6^{(2)} & \overline{b}_7^{(2)} \\ \overline{b}_1^{(3)} & \overline{b}_2^{(3)} & \overline{b}_3^{(3)} & \overline{b}_4^{(3)} & \overline{b}_5^{(3)} & \overline{b}_6^{(3)} & \overline{b}_7^{(3)} \\ \overline{b}_1^{(4)} & \overline{b}_2^{(4)} & \overline{b}_3^{(4)} & \overline{b}_4^{(4)} & \overline{b}_5^{(4)} & \overline{b}_6^{(4)} & \overline{b}_7^{(4)} \\ \overline{b}_1^{(5)} & \overline{b}_2^{(5)} & \overline{b}_3^{(5)} & \overline{b}_4^{(5)} & \overline{b}_5^{(5)} & \overline{b}_6^{(5)} & \overline{b}_7^{(5)} \end{bmatrix} \qquad (10.3.28)$$

$$W(k) = [w_1(k), w_2(k), w_3(k), w_4(k), w_5(k), w_6(k), w_7(k)]^T$$

若式（10.3.22）～式（10.3.24）中的常数项系数为 $\overline{a}_0^{(m)}$、$\overline{b}_0^{(n)}$，状态方程中的常数项记为向量：

$$U(k) = [\overline{a}_0^{(1)}, \overline{a}_0^{(2)}, \overline{b}_0^{(1)}, \overline{b}_0^{(2)}, \overline{b}_0^{(3)}, \overline{b}_0^{(4)}, \overline{b}_0^{(5)}]^T \qquad (10.3.29)$$

则原状态方程式（10.3.12）改写为如下形式：

$$X(k+1) = A(k)X(k) + W(k) + U(k) \qquad (10.3.30)$$

将测量方程式（10.3.13）改写为

$$y(k) = c_1 x_1(k) + c_2 x_2(k) + c_3 \alpha_1(k) + c_4 \alpha_2(k) + c_5 \alpha_3(k)$$
$$+ c_6 \alpha_4(k) + c_7 \alpha_5(k) + u(k) + v(k) \qquad (10.3.31)$$

$$Y(k) = H(k)X(k) + u(k) + v(k) \qquad (10.3.32)$$

式中

$$H(k) = [c_1\ c_2\ c_3\ c_4\ c_5\ c_6\ c_7] \qquad (10.3.33)$$

以式（10.3.30）作为状态方程，式（10.3.32）作为测量方程进行卡尔曼滤波，有如下步骤。

步骤一：设置状态观察器的初始值：$X(0)$，$P(0)$，$Q(0)$，$R(0)$。

步骤二：时间更新方程。

系统状态估计：

$$\hat{X}(k+1|k) = F(k)\hat{X}(k|k) \qquad (10.3.34)$$

$$\hat{Y}(k+1|k) = H(k)\hat{X}(k+1|k) + u(k) \qquad (10.3.35)$$

$$\tilde{X}(k+1|k) = X(k+1) - \hat{X}(k+1|k) \qquad (10.3.36)$$

$$\tilde{Y}(k+1|k) = Y(k+1) - \hat{Y}(k+1|k) \qquad (10.3.37)$$

状态误差协方差矩阵的估计：

$$P(k+1|k) = F(k)P(k|k)F^T(k) + Q \qquad (10.3.38)$$

步骤三：测量更新方程。

增益矩阵：

$$K(k+1) = P(k+1|k)H^T(k)(H(k)P(k+1|k)H^T(k) + R)^{-1} \qquad (10.3.39)$$

系统状态估计的修正：

$$\hat{X}(k+1\,|\,k+1) = \hat{X}(k+1\,|\,k) + K(k+1)(y(k+1) - H(k)\hat{X}(k+1\,|\,k)) \tag{10.3.40}$$

状态误差协方差矩阵的估计：

$$P(k+1\,|\,k+1) = [I - K(k+1)H(k)]P(k+1\,|\,k) \tag{10.3.41}$$

10.4　结　果　分　析

本章以电动汽车车载锂电池为研究对象，所采用数据均来自 NASA 电池数据库。本次实验采用的数据于室温 24℃ 下采集，使用 4A 振幅和 50% 占空比的 0.05Hz 方波负载曲线进行放电。

在蒙特卡罗实验 1000 次之后，对于电池 SOC 估计的平均均方误差见表 10.4.1。蒙特卡罗实验共进行了三次，与 EKF 相比，HEKF 算法可以将电池 SOC 的估计精度提高 17.79%。可以得出结论，所提出的滤波器性能良好。

表 10.4.1　蒙特卡罗仿真实验平均均方误差值

滤波方法	第一组	第二组	第三组	均值
HEKF	0.0079	0.0078	0.0083	0.0085
EKF	0.0103	0.0089	0.0102	0.0098
改进效果	23.81%	11.80%	17.75%	17.79%

如图 10.4.1 所示为在相同条件下，EKF 与 HEKF 分别对电池 SOC 估计的结

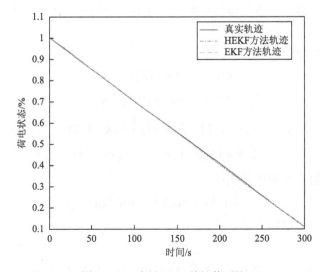

图 10.4.1　电池 SOC 估计值对比

果，虚线为 EKF 估计值，点划线为 HEKF 估计值，实线为电池 SOC 真实值随时间的变化。如图 10.4.2 所示为一段时间内的真实值与估计值，可以很明显地看到 HEKF 方法产生的估计值要比 EKF 产生的估计值更加贴近真实值。图 10.4.3 则是每个时刻 EKF 方法与 HEKF 方法的误差绝对值比较，显然 HEKF 较 EKF 方法更加准确，可以实现更高精度的电池 SOC 估计。图 10.4.4 是蒙特卡罗实验 1000 次后产生的平均误差绝对值，可以看出 EKF 的误差数值总体上大于 HEKF 方法，由此可见 HEKF 的精确性较 EKF 方法有一定的提高。

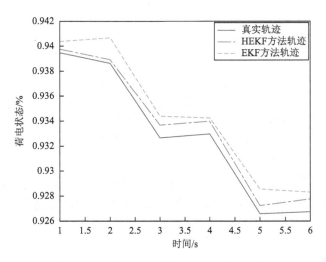

图 10.4.2　放大后的电池 SOC 估计值对比

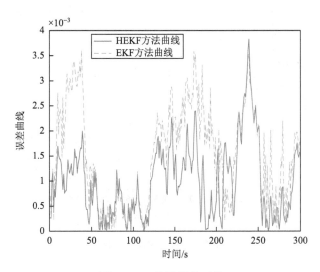

图 10.4.3　估计误差对比

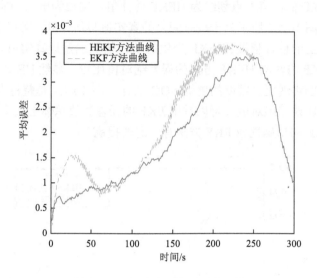

图 10.4.4　蒙特卡罗实验平均误差

　　如图 10.4.5 所示是 OCV-SOC 曲线图，图 10.4.6 是放大后的曲线，显而易见，HEKF 方法得到的 OCV-SOC 曲线更加贴合实际值，因此可以得出结论，所提出的滤波器性能良好。

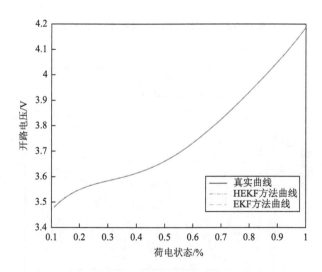

图 10.4.5　OCV-SOC 曲线对比

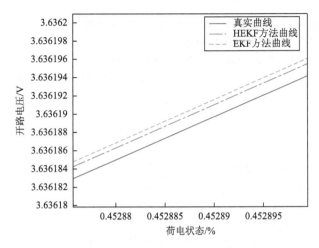

图 10.4.6　图 10.4.5 局部放大后的曲线

10.5　本　章　小　结

（1）本章提出了一种基于高阶项扩维的锂电池 SOC 估计的 Kalman 滤波方法，利用戴维南定理建立锂电池电阻电容之间关系的一阶等效电路模型，针对 SOC 的估计精度，本章通过计算机数值仿真的蒙特卡罗实验，验证了所设计的新型高阶 Kalman 滤波器性能远高于 EKF 的性能。

（2）本章提出的电池 SOC 估计方法采用一阶 RC 等效模型，该模型不涉及复杂的电化学分析过程，并且所采用的算法精度较高，因此具有可行性和实用性。

（3）本章研究重点在电池 SOC 估计，而在车载汽车电池故障诊断方面还未探讨，在未来需要进行深入研究。下一步研究计划将采用本章方法，实现对电动汽车车载电池的在线故障诊断。

参 考 文 献

[1]　麻友良，陈全世，齐占宁. 电动汽车用电池 SOC 定义与检测方法[J]. 清华大学学报（自然科学版），2001，(11)：95-97，105.

[2]　Lu L，Han X，Li J，et al. A review on the key issues for lithium-ion battery management in electric vehicles[J]. Journal of Power Sources，2013，226：272-288.

[3]　林成涛，王军平，陈全世. 电动汽车 SOC 估计方法原理与应用[J]. 电池，2004，(5)：376-378.

[4]　章军辉，李庆，陈大鹏，等. 基于自适应 UKF 的锂离子动力电池状态联合估计[J]. 东北大学学报（自然科学版），2020，41（11）：1557-1563.

[5]　邱劲松，王顺利，范永存，等. 基于改进 Sage-Husa 算法的锂电池 SOC 估算方法研究[J]. 控制工程，2023，DOI：10.14107/j.cnki.kzgc. 20210169.

[6]　虞杨，郑燕萍. 基于改进递推最小二乘法的锂电池 SOC 估算[J]. 控制工程，2021，28（9）：1759-1764.

[7] 程泽，杨磊，孙幸勉. 基于自适应平方根无迹卡尔曼滤波算法的锂离子电池 SOC 和 SOH 估计[J]. 中国电机工程学报，2018，38（8）：2384-2393，2548.

[8] 刘浩. 基于 EKF 的电动汽车用锂离子电池 SOC 估算方法研究[D]. 北京：北京交通大学，2010.

[9] 谢艳馨，王顺利，史卫豪，等. 一种用于高保真锂电池 SOC 估计的无迹粒子滤波新方法[J]. 储能科学与技术，2021，10（2）：722-731.

[10] 胡小军. 基于无迹卡尔曼滤波的动力锂电池 SOC 估计与实现[D]. 长沙：中南大学，2014.

[11] 刘同宇，李师，付卫东，等. 大容量磷酸铁锂动力电池热失控预警策略研究[J]. 中国安全科学学报，2021，31（11）：120-126.

[12] 邓康，张英，徐伯乐，等. 磷酸铁锂电池组燃烧特性研究[J]. 中国安全科学学报，2019，29（11）：83-88.

[13] Sun X H，Wen C L，Wen T. A novel step-by-step high-order extended Kalman filter design for a class of complex systems with multiple basic multipliers[J]. Chinese Journal of Electronics，2021，30（2）：313-321.

[14] Yang R，Xiong R，Shen W. On-board diagnosis of soft short circuit fault in lithium-ion battery packs for electric vehicles using an extended Kalman filter[J]. CSEE Journal of Power and Energy Systems，2022：258-270.

第11章 超越非线性输入输出系统参数在线辨识方法

11.1 引 言

在第6章和第7章中，分别介绍了针对加性和乘性非线性系统模型所设计的滤波方法，并通过实验仿真，与典型的非线性滤波方法进行分析比较，验证了新设计滤波算法的有效性与准确性，使得基于隐变量的滤波方法成功运用到了多维非线性系统的状态估计中。卡尔曼滤波除了可以估计动态系统的状态，还可以对系统参数进行在线辨识，特别是时变参数。

在实际情况中，可以通过分析系统特性和运动规律，对一些简单的系统进行数学建模。但实际情况中无法获得理想的模型，只能建立比较适度近似的数学模型。即便这样，受环境等一些不确定因素的影响，进一步造成模型误差[1]。因此对于复杂的过程并不适合直接建模，但是系统的输入输出数据表现了系统的特性，所以可以利用系统的输入输出信息建立一种"黑色系统"。针对这一大类系统，如何用引入隐变量的方式建立相应的滤波方法解决参数辨识问题，便是本章需要解决的重点。

为避免产生和 EKF、UKF 同样的线性近似化问题[2-4]，参照第6、7章中基于隐变量的滤波方法思想，针对在实际中广泛存在的强非线性输入输出动态系统，建立一种模型参数辨识的高维扩展卡尔曼滤波方法。首先，将输入输出系统中的线性参数视为状态变量，将复合参数视为系统的隐变量；其次，对状态变量和隐变量进行随机游走的动态建模，将待辨识状态变量和隐变量的原输入输出方程建模为测量模型；再次，基于第6章和第7章建立的高维卡尔曼滤波方法，建立关于状态变量和隐变量的估计方法，并进一步建立基于隐变量估计值的复合参数估计方法。最后，通过仿真实验验证本章算法的有效性。

11.2 系 统 描 述

考虑如下非线性输入输出参数系统：

$$y(k) = \sum_{i=1}^{n} \theta_i(k) u_i(k) f_i(\beta(k), u(k)) + v(k) \qquad (11.2.1)$$

式中，k 为离散时间；$y(k) \in \mathbb{R}^1$ 是动态系统的输出值；$u(k) \in \mathbb{R}^n$ 为系统的输入量；

$\theta_i(k)$ 是待辨识的系统线性缓变参数变量；$\beta(k)$ 是待辨识的系统缓变复合参数变量；$f_i(\beta, u(k))$ 是依赖于参数 $\beta(k)$ 和输入量 $u(k)$ 的非线性函数；$v(k)$ 为高斯型噪声的建模误差，满足统计 $v(k) \sim N[0, R(k)]$，其中，$R(k)$ 是对称的正定矩阵。

为解决非线性输入输出系统中线性参数和复合参数的辨识问题，本章将运用两种滤波方法进行参数辨识，第一种方法是通过建立关于待估计参数的辅助状态模型，构建符合 EKF 或 STF 条件要求的滤波器参数估计方法；第二种方法是通过引入隐函数变量方法，设计出求解系统线性参数变量和复合参数变量的两阶段滤波器组。

11.3　非线性输入输出系统的状态与观测动态特性建模

为了利用 EKF 或 STF 方法进行非线性输入输出系统参数的辨识，需要先将仅描述输入输出关系的非线性动态系统式（11.2.1），建模成符合 EKF 或 STF 设计所要求的状态变量动态模型与用于系统状态变量观测的测量模型。为此，首先，将非线性输入输出系统式（11.2.1）中待辨识的缓变参数 $\theta(k)$ 和 $\beta(k)$ 视为系统待估计的状态变量，令

$$\theta(k) = [\theta_1(k), \cdots, \theta_j(k), \cdots, \theta_n(k)]^T \tag{11.3.1}$$

$$\beta(k) = [\beta_1(k), \cdots, \beta_j(k), \cdots, \beta_m(k)]^T \tag{11.3.2}$$

$$u(k) = [u_1(k), \cdots, u_j(k), \cdots, u_n(k)]^T \tag{11.3.3}$$

并记

$$\gamma(k) = [\theta^T(k), \beta^T(k)]^T \tag{11.3.4}$$

为 $n+m$ 维空间中的状态变量。

对 $n+m$ 维 $\gamma(k)$ 状态变量的动态行为建模为

$$\gamma(k+1) = A_\gamma(k)\gamma(k) + w(k) \tag{11.3.5}$$

若无任何可利用先验信息，可取

$$A_\gamma(k) = I \tag{11.3.6}$$

即视系统状态变量 $\gamma(k)$ 为符合随机游走特性的 $n+m$ 维随机变量。

在式（11.3.5）条件下，非线性输入输出系统式（11.2.1）可建模为关于系统状态变量 $\gamma(k)$ 的测量模型，如下：

$$z(k+1) = h(u(k+1), \gamma(k+1)) + v(k+1) \tag{11.3.7}$$

式中

$$h(u(k+1), \gamma(k+1)) = \sum_{i=1}^{n} \theta_i(k+1) u_i(k+1) f_i(\beta(k+1), u(k+1)) \tag{11.3.8}$$

因此，由式（11.3.5）建立的关于系统变量 $\gamma(k)$ 的动态模型、由式（11.3.7）

建立的关于系统状态变量 $\gamma(k+1)$ 的测量模型，已符合设计 EKF 的基本形式。但为了设计出 EKF，还需要对系统的建模误差随机变量满足相应的统计特性。

注释 11.3.1　建模误差随机向量 $w(k), v(k+1)$ 满足统计条件与相应滤波器设计。

（1）当 $w(k), v(k+1)$ 都是符合零均值的高斯白噪声随机序列时，可设计出扩展 Kalman 滤波器。

（2）当 $w(k), v(k+1)$ 都是具有统计特征函数的随机序列时，可设计出基于特征函数的特征函数滤波器[5]。

11.4　非线性输入输出系统基于 EKF 的参数辨识方法

假设系统建模误差随机变量统计特性符合如下特性。

（1）系统中 $w(k)$ 和 $v(k+1)$ 是相互独立且服从零均值高斯分布白噪声，并且满足如下特性：

$$E\{w(k)\}=0, \quad E\{v(k+1)\}=0, \quad E\{w(k)w^{\mathrm{T}}(j)\}=Q(k)\delta_{kj}, \quad k,j\geqslant 0 \quad (11.4.1)$$

$$E\{v(k)v^{\mathrm{T}}(j)\}=R(k)\delta_{kj}, \quad E\{w(k)v^{\mathrm{T}}(j)\}=0, \quad k,j\geqslant 0 \quad (11.4.2)$$

（2）$w(k)$、$v(k+1)$ 和 $\gamma(0)$ 之间统计相互独立，即

$$E\{w(k)v^{\mathrm{T}}(j)\}=0, \quad E\{w(k)\gamma^{\mathrm{T}}(0)\}=0, \quad E\{v(k)\gamma^{\mathrm{T}}(0)\}=0, \quad k,j\geqslant 0 \quad (11.4.3)$$

（3）基于系统已输出序列值：

$$y(1), y(2), \cdots, y(k) \quad (11.4.4)$$

系统已获得 k 时刻系统状态变量 $\gamma(k)$ 的估计值：

$$\hat{\gamma}(k\,|\,k)=E\{\gamma(k)\,|\,\gamma(0), y(1), y(2), \cdots, y(k)\} \quad (11.4.5)$$

和相应的估计误差方差矩阵：

$$P_{\gamma}(k\,|\,k)=E\{(\gamma(k)-\hat{\gamma}(k\,|\,k))(\gamma(k)-\hat{\gamma}(k\,|\,k))^{\mathrm{T}}\} \quad (11.4.6)$$

下面给出求解扩维系统状态变量 $\gamma(k+1)$ 的 EKF 设计过程。

（1）扩维系统状态变量 $\gamma(k+1)$ 的一步预测值。基于状态模型式（11.3.5），有一步预测值：

$$\hat{\gamma}(k+1\,|\,k+1)=A_{\gamma}(k)\hat{\gamma}(k\,|\,k) \quad (11.4.7)$$

相应的预测估计误差：

$$\begin{aligned}
\tilde{\gamma}(k+1\,|\,k) &:= \gamma(k+1)-\hat{\gamma}(k+1\,|\,k+1) \\
&= A_{\gamma}(k)\gamma(k)+w_{\gamma}(k)-A_{\gamma}(k)\hat{\gamma}(k\,|\,k) \\
&= A_{\gamma}(k)(\gamma(k)-\hat{\gamma}(k\,|\,k))+w_{\gamma}(k) \\
&= A_{\gamma}(k)\tilde{\gamma}(k\,|\,k)+w_{\gamma}(k)
\end{aligned}$$

和相应的预测估计误差协方差矩阵：

$$P_\gamma(k+1\,|\,k) := E\{\tilde{\gamma}(k+1\,|\,k)\tilde{\gamma}^{\mathrm{T}}(k+1\,|\,k)\}$$

$$= \lambda_\gamma(k)A_\gamma(k)P_\gamma(k\,|\,k)A_\gamma^{\mathrm{T}}(k) + Q_\gamma(k) \qquad (11.4.8)$$

式中，$\lambda_\gamma(k)$ 为强跟踪滤波器中的渐消因子，计算方法详见第 4 章的分析。

（2）扩维系统状态变量测量值 $z(k+1)$ 的一步预测值估计。基于式（11.3.7），有测量一步估计值：

$$\hat{z}(k+1\,|\,k) = h(\hat{\gamma}(k+1\,|\,k), u(k+1)) \qquad (11.4.9)$$

及测量预测误差值：

$$\tilde{z}(k+1\,|\,k) = z(k+1) - \hat{z}(k+1\,|\,k)$$

$$= h(u(k+1), \gamma(k+1)) + v(k+1) - h(\hat{\gamma}(k+1\,|\,k), u(k+1))$$

$$\approx H(u(k+1), \hat{\gamma}(k+1\,|\,k)))\tilde{\gamma}(k+1\,|\,k) + v(k+1) \qquad (11.4.10)$$

式中

$$H(u(k+1)), \hat{\gamma}(k+1\,|\,k)) = \left.\frac{\partial h(u(k+1), \gamma(k+1))}{\partial \gamma(k+1)}\right|_{\gamma(k+1)=\hat{\gamma}(k+1|k)} \qquad (11.4.11)$$

（3）扩维系统状态变量 $\gamma(k+1)$ 估计值的 EKF 设计：

$$\hat{\gamma}(k+1\,|\,k+1) = \hat{\gamma}(k+1\,|\,k) + K_\gamma(k+1)\tilde{z}(k+1\,|\,k) \qquad (11.4.12)$$

式中，$K_\gamma(k+1)$ 为特征函数滤波器的待辨识的增益矩阵，利用正交性原理，可得到

$$K_\gamma(k+1) = P_\gamma(k+1\,|\,k)H^{\mathrm{T}}(u(k+1), \hat{\gamma}(k+1\,|\,k))$$

$$\times [H(u(k+1), \hat{\gamma}(k+1\,|\,k))P_\gamma(k+1\,|\,k)H^{\mathrm{T}}(u(k+1), \hat{\gamma}(k+1\,|\,k)) + R_\gamma(k+1)]^{-1}$$

$$(11.4.13)$$

（4）扩维系统状态变量 $\gamma(k+1)$ 估计误差的协方差矩阵：

$$P_\gamma(k+1\,|\,k+1)$$

$$= E\{(\gamma(k+1) - \hat{\gamma}(k+1\,|\,k+1))(\gamma(k+1) - \hat{\gamma}(k+1\,|\,k+1))^{\mathrm{T}}\}$$

$$= [I - K_\gamma(k+1)H(u(k+1), \hat{\gamma}(k+1\,|\,k))]P_\gamma(k+1\,|\,k+1) \qquad (11.4.14)$$

至此，我们已完成了针对扩维系统状态变量 $\gamma(k+1)$，即非线性动态系统线性参数 $\theta(k+1)$ 和系统复合参数求解的 EKF/STF 方法。

11.5　系统参数辨识基于高阶 Kalman 滤波方法

11.5.1　隐变量引入与新动态系统描述

考虑如式（11.5.1）所示的非线性输入输出参数系统，经过如式（11.3.1）～式（11.3.4）所示的定义，可得如式（11.5.2）所示的新非线性系统：

$$y(k) = \sum_{i=1}^{n} \theta_i(k)u_i(k)f_i(\beta(k), u(k)) + v(k) \qquad (11.5.1)$$

$$z(k+1) = h(u(k+1), \gamma(k+1)) + v(k+1) \tag{11.5.2}$$

式中

$$h(u(k+1), \gamma(k+1)) = \sum_{i=1}^{n} \theta_i(k+1) u_i(k+1) f_i(\beta(k+1), u(k+1)) \tag{11.5.3}$$

首先，将输入输出方程中的非线性函数部分 $f_i(\beta(k), u(k))$，定义为依赖于复合参数 $\beta(k)$ 和动态输入 $u(k)$ 的隐状态变量：

$$\alpha_i(k) := f_i(\beta(k), u(k)) \tag{11.5.4}$$

则式（11.3.7）可改写成如下形式的新系统的测量方程：

$$y(k+1) = \sum_{i=1}^{n} \theta_i(k+1) u_i(k+1) \alpha_i(k+1) + v(k+1) \tag{11.5.5}$$

由于测量方程式（11.5.2）是以 $u(k+1)$ 为常量关于系统参数 $\theta_i(k+1)$ 和系统隐变量 $\alpha_i(k+1)$ 的双线性系统，为了描述成符合 Kalman 滤波器设计的标准形式，在没有这些待估参数任何先验信息的情况下，构建它们如下随机游形式的参数状态动态变量方程[6]：

$$\alpha_i(k+1) = A_j^{(\alpha)}(k)\alpha_i(k) + w_i^{(\alpha)}(k), \quad i = 1, 2, \cdots, n \tag{11.5.6}$$

$$\theta_i(k+1) = A_j^{(\theta)}(k)\theta_i(k) + w_i^{(\theta)}(k), \quad i = 1, 2, \cdots, n \tag{11.5.7}$$

式中，$A_j^{(\alpha)}(k), A_j^{(\theta)}(k)$ 为待辨识矩阵，在没有任何先验信息的情况下，视系统参数 $\theta_i(k)$ 和系统隐变量 $\alpha_i(k)$ 为服从随机游走的随机变量，因此，式（11.5.3）和式（11.5.4）中系统矩阵就分别退化为单位矩阵 $A_j^{(\alpha)}(k) = I$ 和 $A_j^{(\theta)}(k) = I$；并假设 $w_j^{(\alpha)}(k)$ 和 $w_j^{(\theta)}(k)$ 服从白噪声随机变量，具有统计特性：

$$w_j^{(\alpha)}(k) \sim N[0, Q_j^{(\alpha)}(k)], \quad w_j^{(\theta)}(k) \sim N[0, Q_j^{(\theta)}(k)] \tag{11.5.8}$$

同时，为了设计出估计参数的动态滤波器，设置系统参数初始值 $\theta_{\cdot,j}(0), \alpha_{\cdot,j}(0)$ 具有如下统计特性：

$$\begin{cases} E\{\theta_i(0)\} = \hat{\theta}_{i,0}, \quad P_i^{(\theta)} = \{(\theta_i(0) - \hat{\theta}_{i,0})(\theta_i(0) - \hat{\theta}_{i,0})^{\mathrm{T}}\} \\ E\{\alpha_i(0)\} = \hat{\alpha}_{i,0}, \quad P_j^{(\alpha)} = \{(\alpha_i(0) - \hat{\alpha}_{i,0})(\alpha_i(0) - \hat{\alpha}_{i,0})^{\mathrm{T}}\} \end{cases} \tag{11.5.9}$$

假设 11.5.1 $\theta_i(0), \alpha_j(0), w_i^{(\alpha)}(k), w_j^{(\theta)}(k)$ 之间是统计独立的，即满足

$$E\{\theta_i(0)\alpha_j^{\mathrm{T}}(0)\} = 0, \quad i, j = 1, 2, \cdots, n$$

$$E\{w_i^{(\theta)}(k)(w_j^{(\alpha)}(k))\} = 0, \quad i, j = 1, 2, \cdots, n$$

$$E\{\theta_i(0)(w_j^{(\alpha)}(k))\} = 0, E\{\alpha_i(0)(w_j^{(\alpha)}(k))\} = 0, \quad i, j = 1, 2, \cdots, n$$

$$E\{\theta_i(0)(w_j^{(\theta)}(k))\} = 0, E\{\alpha_i(0)(w_j^{(\theta)}(k))\} = 0, \quad i, j = 1, 2, \cdots, n$$

为了建立基于式（11.5.2）～式（11.5.4）双递归 Kalman 滤波器组，我们进一步假设如下。

假设 11.5.2 已获得

$$y(1), y(2), \cdots, y(k) \tag{11.5.10}$$

$$\hat{\theta}_i(k \mid k) = E\{\theta_i(k) \mid \hat{\theta}_{i,0}; z(1), z(2), \cdots, z(k)\}$$

$$P_i^{(\theta)}(k \mid k) = E\{(\theta_i(k) - \hat{\theta}_i(k \mid k))(\theta(k) - \hat{\theta}_i(k \mid k))^{\mathrm{T}}\} \tag{11.5.11}$$

$$\hat{\alpha}_i(k \mid k) = E\{\alpha_i(k) \mid \hat{\alpha}_{i,0}; y(1), y(2), \cdots, y(k)\}$$

$$P_i^{(\alpha)}(k \mid k) = E\{(\alpha_i(k) - \hat{\alpha}_i(k \mid k))(\alpha_i(k) - \hat{\alpha}_i(k \mid k))^{\mathrm{T}}\} \tag{11.5.12}$$

为建立基于式（11.5.2）的线性加性求和估计的递归 Kalman 滤波器组奠定基础。

假设 11.5.3　为建立对式（11.5.2）中第 j 个求和项的乘性序贯式滤波组，在又获得 $z(k+1)$ 的基础上，又进一步假设

$$\hat{\theta}_l(k+1 \mid k+1) = E\{\theta_l(k+1) \mid \hat{\theta}_{l,0}; z(1), z(2), \cdots, z(k), z(k+1)\}, \quad l = n, n-1, \cdots, i+1$$

$$P_l^{(\theta)}(k+1 \mid k+1) = E\{(\theta_l(k+1) - \hat{\theta}_l(k+1 \mid k+1))(\theta_l(k+1) - \hat{\theta}_l(k+1 \mid k+1))^{\mathrm{T}}\} \tag{11.5.13}$$

$$\hat{\alpha}_l(k+1 \mid k+1) = E\{\alpha_l(k+1) \mid \hat{\alpha}_{l,0}; z(1), z(2), \cdots, z(k), z(k+1)\}, \quad l = n, n-1, \cdots, i+1$$

$$P_l^{(\alpha)}(k+1 \mid k+1) = E\{(\alpha_l(k+1) - \hat{\alpha}_l(k+1 \mid k+1))(\alpha_l(k+1) - \hat{\alpha}_l(k+1 \mid k+1))^{\mathrm{T}}\} \tag{11.5.14}$$

因此，本节的目标是

$$\hat{\theta}_i(k \mid k), P_i^{(\theta)}(k \mid k); \hat{\alpha}_i(k \mid k), P_i^{(\alpha)}(k \mid k), \quad i = 1, 2, \cdots, n$$

$$\hat{\theta}_l(k+1 \mid k+1), P_l^{(\theta)}(k+1 \mid k+1), \quad l = n, n-1, \cdots, i+1$$

$$\hat{\alpha}_l(k+1 \mid k+1), P_l^{(\alpha)}(k+1 \mid k+1), \quad l = n, n-1, \cdots, i+1 \tag{11.5.15}$$

$$\xrightarrow[(11.5.3)\sim(11.5.2)]{z(k+1)}$$

$$\hat{\alpha}_l(k+1 \mid k+1), P_l^{(\alpha)}(k+1 \mid k+1), \quad l = i, i-1, \cdots, 2, 1$$

$$\hat{\theta}_l(k+1 \mid k+1), P_l^{(\theta)}(k+1 \mid k+1), \quad l = i, i-1, \cdots, 2, 1$$

11.5.2　设计求解 $\alpha_i(k+1)$ 的内递归 Kalman 滤波器

为了建立求解 $\alpha_i(k+1)$ 的内递归 Kalman 滤波器，本节的目标是

$$\hat{\theta}_i(k \mid k), P_i^{(\theta)}(k \mid k); \hat{\alpha}_i(k \mid k), P_i^{(\alpha)}(k \mid k), \quad i = 1, 2, \cdots, n$$

$$\hat{\theta}_l(k+1 \mid k+1), P_l^{(\theta)}(k+1 \mid k+1), \quad l = n, n-1, \cdots, i+1$$

$$\hat{\alpha}_l(k+1 \mid k+1), P_l^{(\alpha)}(k+1 \mid k+1), \quad l = n, n-1, \cdots, i+1 \tag{11.5.16}$$

$$\xrightarrow[(11.5.2)\sim(11.5.3)]{z(k+1)}$$

$$\hat{\alpha}_l(k+1 \mid k+1), P_l^{(\alpha)}(k+1 \mid k+1), \quad l = i, i-1, \cdots, 2, 1$$

为此，基于式（11.5.2）和式（11.5.3），并重改写为新形式描述的状态方程和测量方程：

$$\alpha_i(k+1) = A_i^{(\alpha)}(k)\alpha_i(k) + w_i^{(\alpha)}(k) \tag{11.5.17}$$

$$y(k+1) = \sum_{l=1}^{i-1} h(\theta_l(k+1), u_l(k+1))\alpha_l(k+1)$$
$$+ h(\theta_i(k+1), u_i(k+1))\alpha_i(k+1)$$
$$+ \sum_{l=i+1}^{n} h(\theta_l(k+1), u_l(k+1))\alpha_l(k+1) + v(k+1) \tag{11.5.18}$$

式中

$$h(\theta_l(k+1), u_l(k+1)) = \theta_l(k+1)u_l(k+1), \quad l = 1, 2, \cdots, n \tag{11.5.19}$$

（1）隐变量参数 $\alpha_i(k+1)$ 的一步预测估计值。由式（11.5.14）可得

$$\hat{\alpha}_i(k+1 \,|\, k) = A_i^{(\alpha)}(k)\hat{\alpha}_i(k \,|\, k) \tag{11.5.20}$$

及相应的预测估计误差同向量：

$$\tilde{\alpha}_i(k+1 \,|\, k) = \alpha_i(k+1) - \hat{\alpha}_i(k+1 \,|\, k)$$
$$= A_i^{(\alpha)}(k)\alpha_i(k) + w_i^{(\alpha)}(k) - A_i^{(\alpha)}(k)\hat{\alpha}_i(k \,|\, k)$$
$$= A_i^{(\alpha)}(k)(\alpha_i(k) - \hat{\alpha}_i(k \,|\, k)) + w_i^{(\alpha)}(k)$$
$$= A_i^{(\alpha)}(k)\tilde{\alpha}_i(k \,|\, k) + w_i^{(\alpha)}(k) \tag{11.5.21}$$

（2）隐变量参数测量值的一步预测估计值。由式（11.5.15）可得

$$\hat{y}_i^{(\alpha)}(k+1 \,|\, k) = \sum_{l=1}^{i-1} h(\hat{\theta}_l(k+1 \,|\, k), u_l(k+1))\hat{\alpha}_l(k+1 \,|\, k)$$
$$+ h(\hat{\theta}_i(k+1 \,|\, k), u_i(k+1))\hat{\alpha}_i(k+1 \,|\, k)$$
$$+ \sum_{l=i+1}^{n} h(\hat{\theta}_l(k+1 \,|\, k+1), u_l(k+1))\hat{\alpha}_l(k+1 \,|\, k+1) \tag{11.5.22}$$

及相应的预测估计误差向量：

$$\tilde{y}_i^{(\alpha)}(k+1 \,|\, k) = y(k+1 \,|\, k) - \hat{y}_i^{(\alpha)}(k+1 \,|\, k)$$
$$= \sum_{l=1}^{i-1} h^{(\alpha)}(\theta_l(k+1), u_l(k+1))\alpha_l(k+1)$$
$$+ h^{(\alpha)}(\theta_i(k+1), u_i(k+1))\alpha_i(k+1)$$
$$+ \sum_{l=i+1}^{n} h^{(\alpha)}(\theta_l(k+1), u_l(k+1))\alpha_l(k+1) + v(k+1)$$
$$- \sum_{l=1}^{i-1} h^{(\alpha)}(\hat{\theta}_l(k+1 \,|\, k), u_l(k+1))\hat{\alpha}_l(k+1 \,|\, k)$$
$$- h^{(\alpha)}(\hat{\theta}_i(k+1 \,|\, k), u_i(k+1))\hat{\alpha}_i(k+1 \,|\, k)$$
$$- \sum_{l=i+1}^{n} h^{(\alpha)}(\hat{\theta}_l(k+1 \,|\, k+1), u_l(k+1))\hat{\alpha}_l(k+1 \,|\, k+1)$$

$$\approx \sum_{l=1}^{i-1} h^{(\alpha)}(\hat{\theta}_i(k+1|k), u_i(k+1))(\alpha_l(k+1) - \hat{\alpha}_l(k+1|k))$$

$$+ h^{(\alpha)}(\hat{\theta}_i(k+1|k), u_i(k+1))(\alpha_i(k+1) - \hat{\alpha}_i(k+1|k))$$

$$+ \sum_{l=i+1}^{n} h^{(\alpha)}(\hat{\theta}_i(k+1|k), u_i(k+1))(\alpha_l(k+1) - \hat{\alpha}_l(k+1|k+1)) + v(k+1)$$

$$= \sum_{l=1}^{i-1} h^{(\alpha)}(\hat{\theta}_i(k+1|k), u_i(k+1))\tilde{\alpha}_l(k+1|k)$$

$$+ h^{(\alpha)}(\hat{\theta}_i(k+1|k), u_i(k+1))\tilde{\alpha}_i(k+1|k)$$

$$+ \sum_{l=i+1}^{n} h^{(\alpha)}(\hat{\theta}_i(k+1|k), u_i(k+1))\tilde{\alpha}_l(k+1|k+1) + v(k+1)$$

$$(11.5.23)$$

式中的 " $\approx$ " 是由于

$$h^{(\alpha)}(\theta_l(k+1), u_i(k+1)) \approx h^{(\alpha)}(\hat{\theta}_l(k+1|k), u_i(k+1)), \quad l = 1, 2, \cdots, i-1, i$$

$$h^{(\alpha)}(\theta_l(k+1), u_i(k+1)) \approx h^{(\alpha)}(\hat{\theta}_l(k+1|k+1), u_i(k+1)), \quad l = i+1, \cdots, n$$

所引入的。

（3）求解隐参数变量 $\alpha_i(k+1)$ 估计值的 Kalman 滤波器设计：

$$\hat{\alpha}_i(k+1|k+1) = \hat{\alpha}_i(k+1|k) + K_i^{(\alpha)}(k+1)\tilde{y}_i^{(\alpha)}(k+1|k) \quad (11.5.24)$$

式中，滤波器增益矩阵 $K_i^{(\alpha)}(k+1)$，需要利用正交性原理重新推导。

（4）利用正交性原理求解滤波器增益矩阵 $K_i^{(\alpha)}(k+1)$。首先由 $\alpha_i(k+1)$ 估计误差值：

$$\tilde{\alpha}_i(k+1|k+1) = \alpha_i(k+1) - \hat{\alpha}_i(k+1|k+1)$$

$$= \alpha_i(k+1) - \hat{\alpha}_i(k+1|k) - K_i^{(\alpha)}(k+1)\tilde{y}_i^{(\alpha)}(k+1|k)$$

$$= \tilde{\alpha}_i(k+1|k) - K_i^{(\alpha)}(k+1)\sum_{l=1}^{i-1} h^{(\alpha)}(\hat{\theta}_l(k+1|k), u_i(k+1))\tilde{\alpha}_l(k+1|k)$$

$$- K_i^{(\alpha)}(k+1)h^{(\alpha)}(\hat{\theta}_i(k+1|k), u_i(k+1))\tilde{\alpha}_i(k+1|k)$$

$$- K_i^{(\alpha)}(k+1)\sum_{l=i+1}^{n} h^{(\alpha)}(\hat{\theta}_i(k+1|k), u_i(k+1))\tilde{\alpha}_l(k+1|k+1)$$

$$- K_i^{(\alpha)}(k+1)v(k+1)$$

$$(11.5.25)$$

由于

$$y(k+1|k) = \hat{y}_i^{(\alpha)}(k+1|k) + \tilde{y}_i^{(\alpha)}(k+1|k)$$

$$= \hat{y}_i^{(\alpha)}(k+1|k) + \sum_{l=1}^{i-1} h^{(\alpha)}(\hat{\theta}_l(k+1|k), u_i(k+1))\tilde{\alpha}_l(k+1|k)$$

$$+ h^{(\alpha)}(\hat{\theta}_i(k+1\,|\,k), u_i(k+1))\tilde{\alpha}_i(k+1\,|\,k)$$

$$+ \sum_{l=i+1}^{n} h^{(\alpha)}(\hat{\theta}_l(k+1\,|\,k), u_l(k+1))\tilde{\alpha}_l(k+1\,|\,k+1) + v(k+1) \qquad (11.5.26)$$

基于正交性原理:

$$E\{\tilde{\alpha}_i(k+1\,|\,k+1)y^{\mathrm{T}}(k+1\,|\,k)\} = 0 \qquad (11.5.27)$$

有

$$E\Bigg\{\Bigg(\tilde{\alpha}_i(k+1\,|\,k) - K_i^{(\alpha)}(k+1)\sum_{l=1}^{i} h^{(\alpha)}(\hat{\theta}_l(k+1\,|\,k), u_l(k+1))\tilde{\alpha}_l(k+1\,|\,k)$$

$$- K_i^{(\alpha)}(k+1)h^{(\alpha)}(\hat{\theta}_i(k+1\,|\,k), u_i(k+1))\tilde{\alpha}_i(k+1\,|\,k)$$

$$- K_i^{(\alpha)}(k+1)\sum_{l=i+1}^{n} h^{(\alpha)}(\hat{\theta}_l(k+1\,|\,k), u_l(k+1))\tilde{\alpha}_l(k+1\,|\,k+1) - K_i^{(\alpha)}(k+1)v(k+1)\Bigg)$$

$$\times \Bigg((\hat{y}_i^{(\alpha)}(k+1\,|\,k))^{\mathrm{T}} + \sum_{l=1}^{i} (\tilde{\alpha}_l(k+1\,|\,k)^{\mathrm{T}}(h^{(\alpha)}(\hat{\theta}_l(k+1\,|\,k), u_l(k+1)))^{\mathrm{T}}$$

$$+ (\tilde{\alpha}_i(k+1\,|\,k)^{\mathrm{T}}(h^{(\alpha)}(\hat{\theta}_i(k+1\,|\,k), u_i(k+1)))^{\mathrm{T}}$$

$$+ \sum_{l=i+1}^{n} (\tilde{\alpha}_l(k+1\,|\,k+1))^{\mathrm{T}}(h^{(\alpha)}(\hat{\theta}_l(k+1\,|\,k), u_l(k+1)))^{\mathrm{T}} + v^{\mathrm{T}}(k+1)\Bigg)\Bigg\}$$

$$= E\{\tilde{\alpha}_i(k+1\,|\,k)(\tilde{\alpha}_i(k+1\,|\,k)^{\mathrm{T}}\}(h^{(\alpha)}(\hat{\theta}_i(k+1\,|\,k), u_i(k+1)))^{\mathrm{T}}$$

$$- K_i^{(\alpha)}(k+1)\sum_{l=1}^{i} h^{(\alpha)}(\hat{\theta}_l(k+1\,|\,k), u_l(k+1))\{\tilde{\alpha}_l(k+1\,|\,k)(\tilde{\alpha}_l(k+1\,|\,k)^{\mathrm{T}}\}$$

$$\times (h^{(\alpha)}(\hat{\theta}_l(k+1\,|\,k), u_l(k+1)))^{\mathrm{T}}$$

$$- K_i^{(\alpha)}(k+1)h^{(\alpha)}(\hat{\theta}_i(k+1\,|\,k), u_i(k+1))\{\tilde{\alpha}_i(k+1\,|\,k)(\tilde{\alpha}_i(k+1\,|\,k)^{\mathrm{T}}\}$$

$$\times (h^{(\alpha)}(\hat{\theta}_i(k+1\,|\,k), u_i(k+1)))^{\mathrm{T}}$$

$$- K_i^{(\alpha)}(k+1)\sum_{l=i+1}^{n} h^{(\alpha)}(\hat{\theta}_l(k+1\,|\,k), u_l(k+1))\{\tilde{\alpha}_l(k+1\,|\,k+1)(\tilde{\alpha}_l(k+1\,|\,k+1))^{\mathrm{T}}\}$$

$$\times (h^{(\alpha)}(\hat{\theta}_l(k+1\,|\,k), u_l(k+1)))^{\mathrm{T}}$$

$$- K_i^{(\alpha)}(k+1)\{v(k+1)v^{\mathrm{T}}(k+1)\}$$

$$= P_i^{(\alpha)}(k+1\,|\,k)(h^{(\alpha)}(\hat{\theta}_i(k+1\,|\,k), u_i(k+1)))^{\mathrm{T}}$$

$$- K_i^{(\alpha)}(k+1)\sum_{l=1}^{i} h^{(\alpha)}(\hat{\theta}_l(k+1\,|\,k), u_l(k+1))P_l^{(\alpha)}(k+1\,|\,k)$$

$$\times (h^{(\alpha)}(\hat{\theta}_l(k+1\,|\,k), u_l(k+1)))^{\mathrm{T}}$$

$$- K_i^{(\alpha)}(k+1)h^{(\alpha)}(\hat{\theta}_i(k+1\,|\,k), u_i(k+1))P_i^{(\alpha)}(k+1\,|\,k)$$

$$\times (h^{(\alpha)}(\hat{\theta}_i(k+1\,|\,k), u_i(k+1)))^{\mathrm{T}}$$

$$- K_i^{(\alpha)}(k+1) \sum_{l=i+1}^{n} h^{(\alpha)}(\hat{\theta}_l(k+1\,|\,k), u_l(k+1)) P_l^{(\alpha)}(k+1\,|\,k)$$

$$\times (h^{(\alpha)}(\hat{\theta}_l(k+1\,|\,k), u_l(k+1)))^{\mathrm{T}}$$

$$- K_i^{(\alpha)}(k+1) R(k+1) = 0$$

$$(11.5.28)$$

$$K_i^{(\alpha)}(k+1) = P_i^{(\alpha)}(k+1\,|\,k)(h^{(\alpha)}(\hat{\theta}_i(k+1\,|\,k), u_i(k+1)))^{\mathrm{T}}$$

$$\times \left(\sum_{l=1}^{i} h^{(\alpha)}(\hat{\theta}_l(k+1\,|\,k), u_l(k+1)) P_l^{(\alpha)}(k+1\,|\,k)(h^{(\alpha)}(\hat{\theta}_l(k+1\,|\,k), u_l(k+1)))^{\mathrm{T}} \right.$$

$$\left. + \sum_{l=i+1}^{n} h^{(\alpha)}(\hat{\theta}_l(k+1\,|\,k), u_l(k+1)) P_l^{(\alpha)}(k+1\,|\,k)(h^{(\alpha)}(\hat{\theta}_l(k+1\,|\,k), u_l(k+1)))^{\mathrm{T}} + R(k+1) \right)^{-1}$$

$$(11.5.29)$$

（5）隐参数变量 $\alpha(k+1)$ 估计值协方差矩阵：

$$P_\alpha(k+1\,|\,k+1) = E\{\tilde{\alpha}_i(k+1\,|\,k+1)\tilde{\alpha}_i^{\mathrm{T}}(k+1\,|\,k+1)\}$$

$$= \left\{ \left(\tilde{\alpha}_i(k+1\,|\,k) - K_i^{(\alpha)}(k+1) \sum_{l=1}^{i-1} h^{(\alpha)}(\hat{\theta}_i(k+1\,|\,k), u_l(k+1)) \tilde{\alpha}_i(k+1\,|\,k) \right.\right.$$

$$- K_i^{(\alpha)}(k+1) h^{(\alpha)}(\hat{\theta}_i(k+1\,|\,k), u_i(k+1)) \tilde{\alpha}_i(k+1\,|\,k)$$

$$\left. - K_i^{(\alpha)}(k+1) \sum_{l=i+1}^{n} h^{(\alpha)}(\hat{\theta}_i(k+1\,|\,k), u_l(k+1)) \tilde{\alpha}_i(k+1\,|\,k+1) - K_i^{(\alpha)}(k+1) v(k+1) \right)$$

$$\left(\tilde{\alpha}_i^{\mathrm{T}}(k+1\,|\,k) - \sum_{l=1}^{i-1} \tilde{\alpha}_i^{\mathrm{T}}(k+1\,|\,k)(h^{(\alpha)}(\hat{\theta}_i(k+1\,|\,k), u_l(k+1)))^{\mathrm{T}} (K_i^{(\alpha)}(k+1))^{\mathrm{T}} \right.$$

$$- \tilde{\alpha}_i^{\mathrm{T}}(k+1\,|\,k)(h^{(\alpha)}(\hat{\theta}_i(k+1\,|\,k), u_i(k+1)))^{\mathrm{T}} (K_i^{(\alpha)}(k+1))^{\mathrm{T}}$$

$$\left.\left. - \sum_{l=i+1}^{n} \tilde{\alpha}_i^{\mathrm{T}}(k+1\,|\,k+1)(h^{(\alpha)}(\hat{\theta}_i(k+1\,|\,k+1), u_l(k+1)))^{\mathrm{T}} (K_i^{(\alpha)}(k+1))^{\mathrm{T}} - v^{\mathrm{T}}(k+1)(K_i^{(\alpha)}(k+1))^{\mathrm{T}} \right) \right\}$$

$$= P_i^{(\alpha)}(k+1\,|\,k) - P_i^{(\alpha)}(k+1\,|\,k)(h^{(\alpha)}(\hat{\theta}_i(k+1\,|\,k), u_i(k+1)))^{\mathrm{T}} (K_i^{(\alpha)}(k+1))^{\mathrm{T}}$$

$$+ K_i^{(\alpha)}(k+1) \sum_{l=1}^{i} h^{(\alpha)}(\hat{\theta}_i(k+1\,|\,k), u_l(k+1)) P_l^{(\alpha)}(k+1\,|\,k)(h^{(\alpha)}(\hat{\theta}_i(k+1\,|\,k), u_l(k+1)))^{\mathrm{T}} (K_i^{(\alpha)}(k+1))^{\mathrm{T}}$$

$$- K_i^{(\alpha)}(k+1) h^{(\alpha)}(\hat{\theta}_i(k+1\,|\,k), u_i(k+1)) P_i^{(\alpha)}(k+1\,|\,k)$$

$$+ K_i^{(\alpha)}(k+1) \sum_{l=i+1}^{n} h^{(\alpha)}(\hat{\theta}_i(k+1\,|\,k), u_l(k+1)) P_i^{(\alpha)}(k+1\,|\,k+1)(h^{(\alpha)}(\hat{\theta}_i(k+1\,|\,k+1), u_l(k+1)))^{\mathrm{T}}$$

$$\times (K_i^{(\alpha)}(k+1))^{\mathrm{T}} + K_i^{(\alpha)}(k+1) R(k+1)(K_i^{(\alpha)}(k+1))^{\mathrm{T}}$$

$$= P_i^{(\alpha)}(k+1\,|\,k) - P_i^{(\alpha)}(k+1\,|\,k)(h^{(\alpha)}(\hat{\theta}_i(k+1\,|\,k), u_i(k+1)))^{\mathrm{T}} (K_i^{(\alpha)}(k+1))^{\mathrm{T}}$$

$$- K_i^{(\alpha)}(k+1) h^{(\alpha)}(\hat{\theta}_i(k+1\,|\,k), u_i(k+1)) P_i^{(\alpha)}(k+1\,|\,k)$$

$$+ K_i^{(\alpha)}(k+1) \left(\sum_{l=1}^{i} h^{(\alpha)}(\hat{\theta}_i(k+1\,|\,k), u_l(k+1)) P_l^{(\alpha)}(k+1\,|\,k)(h^{(\alpha)}(\hat{\theta}_i(k+1\,|\,k), u_l(k+1)))^{\mathrm{T}} \right.$$

$$+ \sum_{l=i+1}^{n} h^{(\alpha)}(\hat{\theta}_l(k+1 \mid k), u_l(k+1)) P_l^{(\alpha)}(k+1 \mid k+1)$$

$$\times (h^{(\alpha)}(\hat{\theta}_l(k+1 \mid k+1), u_l(k+1)))^{\mathrm{T}} + R(k+1) \Bigg) (K_i^{(\alpha)}(k+1))^{\mathrm{T}}$$

（11.5.30）

进一步地，可得到

$$P_\alpha(k+1 \mid k+1)$$

$$= P_i^{(\alpha)}(k+1 \mid k) - P_i^{(\alpha)}(k+1 \mid k)(h^{(\alpha)}(\hat{\theta}_i(k+1 \mid k), u_i(k+1)))^{\mathrm{T}} (K_i^{(\alpha)}(k+1))^{\mathrm{T}}$$

$$\quad - K_i^{(\alpha)}(k+1) h^{(\alpha)}(\hat{\theta}_i(k+1 \mid k), u_i(k+1)) P_i^{(\alpha)}(k+1 \mid k)$$

$$\quad + P_i^{(\alpha)}(k+1 \mid k)(h^{(\alpha)}(\hat{\theta}_i(k+1 \mid k), u_i(k+1)))^{\mathrm{T}} (K_i^{(\alpha)}(k+1))^{\mathrm{T}}$$

$$= P_i^{(\alpha)}(k+1 \mid k) - K_i^{(\alpha)}(k+1) h^{(\alpha)}(\hat{\theta}_i(k+1 \mid k), u_i(k+1)) P_i^{(\alpha)}(k+1 \mid k)$$

$$= (I - K_i^{(\alpha)}(k+1) h^{(\alpha)}(\hat{\theta}_i(k+1 \mid k), u_i(k+1))) P_i^{(\alpha)}(k+1 \mid k)$$

（11.5.31）

11.5.3　求取系统参数变量 $\theta(k+1)$ 的估计值和估计误差协方差矩阵

由于求解系统参数变量 $\theta_i(k+1)$ 的 Kalman 滤波器，与求解系统隐变量的 Kalman 滤波器，从形式上是一样的。为了节省篇幅，减少重复，这里就不在赘述了。

至此，就完成了求解式（11.5.2）中第 i 项中系统参数变量 $\theta_i(k+1)$ 和系统隐变量 $\alpha_i(k+1)$ 估计值的 Kalman 滤波方法。

首先，将输入输出方程中的非线性函数部分 $f_i(\beta(k), u(k))$，定义为依赖于复合参数 $\beta(k)$ 和动态输入 $u(k)$ 的隐状态变量：

$$\alpha_i(k) := f_i(\beta(k), u(k)) \tag{11.5.32}$$

则式（11.3.7）可改写成如下形式的新系统的测量方程：

$$y(k+1) = \sum_{i=1}^{n} \theta_i(k+1) u_i(k+1) \alpha_i(k+1) + v(k+1) \tag{11.5.33}$$

11.6　求取系统复合参数变量 $\beta(k+1)$ 的估计值和估计误差协方差矩阵

为了简化描述，将已获得的隐变量 $\hat{\alpha}_i(k+1 \mid k+1)$ 的估计值视为包含复合参数变量 $\beta(k+1)$ 非线性函数的观测值，结合式（11.5.1），建模如下关于复合参数变量 $\beta(k+1)$ 的观测方程：

$$z_i(k+1) = f_i(\beta(k+1), u(k+1)) + v_i^{(\alpha)}(k+1), \quad i = 1, 2, \cdots, n \tag{11.6.1}$$

式中

$$\begin{cases} z_i(k+1) := \hat{\alpha}_i(k+1|k+1), & i=1,2,\cdots,n \\ v_i^{(\alpha)}(k+1) := \tilde{\alpha}_{\cdot j}(k+1|k+1), & i=1,2,\cdots,n \end{cases} \tag{11.6.2}$$

并且测量模型建模误差变量 $v_i^{(\alpha)}(k+1)$ 满足如下统计特性：

$$\begin{cases} v_i^{(\alpha)}(k+1) \sim N[0, R_i^{(\alpha)}(k+1)], & i=1,2,\cdots,n \\ R_i^{(\alpha)}(k+1) := P_i^{(\alpha)}(k+1|k+1), & i=1,2,\cdots,n \end{cases} \tag{11.6.3}$$

若记

$$z(k+1) := [z_1^{\mathrm{T}}(k+1),\cdots,z_i^{\mathrm{T}}(k+1),\cdots,z_1^{\mathrm{T}}(k+1)]^{\mathrm{T}}$$

$$f(\beta(k+1),u(k+1)) = [f_1^{\mathrm{T}}(\beta(k+1),u(k+1)),\cdots,f_1^{\mathrm{T}}(\beta(k+1),u(k+1))]^{\mathrm{T}}$$

$$v_\beta(k+1) := [(v_1^{(\beta)}(k+1))^{\mathrm{T}},\cdots,(v_i^{(\beta)}(k+1))^{\mathrm{T}},\cdots,(v_n^{(\beta)}(k+1))^{\mathrm{T}}]^{\mathrm{T}}$$

则测量方程式（11.6.1）可综合表示为

$$z(k+1) = f(\beta(k+1),u(k+1)) + v_\beta(k+1) \tag{11.6.4}$$

式中

$$v_\beta(k+1) \sim [0, R_\beta(k+1)]$$

$$R^{(\beta)}(k+1) = \mathrm{diag}\{R_1^{(\beta)}(k+1),\cdots,R_1^{(\beta)}(k+1),\cdots,R_1^{(\beta)}(k+1)\}$$

针对已经估计得到了复合参数 β 的估计值序列，如在 11.4 节采用 EKF 建立的复合参数变量 β 的估计值，建立它的线性动态转换模型和相应的建模误差统计特性：

$$\beta(k+1) = A_\beta(k)\beta(k) + w_\beta(k) \tag{11.6.5}$$

式中，$A_\beta(k)$ 为待辨识矩阵，在没有任何先验信息的条件下，设置 $A_\beta(k)=I$；$w_\beta(k)$ 是复合参数变量 β 动态模型的建模误差，具有统计特性，$w_\beta(k) \sim N[0,Q_\beta(k)]$。

为设计出求解系统复合参数变量 $\beta(k+1)$ 的递归 Kalman 滤波器，假设已获得

$$\begin{cases} \hat{\beta}(k|k) = E\{\beta(k)\,|\,\hat{\beta}_0, y(1), y(2),\cdots, y(k)\} \\ P^{(\beta)}(k|k) = E\{(\beta(k)-\hat{\beta}(k|k))(\beta(k)-\hat{\beta}(k|k))^{\mathrm{T}}\} \end{cases} \tag{11.6.6}$$

本节的目标是

$$\hat{\alpha}_i(k+1|k+1), P_i^{(\alpha)}(k+1|k+1); \hat{\beta}(k|k), P_\beta(k|k)$$

$$\xrightarrow[\text{(11.6.1)}-\text{(11.6.5)}]{z(k+1)} \hat{\beta}(k+1|k+1), P_\beta(k+1|k+1) \tag{11.6.7}$$

下面建立求解 $\beta(k+1)$ 的高阶 Kalman 滤波器的设计过程。

（1）系统复合参数变量 $\beta(k+1)$ 的一步预测估计值和非线性测量模型的 Taylor 级数展开。由式（11.6.5），我们可得系统复合参数变量 $\beta(k+1)$ 的一步预测估计值。

$$\hat{\beta}(k+1|k) = A_\beta(k)\hat{\beta}(k|k) \tag{11.6.8}$$

将非线性测量模型在系统复合参数变量的一步预测估计值 $\hat{\beta}(k+1|k)$ 处进行 Taylor 级数展开：

$$z(k+1) = f(\hat{\beta}(k+1 \mid k), u(k+1))$$

$$+ \left. \frac{\partial f(\beta(k+1), u(k+1))}{\partial \beta(k+1)} \right|_{\beta(k+1)=\hat{\beta}(k+1 \mid k)} (\beta(k+1) - \hat{\beta}(k+1 \mid k))$$

$$+ \left. \frac{\partial^2 f(\beta(k+1), u(k+1))}{\partial \beta^2(k+1)} \right|_{\beta(k+1)=\xi(k+1)} (\beta(k+1) - \hat{\beta}(k+1 \mid k))$$

$$\odot (\beta(k+1) - \hat{\beta}(k+1 \mid k)) + v_\beta(k+1)$$

$$= H(\hat{\beta}(k+1 \mid k), u(k+1))\beta(k+1) + \delta(k+1) + v_\beta(k+1) \qquad (11.6.9)$$

式中

$$H(\beta(k+1), u(k+1)) := \left. \frac{\partial f(\beta(k+1), u(k+1))}{\partial \beta(k+1)} \right|_{\beta(k+1)=\hat{\beta}(k+1 \mid k)}$$

$$\delta(k+1) := f(\hat{\beta}(k+1 \mid k), u(k+1)) - H(\hat{\beta}(k+1 \mid k), u(k+1))\hat{\beta}(k+1 \mid k)$$

$$+ \left. \frac{\partial^2 f(\beta(k+1), u(k+1))}{\partial \beta^2(k+1)} \right|_{\beta(k+1)=\xi(k+1)} (\beta(k+1) - \hat{\beta}(k+1 \mid k))$$

$$\odot (\beta(k+1) - \hat{\beta}(k+1 \mid k)) + v_\beta(k+1) \qquad (11.6.10)$$

式（11.6.10）中的 $\delta(k+1)$ 是被新引入的系统隐状态变量，为了能利用上隐状态信息，需要建立隐变量的动态模型。

（2）建立系统隐状态变量 $\delta(k+1)$ 的线性动态模型和扩维系统综合建模：

$$\delta(k+1) = A_\delta(k)\delta(k) + w_\delta(k) \qquad (11.6.11)$$

式中，系统矩阵 $A_\delta(k)$ 和建模误差 $w_\delta(k)$ 的建模过程，如同式（11.6.5）中系统矩阵和建模误差的建模过程。因此，将系统复合参数变量 $\beta(k+1)$ 和系统隐状态变量 $\delta(k+1)$ 综合建模为

$$\eta(k+1) = A_\eta(k)\eta(k) + w_\eta(k) \qquad (11.6.12)$$

式中

$$\eta(k) = \begin{bmatrix} \beta(k) \\ \delta(k) \end{bmatrix}, \quad A_\eta(k) = \begin{bmatrix} A_\beta(k) & 0 \\ 0 & A_\delta(k) \end{bmatrix}, \quad w_\eta(k) = \begin{bmatrix} w_\beta(k) \\ w_\delta(k) \end{bmatrix}$$

建模误差符合白噪声统计特性，$w_\eta(k) \sim N[0, Q_\eta(k)]$：

$$Q_\eta(k) = \begin{bmatrix} Q_\beta(k) & 0 \\ 0 & Q_\delta(k) \end{bmatrix}$$

并假设已获得 k 时刻扩维系统状态变量 $\eta(k)$ 预测估计值和估计误差协方差矩阵：

$$\hat{\eta}(k \mid k), P_\eta(k \mid k)$$

（3）扩维系统状态变量 $\eta(k+1)$ 预测估计值和预测估计误差协方差矩阵。基于式（11.6.12），得到扩维系统状态变量 $\eta(k+1)$ 预测估计值：

$$\hat{\eta}(k+1\,|\,k) = A_\eta(k)\hat{\eta}(k\,|\,k) \tag{11.6.13}$$

相应的预测估计误差值：

$$\begin{aligned}
\tilde{\eta}(k+1\,|\,k) &= \eta(k+1) - \hat{\eta}(k+1\,|\,k) \\
&= A_\eta(k)\eta(k) + w_\eta(k) - A_\eta(k)\hat{\eta}(k\,|\,k) \\
&= A_\eta(k)(\eta(k) - \hat{\eta}(k\,|\,k)) + w_\eta(k) \\
&= A_\eta(k)\tilde{\eta}(k\,|\,k) + w_\eta(k) \tag{11.6.14}
\end{aligned}$$

和预测误差协方差矩阵：

$$\begin{aligned}
P_\eta(k+1\,|\,k) &= E\{\tilde{\eta}(k+1\,|\,k)\tilde{\eta}^{\mathrm{T}}(k+1\,|\,k)\} \\
&= A_\eta(k)P_\eta(k\,|\,k)A_\eta^{\mathrm{T}}(k) + Q_\eta(k) \tag{11.6.15}
\end{aligned}$$

（4）扩维系统状态变量 $\eta(k+1)$ 测量值 $z(k+1)$ 的预测估计值和预测误差值。基于式（11.6.9），我们有测量值 $z(k+1)$ 的预测估计值：

$$\begin{aligned}
\hat{z}(k+1\,|\,k) &= H(\hat{\beta}(k+1\,|\,k), u(k+1))\hat{\beta}(k+1\,|\,k) + \hat{\delta}(k+1\,|\,k) \\
&= [H(\hat{\beta}(k+1\,|\,k), u(k+1)), I]\begin{bmatrix} \hat{\beta}(k+1\,|\,k) \\ \hat{\delta}(k+1\,|\,k) \end{bmatrix} \\
&= \bar{H}(\hat{\beta}(k+1\,|\,k), u(k+1))\hat{\eta}(k+1\,|\,k) \tag{11.6.16}
\end{aligned}$$

式中

$$\bar{H}(\hat{\beta}(k+1\,|\,k), u(k+1)) = [H(\hat{\beta}(k+1\,|\,k), u(k+1)), I]$$

相应测量预测估计误差值：

$$\begin{aligned}
\tilde{z}(k+1\,|\,k) &= z(k+1) - \hat{z}(k+1\,|\,k) \\
&= \bar{H}(\hat{\beta}(k+1\,|\,k), u(k+1))\eta(k+1) + v_\beta(k+1) \\
&\quad - \bar{H}(\hat{\beta}(k+1\,|\,k), u(k+1))\hat{\eta}(k+1\,|\,k) \\
&= \bar{H}(\hat{\beta}(k+1\,|\,k), u(k+1))(\eta(k+1) - \hat{\eta}(k+1\,|\,k)) + v_\beta(k+1) \\
&= \bar{H}(\hat{\beta}(k+1\,|\,k), u(k+1))\tilde{\eta}(k+1\,|\,k) + v_\beta(k+1) \tag{11.6.17}
\end{aligned}$$

（5）设计求解扩维系统状态变量 $\eta(k+1)$ 的高阶 Kalman 滤波器：

$$\hat{\eta}(k+1\,|\,k+1) = \hat{\eta}(k+1\,|\,k) + K_\eta(k+1)\tilde{z}(k+1\,|\,k) \tag{11.6.18}$$

式中，$K_\eta(k+1)$ 是待辨识的高阶 Kalman 滤波器的增益矩阵。

（6）利用正交性原理求解滤波器增益矩阵 $K_\eta(k+1)$：

$$\begin{aligned}
K_\eta(k+1) &= P_\eta(k+1\,|\,k)\bar{H}^{\mathrm{T}}(\beta(k+1), u(k+1)) \\
&\quad \times [\bar{H}^{\mathrm{T}}(\beta(k+1), u(k+1))P_\eta(k+1\,|\,k)\bar{H}^{\mathrm{T}}(\beta(k+1) + R_\eta(k+1)]^{-1} \tag{11.6.19}
\end{aligned}$$

（7）计算扩维系统状态变量 $\eta(k+1)$ 的估计误差协方差矩阵。基于状态估计误差协方差矩阵计算定义，有

$$P_\eta(k+1\,|\,k+1)=E\{(\eta(k+1)-\hat{\eta}(k+1\,|\,k+1))(\eta(k+1)-\hat{\eta}(k+1\,|\,k+1))^{\mathrm{T}}\}$$

$$=[I-K_\eta(k+1)\bar{H}(\beta(k+1),u(k+1)]P_\eta(k+1\,|\,k) \qquad (11.6.20)$$

（8）求解系统复合参数变量 $\beta(k+1)$ 估计值的投影算法：

$$\hat{\beta}(k+1\,|\,k+1)=[I_\beta,0_\delta]\eta(k+1\,|\,k+1)$$

$$=[I_\beta,0_\delta]\eta(k+1\,|\,k)+[I_\beta,0_\delta]K_\eta(k+1)\tilde{z}(k+1\,|\,k)$$

$$=[I_\beta,0_\delta]\begin{bmatrix}\hat{\beta}(k+1\,|\,k)\\ \hat{\delta}(k+1\,|\,k)\end{bmatrix}+[I_\beta,0_\delta]\begin{bmatrix}K_\beta(k+1)\\ K_\delta(k+1)\end{bmatrix}\tilde{z}(k+1\,|\,k)$$

$$=\hat{\beta}(k+1\,|\,k)+K_\beta(k+1)\tilde{z}(k+1\,|\,k)$$

$$=\hat{\beta}(k+1\,|\,k)+K_\beta(k+1)[\bar{H}(\hat{\beta}(k+1\,|\,k),u(k+1))\tilde{\eta}(k+1\,|\,k)+v_\beta(k+1)]$$

$$=\hat{\beta}(k+1\,|\,k)+K_\beta(k+1)\bar{H}(\hat{\beta}(k+1\,|\,k),u(k+1))\tilde{\eta}(k+1\,|\,k)$$

$$\quad +K_\beta(k+1)v_\beta(k+1)$$

$$=\hat{\beta}(k+1\,|\,k)+K_\beta(k+1)\bar{H}(\hat{\beta}(k+1\,|\,k),u(k+1))\begin{bmatrix}\tilde{\beta}(k+1\,|\,k)\\ \tilde{\delta}(k+1\,|\,k)\end{bmatrix}$$

$$\quad +K_\beta(k+1)v_\beta(k+1)$$

$$=\hat{\beta}(k+1\,|\,k)+K_\beta(k+1)H(\hat{\beta}(k+1\,|\,k),u(k+1))\tilde{\beta}(k+1\,|\,k)$$

$$\quad +K_\beta(k+1)\tilde{\delta}(k+1\,|\,k)+K_\beta(k+1)v_\beta(k+1)$$

$$(11.6.21)$$

（9）求解系统复合参数变量 $\beta(k+1)$ 估计误差协方差矩阵投影算法：

$$P_\beta(k+1\,|\,k+1)$$

$$=[I_\beta,0_\delta]P_\eta(k+1\,|\,k+1)\begin{bmatrix}I_\beta\\ 0_\delta\end{bmatrix}$$

$$=[I_\beta,0_\delta][I-K_\eta(k+1)\bar{H}(\beta(k+1),u(k+1)]P_\eta(k+1\,|\,k)\begin{bmatrix}I_\beta\\ 0_\delta\end{bmatrix}$$

$$=[I_\beta,0_\delta][P_\eta(k+1\,|\,k)-K_\eta(k+1)\bar{H}(\beta(k+1),u(k+1)P_\eta(k+1\,|\,k)]\begin{bmatrix}I_\beta\\ 0_\delta\end{bmatrix}$$

$$=[I_\beta,0_\delta]\left\{\begin{bmatrix}P_\beta(k+1\,|\,k) & P_{\beta\delta}(k+1\,|\,k)\\ P_{\delta\beta}(k+1\,|\,k) & P_\beta(k+1\,|\,k)\end{bmatrix}-K_\eta(k+1)\bar{H}(\beta(k+1),u(k+1)\right.$$

$$\left.\times\begin{bmatrix}P_\beta(k+1\,|\,k) & P_{\beta\delta}(k+1\,|\,k)\\ P_{\delta\beta}(k+1\,|\,k) & P_\beta(k+1\,|\,k)\end{bmatrix}\right\}\begin{bmatrix}I_\beta\\ 0_\delta\end{bmatrix}$$

$$= [I_\beta, 0_\delta] \begin{bmatrix} P_\beta(k+1|k) & P_{\beta\delta}(k+1|k) \\ P_{\delta\beta}(k+1|k) & P_\beta(k+1|k) \end{bmatrix} \begin{bmatrix} I_\beta \\ 0_\delta \end{bmatrix}$$

$$- [I_\beta, 0_\delta] \begin{bmatrix} K_\beta(k+1) \\ K_\delta(k+1) \end{bmatrix} \bar{H}(\beta(k+1), u(k+1)) \begin{bmatrix} P_\beta(k+1|k) & P_{\beta\delta}(k+1|k) \\ P_{\delta\beta}(k+1|k) & P_\beta(k+1|k) \end{bmatrix} \begin{bmatrix} I_\beta \\ 0_\delta \end{bmatrix}$$

$$= P_\beta(k+1|k) - K_\beta(k+1)[H(\beta(k+1), u(k+1), I] \begin{bmatrix} P_\beta(k+1|k) \\ P_{\delta\beta}(k+1|k) \end{bmatrix}$$

$$（11.6.22）$$

进一步得到

$$P_\beta(k+1|k+1)$$
$$= P_\beta(k+1|k) - K_\beta(k+1)H(\beta(k+1), u(k+1)P_\beta(k+1|k)$$
$$- K_\beta(k+1)P_{\delta\beta}(k+1|k)$$
$$= [I_\beta - K_\beta(k+1)H(\beta(k+1), u(k+1)]P_\beta(k+1|k) - K_\beta(k+1)P_{\delta\beta}(k+1|k) \quad （11.6.23）$$

这样,我们得到了系统复合参数变量 $\beta(k+1)$ 估计值式（11.6.22）和估计误差协方差矩阵式,即

$$\hat{\beta}(k+1|k+1), P_\beta(k+1|k+1)$$

至此,我们完成本节全部目标,即获得了式（11.2.1）中缓变参数 θ 和 β 在 $k+1$ 时刻的估计值:

$$\theta_i(k+1|k+1), P_{\theta,i}(k+1|k+1), \quad i = 1, 2, \cdots, n$$
$$\hat{\beta}(k+1|k+1), P_\beta(k+1|k+1)$$

11.7　仿 真 实 验

11.7.1　仿真一

考虑下面一个由输入输出构成的非线性动态系统:

$$z(k) = \theta_1 x_1(k) \cos(\beta_1 u_1(k)) + \theta_2 u_2(k) \sin(\beta_2 u_2(k)) + v(k) \qquad （11.7.1）$$

式中,非线性动态系统式（11.7.1）描述的是以 $u(k) = [u_1(k), u_2(k)]^{\mathrm{T}}$ 为系统输入激励向量,以 $z(k)$ 为系统输出值;$\theta = [\theta_1, \theta_2]^{\mathrm{T}}$ 为系统线性形式待辨识参数;$\beta = [\beta_1, \beta_2]^{\mathrm{T}}$ 为包含在系统非线性函数中的复合待辨识参数向量;$v(k)$ 为高斯型白噪声型的模型误差,且满足 $v(k) \sim N[0, 0.001]$。

在实际系统中,系统各参数真实值分别为 $\theta = [2, 3]^{\mathrm{T}}$,$\beta = [1, 1.5]^{\mathrm{T}}$。

系统输入激励向量 $u(k) = [u_1(k), u_2(k)]^T$ 的初始值为 $u(0) = [1,1]^T$，方差矩阵为 $P(0|0) = \mathrm{diag}\{0.1, 0.1\}$ 服从正态分布的随机变量。

图 11.7.1 和表 11.7.1 中的曲线和数据都是 100 次蒙特卡罗仿真的实验结果。

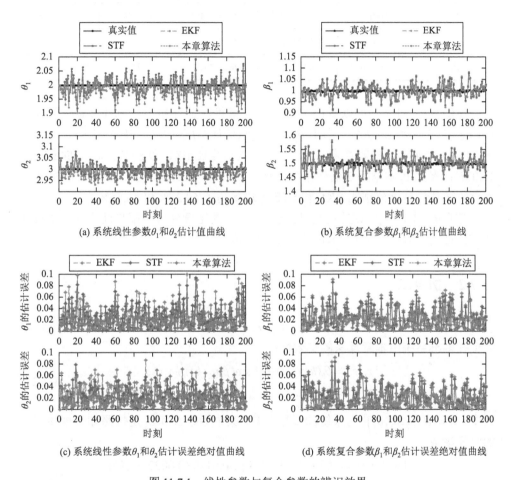

(a) 系统线性参数 θ_1 和 θ_2 估计值曲线　　　(b) 系统复合参数 β_1 和 β_2 估计值曲线

(c) 系统线性参数 θ_1 和 θ_2 估计误差绝对值曲线　　　(d) 系统复合参数 β_1 和 β_2 估计误差绝对值曲线

图 11.7.1　线性参数与复合参数的辨识效果

由图 11.7.1（a）可以看出三种被测试的滤波器对系统线性定常参数都有较好的跟踪效果，从直观上看，STF 优于 EKF，而本章建立的新滤波器又优于 STF。由图 11.7.1（b）可以看出三种被测试的滤波器对系统复合定常参数都有较好的跟踪效果，从直观上看，STF 优于 EKF，而本章建立的新滤波器又优于 STF。从而验证了本章建立的新滤波器无论对系统线性定常参数还是复合定常参数都有最好的跟踪能力。

表 11.7.1　基于估计误差的算法性能比较表

参数	EKF	STF	本章算法	VS EKF	VS STF
θ_1	0.0013	9.1331×10^{-4}	4.4839×10^{-4}	65.51%	50.90%
θ_2	0.0013	7.1006×10^{-4}	3.8041×10^{-4}	70.74%	46.43%
β_1	0.0011	9.1905×10^{-4}	5.0522×10^{-4}	54.07%	45.03%
β_2	9.6195×10^{-4}	8.3652×10^{-4}	4.6937×10^{-4}	51.21%	43.89%

再结合表 11.7.1 可以看出，参数 θ_1 本章算法估计精度分别比 EKF 和 STF 提高了 65.51%和 50.90%；参数 θ_2 本章算法估计精度分别比 EKF 和 STF 提高了 70.74%和 46.43%；参数 β_1 本章算法估计精度分别比 EKF 和 STF 提高了 54.07%和 45.03%；参数 β_2 本章算法估计精度分别比 EKF 和 STF 提高了 51.21%和 43.89%；本章算法估计精度分别比 EKF 和 STF 平均提高了 60.38%和 46.56%。

综合图 11.7.1 中的定性表示与表 11.7.1 中的定量分析，都验证了本章所设计滤波器性能显著优于现有 EKF 和 STF 的性能。

11.7.2　仿真二

考虑如下二维输入输出系统，并引入时变参数使系统具备更强的非线性，以验证在多维系统中本章算法的有效性：

$$\begin{cases} z_1(k) = \theta_1(k)u_1(k) + \theta_3 \sin(\beta_1 u_2(k)) + v_1(k) \\ z_2(k) = \theta_2(k)u_2(k) + \theta_4 \cos(\beta_2 u_1(k)) + v_2(k) \end{cases} \tag{11.7.2}$$

式中，$\theta = [\theta_1, \theta_2, \theta_3, \theta_4]^T$ 为系统的线性参数，其中参数 θ_1 和 θ_2 是按照如下规律变化的时变参数：

$$\begin{cases} \theta_1(k+1) = 0.55 + 0.0025\theta_1(k) + 0.01\sin(0.00225\theta_1(k)) \\ \theta_2(k+1) = -1.25 - 0.01\theta_2^2(k) \end{cases} \tag{11.7.3}$$

$\beta = [\beta_1, \beta_2]^T$ 为非线性复合参数。

系统初始值分别为

$$\theta_1(0) = 1, \quad \theta_2(0) = 1, \quad P(0|0) = \text{diag}\{0.1, 0.1\}$$

$$\theta_3 = 2.25, \quad \theta_4 = 1.80, \quad \beta_1 = 1.0, \quad \beta_2 = 1.275$$

系统输入激励向量 $u(k) = [u_1(k), u_2(k)]^T$ 的初始值为 $u(0) = [1,1]^T$，方差矩阵为 $P(0|0) = \text{diag}\{0.1, 0.1\}$ 服从正态分布的随机变量。

图 11.7.2 和表 11.7.2 的曲线和数据都是 100 次蒙特卡罗仿真的实验结果。

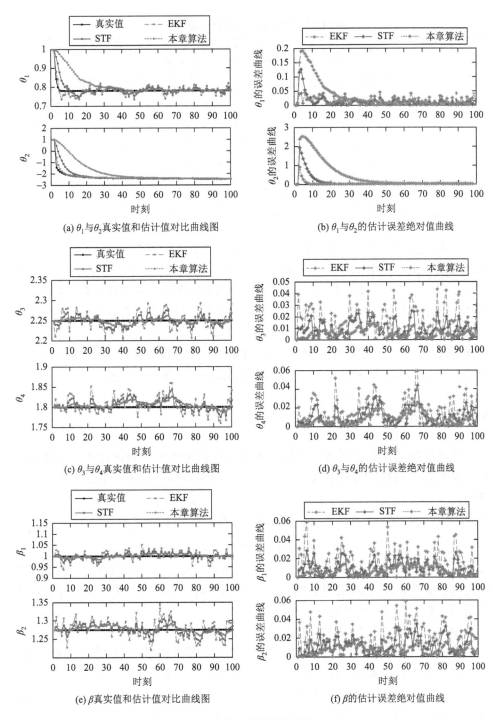

(a) θ_1 与 θ_2 真实值和估计值对比曲线图

(b) θ_1 与 θ_2 的估计误差绝对值曲线

(c) θ_3 与 θ_4 真实值和估计值对比曲线图

(d) θ_3 与 θ_4 的估计误差绝对值曲线

(e) β 真实值和估计值对比曲线图

(f) β 的估计误差绝对值曲线

图 11.7.2 几种参数的辨识效果（一）

表 11.7.2　不同算法的性能比较（一）

参数	EKF	STF	本章算法	VS EKF	VS STF
θ_1	0.0031	0.0020	4.2080×10^{-4}	86.43%	79.96%
θ_2	0.6920	0.1127	0.0117	98.31%	89.62%
θ_3	4.1207×10^{-4}	3.6189×10^{-4}	1.4026×10^{-4}	65.96%	61.24%
θ_4	8.8860×10^{-4}	4.5998×10^{-4}	1.9732×10^{-4}	77.79%	57.10%
β_1	5.8159×10^{-4}	4.5889×10^{-4}	1.5241×10^{-4}	73.79%	66.79%
β_2	6.4708×10^{-4}	5.7816×10^{-4}	2.0877×10^{-4}	67.74%	63.89%

　　当系统模型中含有时变参数变量时，图 11.7.2 和表 11.7.2 给出了三种滤波方法的滤波效果。从图 11.7.2（a）和（b）中可以看出，三种方法的跟踪曲线与目标状态曲线走势是基本一致的，但在时刻 $k = 0$ 到时刻 $k = 30$ 之间，本章算法对目标状态的跟踪能力比另外两种方法更有效。结合表 11.7.2 的数据分析，本章算法相比于 EKF 和 STF，当估计时变参数 θ_1、θ_2 时，估计精度提高得尤为明显，比 EKF 的估计精度分别提高了 86.43%、98.31%，比 STF 的估计精度分别提高了 79.96%、89.62%。实验数据说明了该滤波方法达到了预期的结果。

11.7.3　仿真三

　　继续增强系统的非线性，使输入输出方程同时含有指数函数和三角函数，以验证在强非线性的系统模型中算法的估计效果。给出如下强非线性输入输出系统：

$$z(k) = \theta_1 \mathrm{e}^{-\beta_2 u_1^2(k)} \cos(\beta_3 u_1(k)) + \theta_2 \mathrm{e}^{-\beta_1 u_1^2(k)} \cos(\beta_2 u_2(k))$$
$$+ \theta_3 \mathrm{e}^{-\beta_4 u_1^2(k)} \sin(\beta_1 u_3(k)) + v(k) \tag{11.7.4}$$

式中，$\theta = [\theta_1, \theta_2, \theta_3]^{\mathrm{T}}$ 为系统线性参数；$\beta = [\beta_1, \beta_2, \beta_3, \beta_4]^{\mathrm{T}}$ 为非线性复合参数；实验时初始参数设置为 $\theta = [2, 3, 2]^{\mathrm{T}}$，$\beta = [1, 1.5, 3, 0.8]^{\mathrm{T}}$，$u = [1, 1, 2]^{\mathrm{T}}$，$v(k)$ 是系统建模误差，服从白噪声统计特性，$v(k) \sim N[0, 0.1]$。

　　图 11.7.3 和表 11.7.3 中的曲线和数据都是 100 次蒙特卡罗仿真的实验结果。

　　图 11.7.3 为不同算法在强非线性系统模型中的参数变量跟踪图和估计误差图，表 11.7.3 为仿真结果的平均平方误差。由表中数据可以得知，本章算法对参数的估计精度比 EKF 平均提高了 63.42%，比 STF 平均提高了 51.46%；对参数的估计精度比 EKF 平均提高了 56.47%，比 STF 平均提高了 37.35%。说明在强非线性系统中，本章算法的估计效果仍能保持较好的有效性。

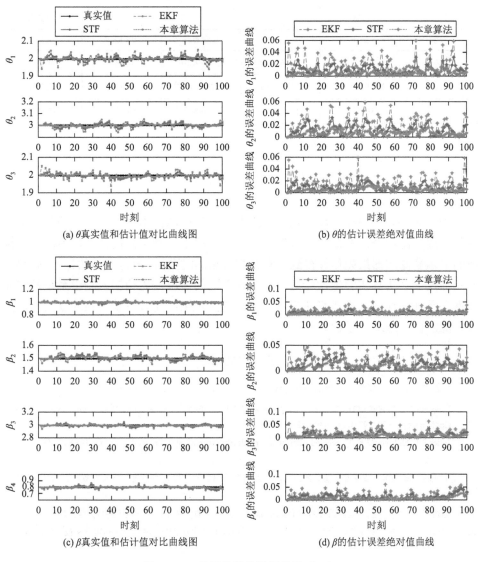

(a) θ真实值和估计值对比曲线图　(b) θ的估计误差绝对值曲线

(c) β真实值和估计值对比曲线图　(d) β的估计误差绝对值曲线

图 11.7.3　几种参数的辨识效果（二）

表 11.7.3　不同算法的性能比较（二）

参数	EKF	STF	本章算法	VS EKF	VS STF
θ_1	9.2986×10^{-4}	7.4884×10^{-4}	3.0695×10^{-4}	66.99%	59.01%
θ_2	9.8267×10^{-4}	7.0975×10^{-4}	4.1760×10^{-4}	57.50%	41.16%
θ_3	8.0790×10^{-4}	6.0402×10^{-4}	2.7658×10^{-4}	65.77%	54.21%
β_1	0.0009	8.2043×10^{-4}	4.0529×10^{-4}	54.97%	50.60%

续表

参数	EKF	STF	本章算法	VS EKF	VS STF
β_2	9.0703×10^{-4}	8.2136×10^{-4}	3.3489×10^{-4}	63.08%	59.23%
β_3	9.7697×10^{-4}	7.5752×10^{-4}	4.5774×10^{-4}	53.15%	39.57%
β_4	0.0010	8.1893×10^{-4}	4.5306×10^{-4}	54.69%	44.68%

11.8 本 章 小 结

为了解决非线性输入输出系统中的参数辨识问题，本章提供了一种基于隐变量的非线性滤波器。在缺少输入激励信息的情况下，利用由两个卡尔曼滤波器构成的卡尔曼滤波器组先估计得到含有参数信息的隐变量，再进一步估计得到参数。本章通过三个仿真实验依次验证了非线性不同的情况，无论输入输出系统是弱非线性还是强非线性，本章算法都有很好的滤波效果；而且有着较强的收敛性，能够使滤波值快速地趋于稳定。

参 考 文 献

[1]   周东华，叶银忠. 现代故障诊断与容错控制[M]. 北京：清华大学出版社，2000：102-112.

[2]   Sunahara Y. An approximate method of state estimation for nonlinear dynamical systems[C]. Joint Automatic Control Conference，1970，92（2）：439-452.

[3]   Julier S J，Uhlmann J K. Unscented filtering and nonlinear estimation[J]. Proceedings of the IEEE，2004，92（3）：401-422.

[4]   文成林，陈志国，周东华. 基于强跟踪滤波器的多传感器非线性动态系统状态与参数联合估计[J]. 电子学报，2002，30（11）：1715-1717.

[5]   孙晓辉. 一类强非线性动态系统的高阶 Kalman 滤波器设计[D]. 杭州：杭州电子科技大学，2022.

[6]   林志鹏. 基于加性和乘性混合非线性系统的卡尔曼滤波器设计方法[D]. 杭州：杭州电子科技大学，2022.